21世纪高职高专“十一五”规划教材

普通车床操作实训教程

主　编　郭　恒
副主编　陆中国　郭忠年
编　者　郭　恒　陆中国　郭忠年
　　　　陈洪兵　段剑伟

西北工業大學出版社

【内容简介】 普通车床操作实训是职业院校机械类专业必不可少的实践性基础课程。本书是紧密联系国家普通车床职业资格考试要求，从规范普通车床实训教学出发，以提高学生普通车床操作技能为目标，围绕着现代企业对技术人才的实际需求，以教学、生产一线总结出来的实践经验和操作技巧为基础编制而成的。

全书由基础知识篇、基本技能篇、技能考核考证篇和职业提高篇构成。其中，基础知识篇以够用为原则，介绍了普通车床操作必备的车床、量具、刀具、夹具等基本知识；全书的主体部分为基本技能篇，该篇以11个实训课题的形式系统介绍了使用普通车床加工常规表面的技能；技能考核考证篇则是精选了6个国家普通车床职业资格考试中级工技能考核件和1套综合理论知识考核试卷，其中技能考核件以实训课题的形式为读者进行了解析和操作指导；职业提高篇是从提高普通车床加工职业能力出发，从5个高难度典型零件的加工出发，以实训课题的形式，从工艺分析、刀夹具和切削用量的选择到加工步骤等方面对读者进行了引导。

本书案例丰富、图文并茂，许多案例可以直接应用到实际工作中，同时穿插介绍了诸多操作技巧，适合作为职业类院校学生普通车床操作实训教材，以及参加国家车工职业资格考试人员的参考用书。

图书在版编目(CIP)数据

普通车床操作实训教程/郭恒主编. —西安：西北工业大学出版社，2009.4(2018.2重印)
ISBN 978-7-5612-2539-4

Ⅰ.普… Ⅱ.郭… Ⅲ.车床—操作—教材 Ⅳ.TG511

中国版本图书馆CIP数据核字(2009)第042738号

出版发行：西北工业大学出版社
通信地址：西安市友谊西路127号　邮编：710072
电　　话：(029)88493844　88491757
网　　址：www.nwpup.com
印 刷 者：陕西丰源印务有限公司
开　　本：787 mm×1 092 mm　1/16
印　　张：11.125
字　　数：267千字
版　　次：2009年4月第1版　　2018年2月第8次印刷
定　　价：28.00元

前　言

实习实训是高等职业院校人才培养目标中的一个重要的实践性教学环节，是学生学习专业技能的必要手段。实习实训的总任务是，培养学生循序渐进地掌握基本专业技能，培养学生动脑动手能力，服务于我国经济建设发展的需求。

在高等职业教育的机械实习教学中，车工实习是学生进行综合性的工程实践必不可少的实践性基础课程，它担负着全面提高学生的工程素质和工程实践能力，培养综合型、应用型和创新型现代工程技术人才的重要任务。因此，它作为高等职业院校必修的工程实践课程，在培养高等技术应用型人才方面所起的作用是其他课程无法取代的。

本书是在充分考虑了高等职业教育的培养目标、教学现状和发展方向的前提下，从规范车工实训教学出发，以提高学生车工技能为目标，紧密联系国家车工职业资格考试要求，围绕着现代企业对技术人才的实际需求，以教学、生产一线总结出来的实践经验和操作技巧为基础编制而成的。本书的编写特点是内容符合高职实训教学特点；表达简明、生动，配以大量的插图，文图呼应；包括了详细的具体操作步骤和实践应用技巧。本书每个实训课题的内容结构是相同的，有利于实训教学的规范化；突出实用性和针对性，强调实践性和操作性，有利于学习者基本技能的快速掌握，并能在实训课题完成的基础上进一步巩固和提高；具有较强的可读性；适合高职院校教师和学生在车工实训教学中使用，也可作为参加国家车工职业资格考试人员的参考用书。

本书参考课时为140～180 min，各实训课题基本上是可独立的。本书在编写过程中，得到了许多“双师型”教授、专家们的帮助和指点，在此一并表示衷心的感谢。

由于我们水平的局限性，书中的不足之处在所难免，恳请热心读者能将在本书使用过程中发现的各种问题及您的宝贵建议及时反馈给我们，我们将不胜感谢，并在今后的修订中不断改进和完善。

作　者

2008年11月

目　录

第1章 基本知识篇

第1节 普通车床

金属切削机床是机械制造业的主要加工设备之一，它通过切削加工将金属毛坯加工成机械零件，由于它是制造机器的机器，所以常称为工作母机。

一、机床型号

机床型号也就是机床的代号，用以简明地表示机床的类别、主要技术参数、结构特征等。机床型号的编制，是采用汉语拼音字母加阿拉伯数字按一定的规律组合排列而成的。机床型号中的汉语拼音字母一律按其名称读。

(1)机床的类别代号。类别代号是以汉语拼音第一个字母(大写)来表示的，如“车床”用“C”表示，钻床用“Z”表示。类别代号在机床型号中是第一位代号。

(2)机床的特性代号。它用汉语拼音字母表示，代表机床具有的特别性能，如“高精度”用“G”表示，“万能”用“W”表示。在机床型号中特性代号排在机床类别代号的后面。

(3)机床的组、系代号。它用两位数字表示。每类机床按用途、性能、结构相近或有派生关系分为若干组，如车床分为10组，用阿拉伯数字“0～9”表示，如“5”代表立式车床组，“6”代表落地及卧式车床组。每组中有若干个系，如“1”系是普通车床，“2”系是马鞍车床。

(4)主要参数代号。

例如，CA6140型卧式车床型号中的代号及数字的含义如下：

C——机床类别代号：车床类。

A——表示经第一次重大改进。

6——机床组代号：卧式车床。

1——系代号：普通车床。

40——主要参数代号：最大车削直径为400 mm。

二、CA6140型卧式车床

CA6140型卧式车床是我国自行设计制造的一种普通车床，具有以下特点：

(1)机床刚性好，抗振性好，可以进行高速强力切削和重载荷切削。

(2)机床操纵手柄集中，安排合理，溜板箱有快速移动机构，纵、横向进给操纵较直观，操作方便，能减轻劳动强度。

(3)机床具有高速细进给量，加工精度高，表面粗糙度小。

(4)机床溜板刻度盘有照明装置，尾座有快速夹紧机构，操作方便。

(5)机床外形美观，结构紧凑，清除切屑方便。

(6)床身导轨、主轴锥孔及尾座套筒锥孔经表面淬火处理,延长了使用寿命。

1. CA6140 型卧式车床主要技术规格

CA6140 型卧式车床主要技术规格如表 1.1.1 所示。

表 1.1.1　CA6140 型卧式车床主要技术规格

床身上最大工件回转直径		400 mm	主轴转速	反转(24 种)	12～1 400 r/min
刀架上最大工件回转直径		210 mm		反转(12 种)	14～1 580 r/min
最大工件长度(4 种)		750,1 000,1 500,2 000 mm	车螺纹范围	公制(44 种)	1～192 mm
中心高		205 mm		英制(20 种)	2～24 牙/in*
主轴孔直径		48 mm	车蜗杆范围	模数(39 种)	0.25～48
刀架行程	最大纵向行程(4 种)	650,900,1 400,1 900 mm		径节(37 种)	1～96
	最大横向行程	260,295 mm	进给量(纵、横各 64 种)	纵向标准进给量	0.08～1.59 mm/r
	小滑板最大行程	139,165 mm		纵向缩小进给量	0.028～0.054 mm/r
	主电动机功率	7.5 kW		纵向加大进给量	1.71～6.33 mm/r
机床工作精度	圆度	0.01 mm		横向标准进给量	0.04～0.795 mm/r
	圆柱度	0.01/100 mm		横向缩小进给量	0.014～0.027 mm/r
	螺距精度	0.04/100,0.06/300 mm		横向加大进给量	0.86～3.16 mm/r
	精车平面平面度	0.02/400 mm		纵向快移速度	4 m/min
	精车表面粗糙度	Ral. 6 μm		横向快移速度	2 m/min

注:in 为英寸的符号,1in=0.245 m。

2. CA6140 型卧式车床各部分名称及其作用

CA6140 型卧式车床的外形图如图 1.1.1 所示。车床主要部分的名称和用途如下:

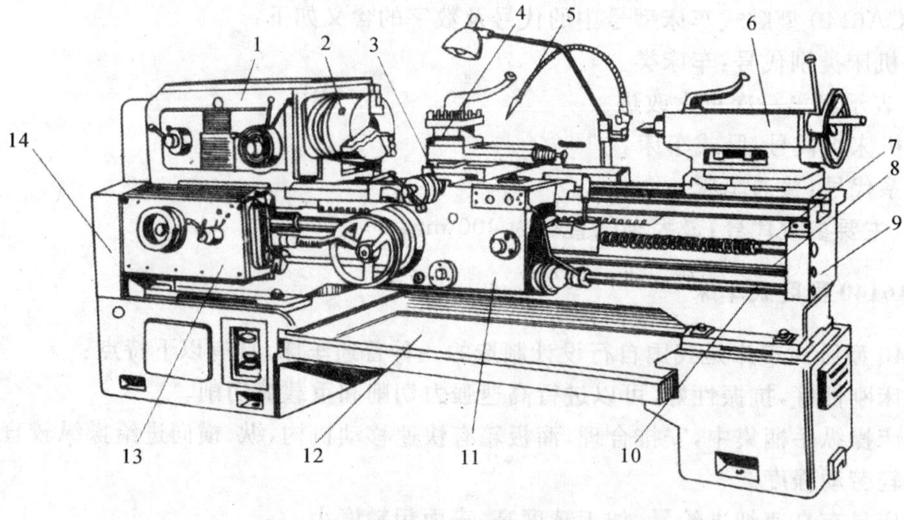

图 1.1.1　CA6140 型卧式车床外形图

1—主轴箱; 2—卡盘; 3—滑板; 4—刀架; 5—冷却管; 6—尾座; 7—丝杠;
8—光杠; 9—床身; 10—溜板箱; 12—盛屑盘; 13—进给箱; 14—挂轮箱

(1)主轴部分。

1)主轴箱内有多组齿轮变速机构,变换箱外手柄位置,可以使主轴得到各种不同的转速。

2)卡盘用来夹持工件,带动工件一起旋转。

(2) 挂轮箱部分。它的作用是把主轴的旋转运动传送给进给箱。变换箱内齿轮,并和进给箱及长丝杠配合,可以车削各种不同螺距的螺纹。

(3)进给部分。

1) 进给箱。它利用其内部的齿轮传动机构,可以把主轴传递的动力传给光杠或丝杠。变换箱外手柄位置,可以使光杠或丝杠得到各种不同的转速。

2) 丝杠。它能使滑板和车刀在车削螺纹时按要求的速比作很精确的直线移动,用于车螺纹。

3) 光杠。它用来把进给箱的运动传给溜板箱,带动床鞍、中滑板,使车刀作纵向或横向的进给运动。

(4)溜板部分。

1)溜板箱。变换箱外手柄位置,在光杠或丝杠的传动下,它可使车刀按要求方向作进给运动。

2)滑板。它分床鞍、中滑板、小滑板三种。床鞍作纵向移动,中滑板作横向移动,小滑板通常作纵向移动。

3)刀架。它用来装夹车刀。

(5)尾座。它用来装夹顶尖、支顶较长工件,它还可以装夹其他切削刀具,如钻头、绞刀等,进行孔加工。

(6) 床身。它用来支持和装夹车床的各个部件。床身上面有两条精确的导轨,其作用是支撑各主要部件,并使它们在工作时保持准确的相对位置。床鞍和尾座可沿着导轨移动。

(7)中心架和跟刀架等其他附件。车削细、长等工件时,起支撑、装夹作用。

三、CA6140 型卧式车床的传动系统

它的传动系统是电动机输出动力,经带传动传给主轴箱,带动卡盘和工件作旋转运动。此外,主轴的旋转还通过挂轮箱、进给箱、光杠或丝杠到溜板箱,带动刀架沿导轨作直线运动。如图 1.1.2 所示。

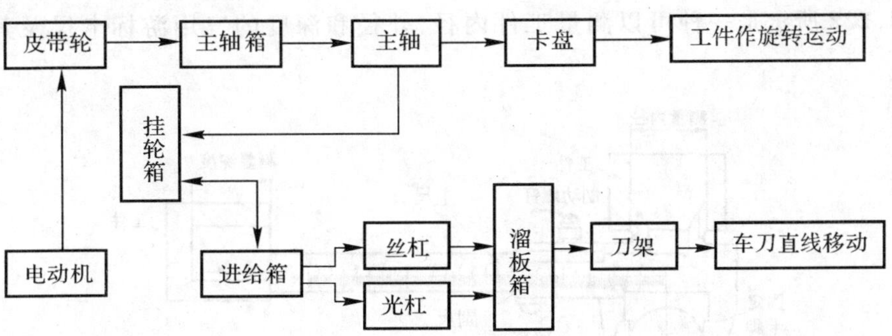

图 1.1.2　车床传动系统

四、车床上需用的传动副

车床上常用的传动副有圆锥齿轮、齿轮齿条、涡轮蜗杆及带传动等,如表 1.1.2 所示。

表 1.1.2　机械传动系统中常用的零件

名　称	滚动轴承	离合器	双联齿轮	带传动
图　形		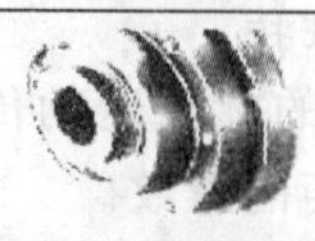		
名　称	圆锥齿轮传动	齿轮齿条传动	牙嵌离合器	涡轮蜗杆传动
图　形	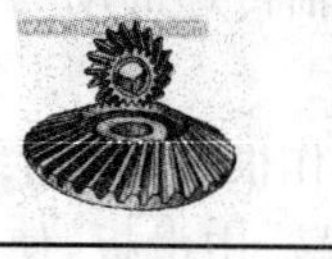		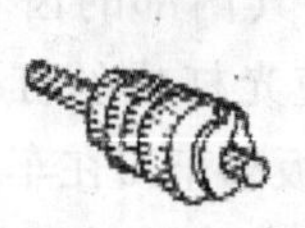	

第 2 节　常用量具

一、钢直尺

钢直尺是常用的简单量具，其测量精度一般在±0.2 mm 范围，在测量工件的外径和孔径时，必须与卡钳配合使用。钢直尺上刻有公制或英制尺寸，常用的公制钢直尺的长度规格有 150 mm，300 mm，600 mm，1 000 mm 4 种，150 mm 公制钢尺如图 1.2.1 所示。

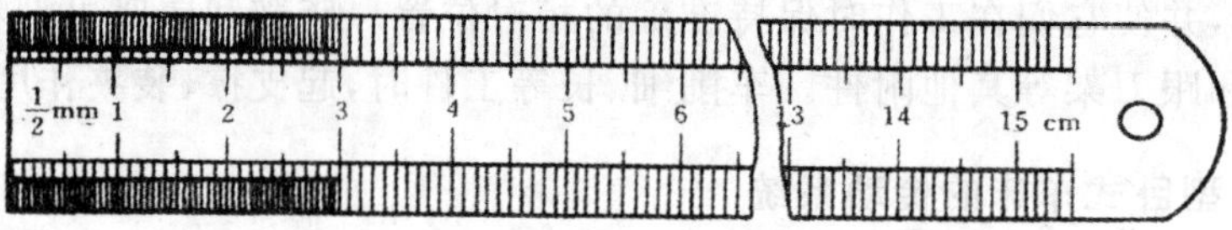

图 1.2.1　钢直尺

二、游标卡尺

如图 1.2.2 所示是一种可以测量工件内径、外径和深度的三用游标卡尺及其主要组成部分。

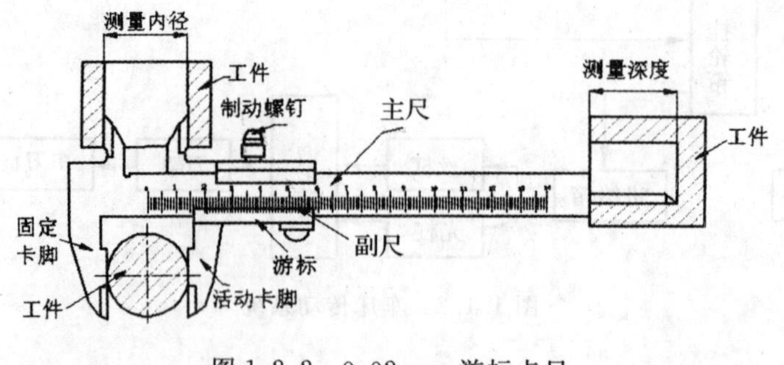

图 1.2.2　0.02 mm 游标卡尺

游标卡尺测量的准确度（刻度值）有 0.1 mm，0.05 mm，0.02 mm 3 种。现以刻度值为

0.02 mm的游标卡尺为例，说明其读数原理和读数方法。

测量精度为0.02 mm的游标卡尺其主尺1个刻度的间距为1 mm，副尺刻线总长49 mm并等分为50格，因此每格为49/50＝0.98 mm。因为主尺与副尺相对一格之差为1－0.98＝0.02 mm，所以它的测量精度为0.02 mm。根据这个刻度原理，如果副尺第11根刻线与主尺刻线对齐，如图1.2.3(a)所示，则测量的读数为

$$ab=ac-bc=11-(11\times0.98)=11\times0.02=0.22\ \text{mm}$$

如图1.2.3(b)所示，测量读数为60＋24×0.02＝60.48 mm。

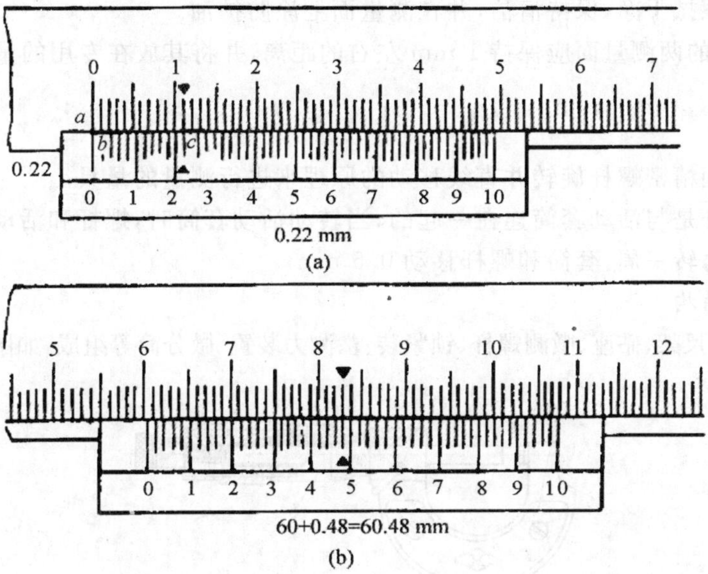

图1.2.3　0.02 mm游标卡尺读数原理和方法

(a)0.02 mm游标卡尺的读数原理；（b)0.02 mm游标卡尺的读数方法

1.使用方法

(1)测量前要擦净卡尺，将量爪合并后，检查主、副尺上的零线是否对齐，若没有对齐则应对读数加以相应的修正。

(2)测量时用力要适当注意拧松制动螺钉，使两测量爪刚好接触到零件的表面为宜，不要使卡脚紧压工件，以免卡脚变形或磨损，降低测量的准确度。

(3)测量时要将量具放正，防止歪斜，读数时避免视线误差。

用游标卡尺测量内、外尺寸的操作方法，如图1.2.4所示。

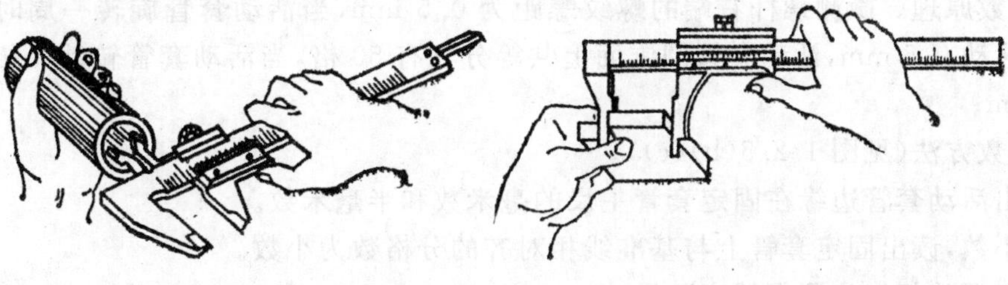

图1.2.4　用游标卡尺测量内、外尺寸的操作方法

(a)用卡尺测量内孔径的方法；（b）用卡尺测量外尺寸的方法

2. 读数方法

读数方法，如图 1.2.3，其步骤如下：

(1)读整毫米数，即读出副尺零线左边主尺上的整毫米数 60 mm。

(2)读小数，即读出副尺与主尺对齐刻线处的小数 0.48 mm。

(3)将两次读数相加 60.48 mm。

3. 使用游标卡尺的注意事项

(1)游标卡尺要水平放置，防止弯曲变形。

(2)用后，应擦拭干净，保持清洁，并在测量面上涂防护油。

(3)游标卡尺的两测量面应保持 1 mm 左右的距离，并将其放在专用的量具盒内。

三、千分尺

千分尺是利用精密螺杆旋转并直线移动的原理来进行测量的量具。

千分尺的螺杆是与活动套筒连在一起的，当转动活动套筒时，螺杆和活动套筒一起向左或向右移动。套筒每转一周，套筒和螺杆移动 0.5 mm。

1. 千分尺的结构

外径千分尺由尺架、砧座、微测螺杆、锁紧装置、测力装置、微分筒等组成，如图 1.2.5(a)所示。

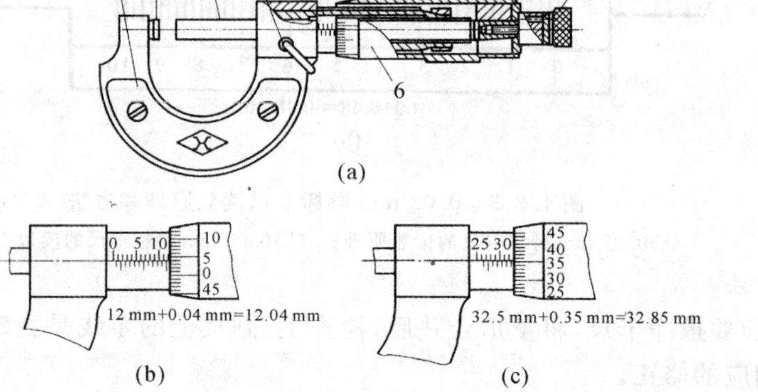

图 1.2.5　外径千分尺

(a)外径千分尺的结构；(b)，(c)测量读数

1—尺架；2—砧座；3—微测螺杆；4—锁紧装置；5—测力装置；6—微分筒

2. 读数原理及读数方法

(1)读数原理。微测螺杆右端的螺纹螺距为 0.5 mm，当活动套管旋转一周时，螺杆就沿轴线方向移动 0.5 mm，活动套管圆锥面上共等分刻有 50 格，当活动套管转动一格，则螺杆移动 0.01 mm。

(2)读数方法(见图 1.2.5(b)(c))。

1)读出活动套管边缘在固定套管主尺的毫米数和半毫米数。

2)读小数，读出固定套管上与基准线相对齐的分格数为小数。

3)将上两数相加为测得的实际尺寸。

3. 使用千分尺的注意事项

(1)千分尺使用前应先检查校准尺寸，观察活动套管与固定套管上基准线是否对齐，如果没有对齐，则不能使用，必须经调整正确后才能测量工件。

(2)千分尺只适用于精度高的尺寸测量，不能测量选配毛坯，不能在转动的工件上进行测量。

(3)测量时最好用左手握住尺架，右手旋转活动套管。当螺杆即将接触到工件被测表面时，改用旋转棘轮控制测量力，直至发出“咔”的声音为止。

(4)读数时最好不要取下千分尺，应该直接读出数值。如需要取下千分尺读数时，应先锁紧微测螺杆，然后再轻轻地取下，其目的是防止尺寸变动，影响测量的精度。

(5)使用时，要轻拿轻放；使用后，应将千分尺擦拭干净，保持清洁，放入专用盒内。

四、百分表

百分表是一种用来检验机床精度和测量工件的尺寸、形状和位置误差的量具。其结构如图 1.2.6 所示，它主要由触头、齿杆、大齿轮、小齿轮、表盘、转动表圈、指针、拉簧等部分组成。当齿杆上升时，带动齿数为 16 的小齿轮 3，在小齿轮 3 的同轴上装有齿数为 100 的大齿轮 4，再由这个齿轮带动中间的齿数为 10 的小齿轮 5，长指针 6 与小齿轮 5 同轴，随其一起转动，小齿轮 5 同时带动大齿轮 7，该齿轮轴下端装有游丝，其作用是消除由齿侧间隙而引起的测量误差，以保证测量精度，该轴的上端装有短指针 8，用来记录长指针的转动圈数(长指针每转动一周，短指针转动一格)，表盘 9 圆周上等分地刻有线条，共分 100 格，转动表圈 10 可调整表盘刻线与长指针的相对位置，而拉簧 11 的作用是使齿杆 2 能回到原位。

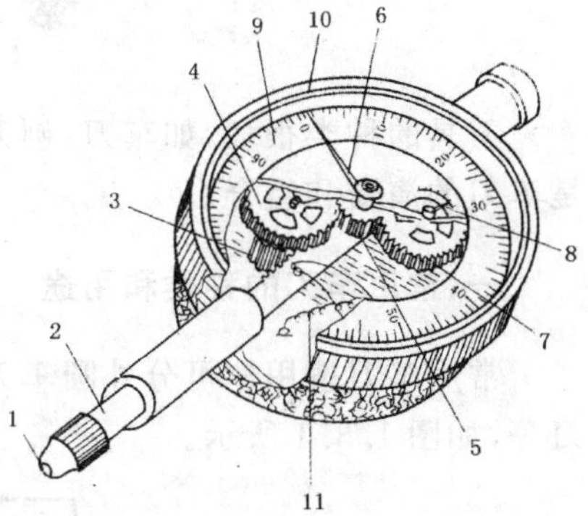

图 1.2.6　百分表的结构

1—触头；2—齿标；3—小齿轮；
4—左端大齿轮；5—中间小齿轮；6—长指针；
7—右端大齿轮；8—短指针；9—表盘；
10—表圈；11—拉簧

五、量规

用游标卡尺或千分尺检验零件，使用不方便，效率低，对大批量生产是不适宜的，在这种情况下，使用量规就比较方便。

常用量规可分为测量外径的卡规和测量内径的塞规，如图 1.2.7 所示。

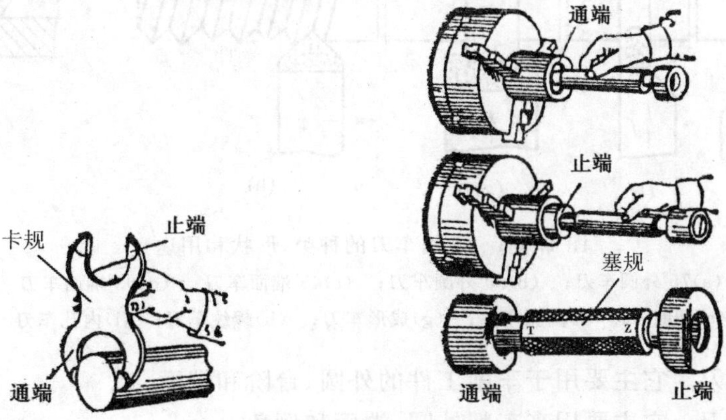

图 1.2.7　卡规和塞规

卡规和塞规都有通端和止端。卡规的通端尺寸是轴径的最大极限尺寸，止端尺寸是轴径的最小极限尺寸。塞规的通端是孔径的最小极限尺寸，止端是孔径的最大极限尺寸。测量时，通端能通过，止端不能通过，说明工件尺寸在最大、最小极限尺寸内，即在允许的公差范围内，表明工作是合格的，否则就不合格。

量具使用注意事项：

(1)正确掌握量具的测量姿势。

(2)在使用中注意小心轻放。

(3)测量完成后将量具擦干后放在指定位置。

(4)机床未停稳，严禁使用量具测量。

第3节　金属切削刀具

刀具的种类很多，如车刀、刨刀、钻头、铣刀等，而车刀是最简单的刀具，其他刀具都可看成是车刀的演变和组合。

一、常用车刀的种类和用途

常用车刀按用途可分外圆车刀、端面车刀、切断刀、圆弧车刀、成形车刀、螺纹车刀、内孔车刀等，如图 1.3.1 所示。

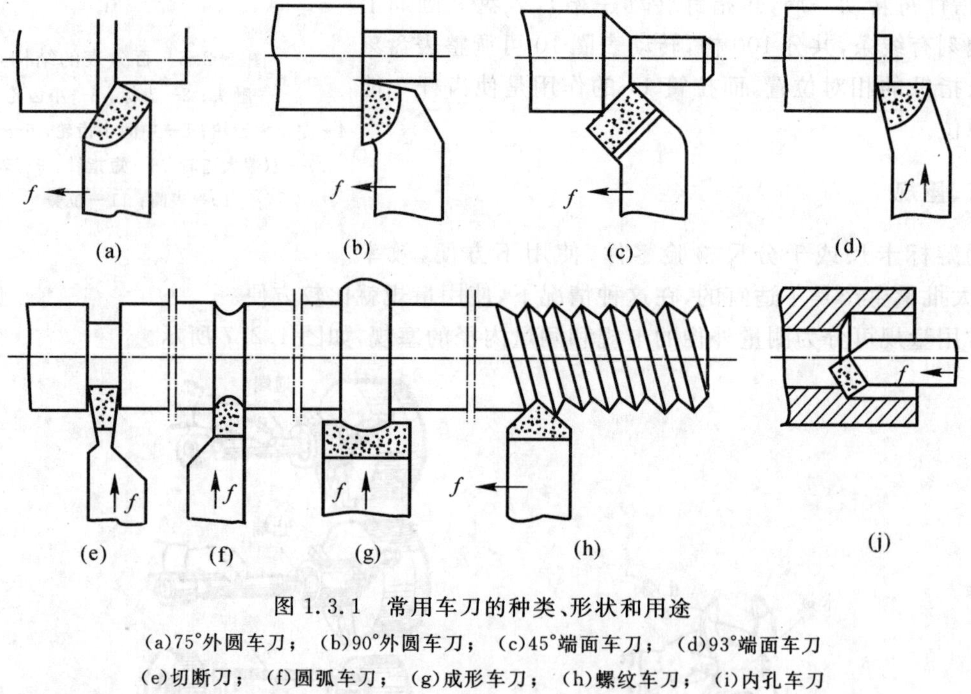

图 1.3.1　常用车刀的种类、形状和用途

(a)75°外圆车刀；(b)90°外圆车刀；(c)45°端面车刀；(d)93°端面车刀

(e)切断刀；(f)圆弧车刀；(g)成形车刀；(h)螺纹车刀；(i)内孔车刀

(1)90°外圆车刀。它主要用于车削工件的外圆、台阶和端面。

(2)45°端面车刀。它主要用来车削外圆、端面和倒角。

(3)切断刀。它主要用来切断工件或切沟槽。

(4)成形车刀。它主要用来车削各种特殊形面工件。

(5)螺纹车刀。它主要用来车削各种螺纹。

(6)内孔车刀。它主要用来车削工件内孔。

(7)圆弧车刀。它主要用来车削表面具有圆弧曲线的工件。

(8)硬质合金可转位车刀(机夹车刀)。这种车刀由刀杆、刀片、刀垫和夹固元件组成。硬质合金刀片用机夹方式固定在刀杆上,刀刃磨损后,只需调换另一刀片即可切削,从而大大缩短换刀和磨刃时间,提高生产率。

二、车刀材料(刀头部分)

切削性能好的刀具材料,能够提高切削加工生产率和加工质量。在切削过程中,刀具的耐用度,在很大程度上取决于刀具材料的合理选择。工件材料的发展促进了刀具材料的发展。刀具新材料的出现,解决了难加工材料的加工问题,较好地解决了要提高刀具材料的硬度和耐磨性就要降低其强度和韧性这一矛盾,从而使切削加工生产率大幅度提高。

1.刀具材料应具备的性能

刀具切削部分在工作时要承受较大的切削力和较高的切削温度以及摩擦、冲击和振动。因此,刀具材料应具备上述基本要求。

(1) 硬度。硬度是刀具材料应具备的基本特征。刀具材料的硬度要高于被加工材料的硬度。一般刀具材料的常温硬度应在 HRC60 以上。

(2)耐磨性。耐磨性是材料抵抗磨损的能力。它是刀具材料的机械性能、组织结构和化学性能的综合反映。一般说来,刀具材料的硬度越高,耐磨性就越高。组织中的硬质点(碳化物、氧化物等)的硬度越高,数量越多,颗粒越小,分布越均匀,耐磨性越高。

(3)强度和韧性。为了承受切削力、冲击和振动,刀具材料应具有足够的强度和韧性。一般,强度用抗弯强度表示,韧性用冲击值表示。

(4)耐热性。耐热性是指在高温下,保持材料硬度、耐磨性、强度和韧性的性能。它可以用高温硬度(维持刀具材料切削性能的最高温度限度)表示。刀具材料的高温硬度越高,则刀具的切削性能越好,允许的切削速度越高。它是衡量刀具材料性能的主要标志。刀具材料还应具有在高温下抗氧化的能力、抗黏结的能力和抗扩散的能力,即刀具材料应具有良好的化学稳定性。

(5) 工艺性。为了便于刀具的制造,要求刀具材料具有良好的锻造性能、焊接性能、热处理性能、高温塑性变形性能和磨削加工性能等。

此外,还应考虑到刀具材料的经济性和被加工的材料的性能,以及切削用量和刀具的耐用度。

2.常用的刀具材料

(1)碳素工具钢。其含碳量为 0.65%～1.35%的优质高碳钢;一般只用于制造少数简单的、低速的手动工具。常用的牌号有 T10A,T12A,T13A 等。

(2)合金工具钢。它是含铬、钨、硅、锰等合金元素的低合金工具钢。加入合金元素后使硬度及耐磨性得到提高,淬透性较好,在油中淬火,热处理变形小。这种钢可制造刃形较复杂的低速刀具,如铰刀、拉刀、丝锥等。常用的牌号有 CrWMn,9SiCr,GCrl5,Crl2MoV 等。

(3) 高速工具钢。它可简称高速钢,又称锋钢、风钢、白钢。高速钢中含有大量钨、铬、钼、钒等合金元素,形成大量的高硬度碳化物相。其淬火后的硬度为 HRC63～70。不但淬火后硬度高，而且耐磨性、淬透性和回火稳定性大大提高，并有足够的韧性。高速钢的工艺性也较好。所以，在各种刀具材料中，高速钢的性能最为理想。它用于制造工艺简单，且容易刃磨成锋利的刃口，可用于制造车刀、铣刀、铰刀、齿轮刀具等，特别是各种复杂精密的刀具。

(4)硬质合金。由难熔金属碳化物（如 WC，TiC，TaC，NbC 等）和金属黏结剂（如 Co，Ni 等）经过粉末冶金方法制成。硬质合金的特点是硬度很高，达 HRA89～94（相当于 HRC74～82），耐磨性和耐热性亦好，它所允许的工作温度可达 800～1 000℃，甚至更高，所以其所允许的切削速度比高速钢高几倍到几十倍，可用于高速强力切削和难加工材料的切削加工。硬质合金的缺点是抗弯强度较低，冲击韧性较差，工艺性也较高速钢差得多。因此，硬质合金多用于制造简单的高速切削刀具，用粉末冶金工艺制成一定规格的刀片镶在或焊在刀体上。

(5)其他新型刀具材料。随着科学技术的发展，不断研制出许多新型的刀具材料，如陶瓷、金属陶瓷、聚晶金刚石、立方氮化硼等超硬材料。用这些材料制成的刀片，用于精加工、半精加工或对特殊材料进行加工，其生产效率和加工质量都很高。

三、车刀的几何形状

1.车刀的组成

车刀由刀头和刀体组成，刀头是车刀最重要的部分，由刀面、刀刃和刀尖组成，承担着金属切削加工任务。而刀体在其中起着支撑和装夹刀具的作用。车刀的组成如图 1.3.2 所示。

(1)刀面。

1)前刀面。切屑沿其表面流出的刀面。

2)后刀面。分主后刀面和副后刀面。与过渡表面相对的刀面是主后刀面；与已加工表面相对的刀面称副后刀面。

(2)刀刃。

1)主切削刃。前刀面与主后刀面的相交部位，它担负主要的切削工作。

2)副切削刃。前刀面与副后刀面的相交部位，它配合主切削刃完成少量的切削工作。

(3)刀尖。主切削刃和副切削刃的交点。为了提高刀尖强度将刀尖处磨成圆弧形或直线形以提高刀尖强度，称为刀尖圆弧，如图 1.3.3(a)(b)所示。

(4)修光刃。副切削刃上的一小段平直刀刃，与进给方向平行，其长度大于工件的进给量，起工件表面修光作用，如图 1.3.3(c)所示。

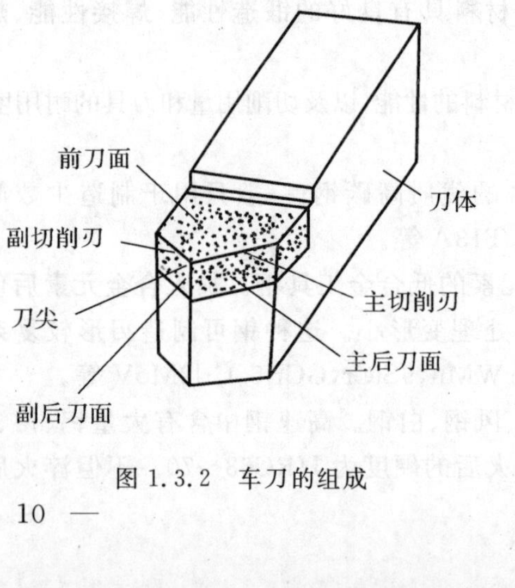

图 1.3.2　车刀的组成

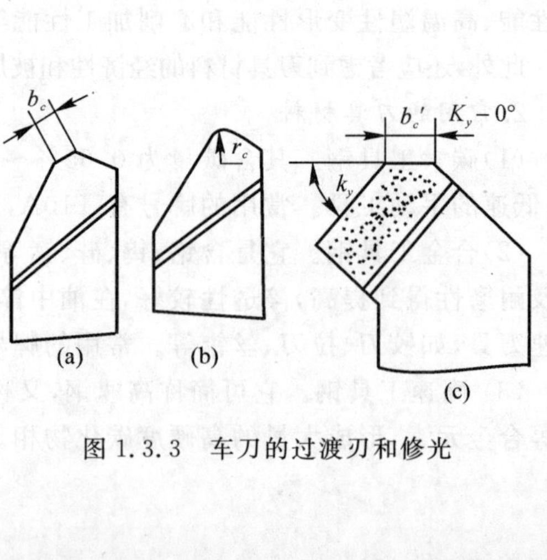

图 1.3.3　车刀的过渡刃和修光

2. 确定车刀角度的辅助平面

为了便于确定和测量车刀角度，设定三个辅助平面作基准，如图 1.3.4 所示。

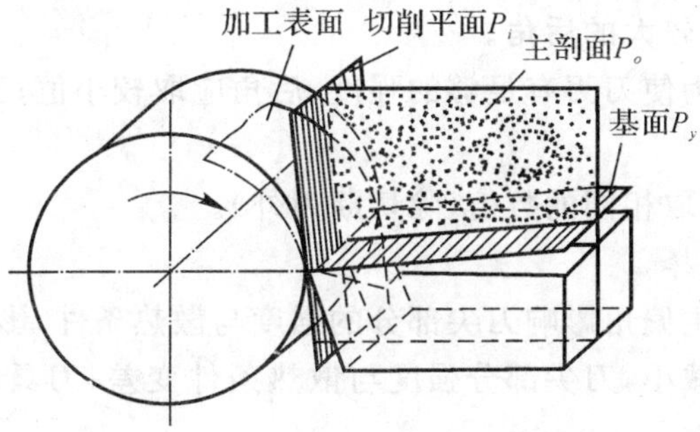

图 1.3.4　车刀的三个辅助平面

(1)基面：通过刀刃上任选的一定点，垂直于该点切削速度方向的平面。

(2)切削平面：通过切削刃且垂直于基面的平面。

(3)主剖面：又称截面，通过切削刃上的选定点，且垂直于基面和切削平面的剖面。

3. 车刀的几何角度

车刀切削部分共有 6 个独立的基本角度(前角、主后角、副后角、主偏角、副偏角和刃倾角)和两个派生角(楔角、刀尖角)。

(1)前角。它是前刀面与基面之间的夹角。

(2)主后角。它是主后刀面与切削平面之间的夹角。

(3)副后角。它是副后刀面与切削平面之间的夹角。

(4)主偏角。它是主切削刃在基面上的投影与进给方向上的夹角。

(5)副偏角。它是副切削刃在基面上的投影与背离进给方向上的夹角。

(6)刃倾角。它是主切削刃与基面之间的夹角。

(7)楔角。它是主截面内，前刀面与主后面之间的夹角。

(8)刀尖角。它是主刀刃和副刀刃在基面内的投影间的夹角。

4. 前角的作用及选择

(1)前角是车刀最重要的一个角度，其大小影响刀具的锐利程度与强度。加大前角，可使刃口锋利，减小切削变形和切削力，使切削轻快。但前角过大，楔角减小，降低了切削刃和刀头的强度，使刀头散热条件变差，切削时刀头容易崩刃。

(2)前角的初步选择。前角的大小应根据工件材料、刀具材料及加工性质选择。

1)工件材料软，可取较大的前角；工件材料硬，应取较小的前角。

2)车塑性材料时，可取较大的前角；车削脆性材料时，应取较小的前角。

3)车刀材料的强度较低、韧性较差，前角应取小些；反之，前角可取大些。

4)粗加工时，为了保证刀刃有足够的强度，应取较小的前角；精加工时，为了获得较小的表面粗糙度，应取较大的前角。

5. 后角的作用及选择

(1)后角的作用。后角可减少刀具后刀面与工件加工表面之间的摩擦以及刀具后刀面的磨损，它配合前角调整刀刃的锐利程度和强度。

(2)后角的选择。

1)粗加工时，为了增加刀刃的强度，应取较小的后角；精加工时，为了减小后刀面与工件的摩擦，保证加工质量，应取较大的后角。

2)工件材料较硬时，为使刀刃有足够的强度，后角应取较小值；工件材料较软时，后角应取较大值。

副后角一般和主后角取相同的数值(除切断刀外)。

6.主偏角的作用及选择

(1)主偏角的作用。主偏角影响刀尖部分的强度与散热条件，影响切削分力的大小。

加大主偏角，刀尖角减小，刀尖部分强度与散热条件变差，刀具寿命降低；加大主偏角，切深抗力减小，进给抗力增大。

(2)主偏角的选择。

1)主偏角的大小首先应根据工件的形状选择。如车削台阶轴或车不通孔时，主偏角应取大于或等于 90°。

2)当工件刚性较好时，为提高刀具寿命，应取较小的主偏角；当工件刚性较差时(如车细长轴)，为了减小切削时的振动，提高工件的加工精度，须取较大的主偏角(90°～93°)。

3)大进给、大切深的强力车刀，为了减小切深抗力，一般取较大的主偏角 75°。

4)当工件材料的强度、硬度较高时，为了增加刀尖部分的强度，应取较小的主偏角。

7.副偏角的作用及选择

(1)副偏角的作用。副偏角可减小副刀刃与已加工表面之间的摩擦，影响刀尖部分的强度和散热条件，影响已加工表面的粗糙度。

(2)副偏角的选择。副偏角的大小主要根据工件表面粗糙度和刀尖强度要求选择。

1)对于外圆车刀，一般取 6°～10°。

2)对于精加工车刀，为了减小已加工表面粗糙度，主偏角应取得更小些。必要时，可磨出一段修光刃，修光刃的长度应略大于进给量，即(1.2～1.5)f。

3)加工强度、硬度较高的材料时，为了提高刀尖部分的强度，应取较小的副偏角 4°～6°。

4)工件刚性较差时，为了减小切深抗力，避免产生切削振动，应取较大的副偏角。

5)切断时，为了保证刀头强度，保证重磨后刀头宽度变化较小，只能取很小的副偏角1°～2°。

8.刃倾角的作用及选择

(1)刃倾角的作用。刃倾角有正值、负值和零三种。当刀尖是主切削刃的最高点时，刃倾角为正值；当刀尖是主切削刃上的最低点时，刃倾角为负值；当主切削刃与基面重合时，刃倾角为零。

刃倾角可控制切屑的流出方向。正值的刃倾角可使切屑流向待加工表面；负值的刃倾角可使切屑流向已加工表面；零值的刃倾角可使切屑垂直于主切削刃方向流出。

刃倾角影响刀尖部分的强度。如图 1.3.5 所示，正值的刃倾角可提高工件表面加工质量，但刀尖强度较差，不利于承受冲击负荷，容易损坏刀尖。

刃倾角影响切削分力的大小。正值刃倾角可使切深抗力减小而进给抗力加大；负值刃倾角可使切深抗力加大而进给抗力减小。

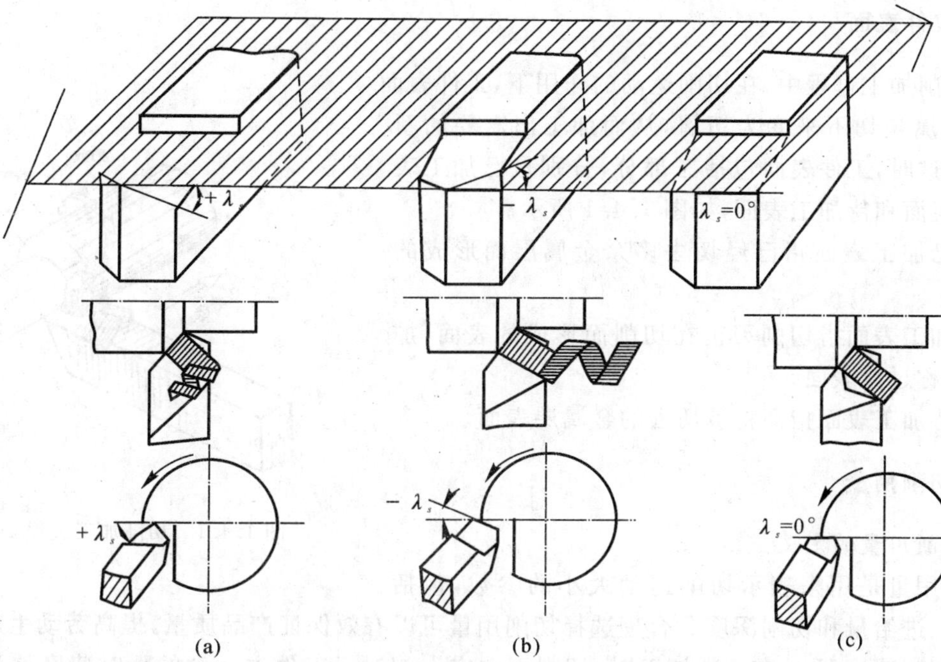

图 1.3.5　车刀的刃倾角及对切削的影响

(2)刃倾角的选择。刃倾角主要根据刃尖部分的要求和切屑流出方向选择。

1)粗车一般钢料和灰铸铁时，一般应取负值的刃倾角，即$-5°\sim0°$。

2)精车一般钢料和灰铸铁时，为了保证切屑流向待加工表面，应取较小的正值刃倾角，即$0°\sim+5°$。

3)有冲击负荷或断续切削时，为了保证足够的刀尖强度，应选取较大的负值刃倾角，即$-15°\sim-5°$。

4)当工件刚性较差时，应选取正值刃倾角，即$+3°\sim+5°$。

第 4 节　金属切削基础知识

金属切削过程是通过切削运动，刀具从工件表面切除多余金属层，加工出合格的工件的过程。掌握金属切削基础知识，可以有效控制切削过程，充分发挥机床、刀具的效能，保证加工精度和表面质量，提高劳动生产率，降低生产成本，促进切削加工技术的发展。

一、车削运动

车削是在机床上利用工件的旋转运动和刀具的直线运动（或曲线运动）来改变毛坯的形状和尺寸，将毛坯加工成符合图样的工件。车削运动可分为主运动和进给运动。

(1)主运动指直接切除工件上切削层，使之转变为切屑，从而形成工件新表面的运动。车削时，工件的旋转运动是主运动。通常主运动消耗的切削功率较大。

(2)进给运动指被切金属层不断地投入切削的运动。进给运动可以是连续运动，也可以是间歇运动，卧式车床上的车刀进给运动是连续运动。

二、工件表面

在切削加工过程中，在切削运动的作用下，工件表面上一层金属被切下来变为切屑，从而加工出需要的新的表面。这时，工件表面包括三部分，分别是已加工表面、加工表面和待加工表面，如图 1.4.1 所示。

(1)已加工表面指已经切去多余金属层而形成的新表面。

(2)加工表面指切削刃正在切削而形成的表面，加工表面又称过渡表面。

(3)待加工表面指即将被切去的金属层表面。

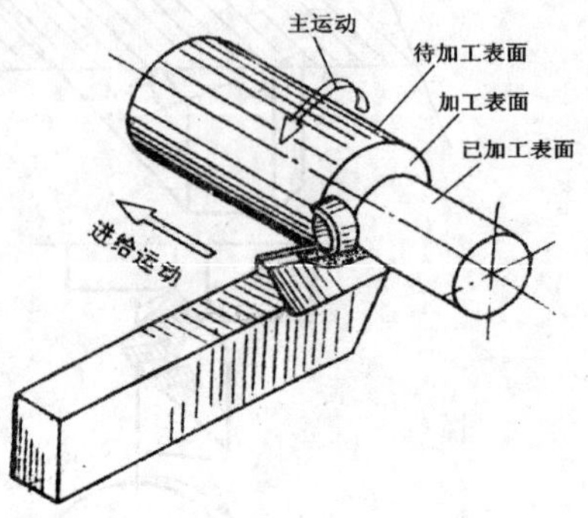

图 1.4.1　切削加工过程

三、切削用量

1. 切削用量的定义

切削用量是用来表示切削运动大小的参数，包括切削速度、进给量和切削深度。合理选择切削用量可以有效保证产品质量，提高劳动生产率。

(1)切削速度 V_c。在切削加工时，切削刃选定点相对于工件主运动的瞬时速度称为切削速度，如图 1.4.2 所示，表示在单位时间内工件或者刀具沿主运动方向移动的距离。

$$V_c=\frac{\pi Dn}{1\,000\times 60}\ (\mathrm{m/s})$$

式中，D 为工件直径(mm)；n 为工件转速(r/min)。

(2)进给量 f。刀具在进给运动方向上相对工件的位移量，用工件每旋转一周刀具的位移量来表达和度量，如图 1.4.3 所示，单位为 mm /r，即工件每转一圈，刀具沿进给运动方向移动的距离。

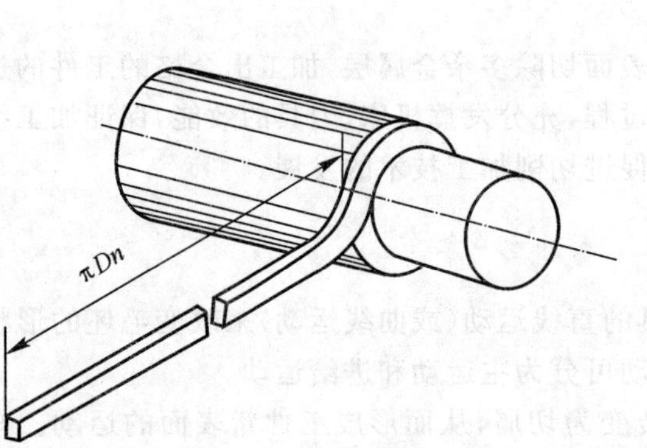

图 1.4.2　切削速度

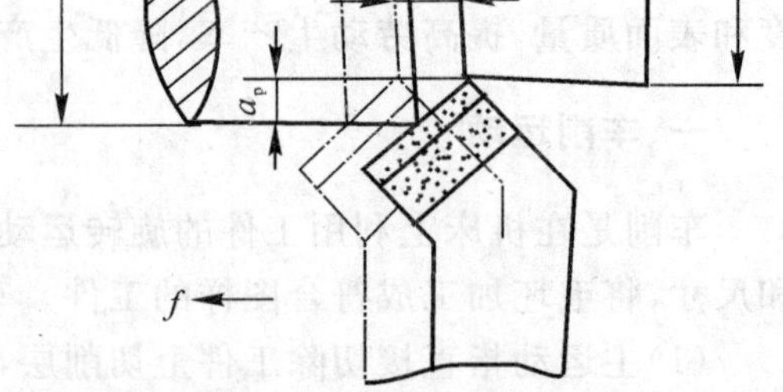

图 1.4.3　切削深度与进给量

(3)切削深度 a_p。在车削中切削深度为待加工表面到已加工表面之间的垂直距离,又称背吃刀量。

2.切削用量的选择

在工件材料,刀具材料,刀具几何参数及其他切削条件已确定的情况下,切削用量的选择将关系到工件质量、生产效率和加工成本。

合理选择切削用量的原则是:保证工件的加工精度和表面粗糙度,保证刀具具有合理的寿命,充分发挥机床的潜力的同时又不超过允许的动力及转矩,不超过工艺系统的强度及刚度允许的极限负荷。

(1)切削深度(背吃刀量)的选择。粗车时,主要根据工件的加工余量和工艺系统的刚性来决定。保留半精车余量(通常为1～3 mm)或精车余量(通常为0.1～0.5 mm),其余余量尽可能地一次车削去,尽可能取大的背吃刀量,以减少走刀次数。半精车或精车时,如用硬质合金车刀,由于车刀刃口在砂轮上不易磨得很锋利,最后一刀的背吃刀量以不小于0.1 mm为宜,否则很难达到较高的表面质量。

(2)进给量的选择。粗车时,在工艺系统刚性和强度允许的情况下,可选用较大的进给量。半精车或精车时,为了提高工件表面质量,减小工艺系统的弹性变形,一般宜采用较小的进给量。

(3)切削速度的选择。

1)刀具材料的耐热性好时,切削速度可高些。

2)工件材料的强度、硬度高,或塑性太大和太小,切削速度均应取低些。

3)表面质量要求较高时,切削速度需要避开积屑瘤的生成速度范围,使用硬质合金刀具可取较高的切削速度,使用高速钢刀具宜采用低速车削。

4)断续切削、车削细长轴、工艺系统刚性差时,宜采用较低的切削速度。

为了提高劳动生产率,保证合理的刀具经济耐用度,首先选取较大的切削深度,其次选取较大的进给量,最后根据刀具的耐用度选择合理的切削速度。

四、车削中的物理现象

1.切屑的形状与控制

(1)切屑的形成。工件上多余的金属层,通过切削加工,被刀具切除而形成切屑的过程,称为金属切削过程。

刀具对工件进行切削,被切削的金属层在刀具切削刃和前刀面的挤压作用下将产生弹性变形、塑性变形、剪切滑移到脱离工件。被切削的金属层的应力较小时,产生的是弹性变形,当应力达到屈服点时,开始产生塑性变形,接着产生晶格滑移现象,继续切削的瞬间,应力和变形达到最大,切削层金属被切离并沿刀具前刀面流出,形成了切屑,如表1.4.1所示。

(2)切屑的类型。由于工件材料、刀具几何参数、切削速度的不同,切屑变形的程度也就不同,因而所产生的切屑类型也就多种多样。切屑类型一般分为带状切屑、挤裂切屑、单元切屑和崩碎切屑。

表 1.4.1　金属切屑的形成及影响

名　称	带状切屑	挤裂切屑	单元切屑	崩碎切屑
简　图				
形　态	带状，底面光滑，背面呈毛茸状	节状，底面光滑有裂纹，背面呈锯齿状	粒状	不规则状颗粒
变　形	剪切滑移尚未达到断裂程度	局部剪切应力达到断裂强度	剪切应力完全达到断裂程度	未经塑性变形即被挤裂
形成条件	加工塑性材料，切削速度较高，进给量较小，刀具前角较大	加工塑性材料切削速度较低，进给量较大，刀具前角较小	工件材料硬度较高，韧性较低，切削速度较低	加工脆性材料刀具前角较小
影　响	切削过程平稳，表面粗糙度小，妨碍切削工作，应设法断屑	切削过程平稳，表面粗糙度欠佳	切削力波动较大，切削过程不平稳，表面粗糙度不佳	切削力波动大，有冲击，表面粗糙度很差，易崩刃

切屑的形状是可控的，通过在前刀面上磨出断屑槽或调整切削用量，来控制切屑的卷曲流出和折断，如表 1.4.2 所示。切削加工中应尽量避免产生飞屑，以及长的易缠绕在工件或刀具上的带状切屑。衡量切屑可控性主要的指标是，不妨碍正常的加工(不缠绕在工件与刀具上，不飞溅到机床的运动部件中)，不影响操作者的安全，易于清理、存放和搬运。

在形成挤裂切屑的情况下，若增大刀具前角，提高切削速度或减小切削深度，就可以得到最常见的带状切屑。车削加工中控制切屑的卷曲流出和折断的主要方法是在前刀面上磨出断屑槽或使用压块式断屑器。

表 1.4.2　切屑的形状

带状切屑	管状切屑	圈形螺旋切屑	锥形螺旋切屑	弧形切屑	发条状切屑	粒状切屑	针状切屑

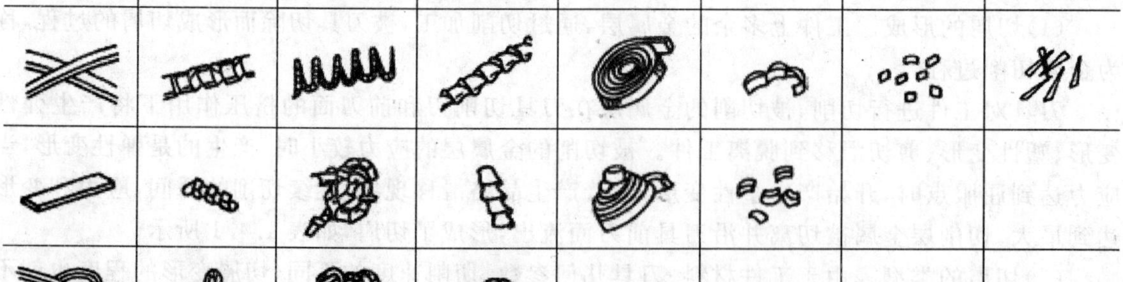

2. 积屑瘤

切削一般钢材或其他塑性材料时，在切削速度不高而又能形成连续切屑的情况下，随着压力、摩擦力的增大，刀尖处温度的提高，常有一些金属黏结（冷焊）层积在切削刀尖处，形成一小块很硬的金属楔块。其硬度很高，是工件硬度的 2～3 倍，在处于稳定状态时，可保护刀刃并代替刀刃切削，这块冷焊在前刀面的金属称为积屑瘤，如图 1.4.4 所示。一方面，积屑瘤增大了刀具的实际工作前角，使切削力下降，对粗加工有利。另一方面，由于积屑瘤在切削过程中是不稳定的，其大部分被切屑带走，小部分被挤压到已加工表面，可形成许多硬质点，使已加工表面粗糙度值增大，因而在精加工时又应防止产生积屑瘤。

在精加工时，采用低速或高速切削，减小进给量，增大刀具前角，减小刀具前刀面粗糙度值，合理使用切削液等，是防止产生积屑瘤的有效措施。

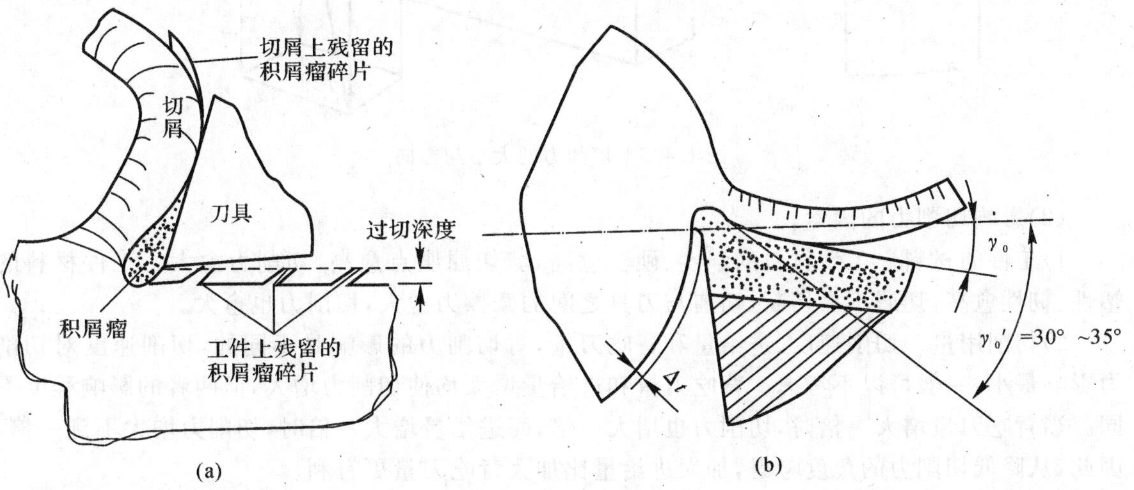

图 1.4.4　积屑瘤

3. 切削力

在切削过程中，存在着切削层金属产生弹性变形和塑性变形的抗力，还存在着刀具与切屑工件表面间的摩擦阻力，它们的合力即是总切削力 F。

(1)切削力的分解。车外圆时，可将总切削力 F 分解成三个互相垂直的分力，如图 1.4.5 所示。

切削力 F_c 是总切削力 F 在主运动方向上的正投影，它垂直于工作基面，和切削速度的方向相同，故又称为切向力。

背向力 F_p 是总切削力 F 在垂直于工作平面（平行于进给运动方向的铅垂面）的分力，其投影在工作基面上并与工件轴线垂直，故又称为径向力。

进给力 F_f 是总切削力 F 在进给运动方向上的投影，其投影在工作基面上并与工件轴线相平行，故又称为轴向力。

$$F=\sqrt{F_c^2+F_p^2+F_f^2}$$

一般情况下，切削力 F_c 最大，背向力 F_p 和进给力 F_f 较小。实验测定：

$$F_p=(0.15\sim0.7)F_c,\quad F_f=(0.1\sim0.6)F_c$$

切削力 F_c 是设计机床主运动系统的零件硬度、刚度和选择机床电机的主要依据；背向力 F_p 使工件产生弯曲变形和振动，导致加工误差的产生而影响工件的加工精度；进给力 F_f 是设计机床进给系统的零件强度、刚度的依据。

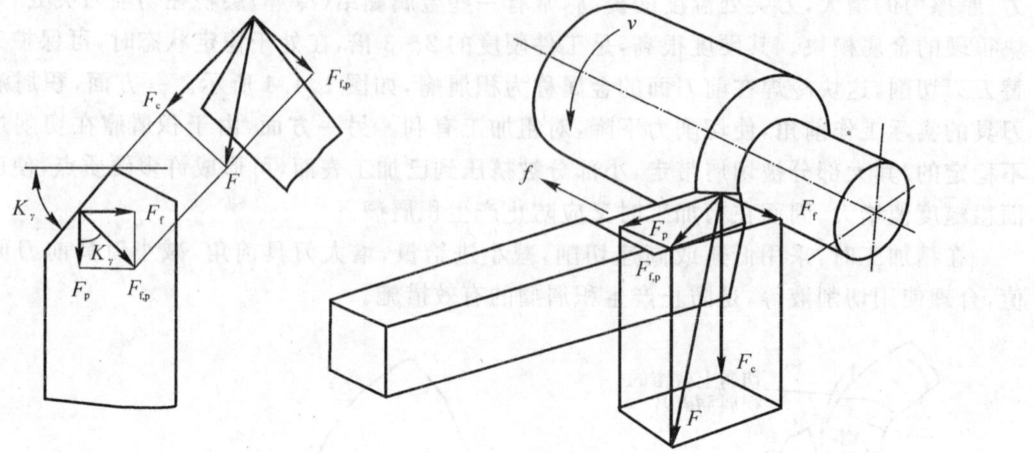

图 1.4.5 切削力的大小与方向

(2)影响切削力的因素。

1)工件的材料。工件材料的强度、硬度愈高,剪切屈服点愈高,切削力愈大。工件材料的塑性、韧性愈高,切屑不易切断,切屑与刀具之间的摩擦力愈大,切削力也愈大。

2)切削用量。切削速度、进给量和背吃刀量,对切削力的影响是不同的,切削速度对切削力影响最小,一般可以不考虑。背吃刀量和进给量增大均使切削力增大,但两者的影响程度不同。当背吃刀量增大一倍时,切削力也增大一倍,而进给量增大一倍时,切削力增大不到一倍,因此,从降低切削力的角度考虑,加大进给量比加大背吃刀量更有利。

3)刀具几何角度。刀具的前角增大,使切屑厚度压缩比减小,即变形减小,则切削力 F_c 也减小。主偏角增大,使切屑厚度压缩比减小,切削力 F_c 也减小。主偏角等于 60°～70°时,切削力最小,但主偏角增大后,刀刃参加切削的长度减小,单位切削力增大,使切屑厚度压缩比增大,又使切削力 F_c 增大。由于主偏角增大,会使背向力减小,进给力 F_f 增大,所以在车削细长轴时,为了减少背向力的作用,防止工件产生变形和振动,可将主偏角增大到 90°左右,使背向力趋近于零。

4.切削热对零件加工的影响及散热途径

(1)切削热的产生与切削温度。切削热来源于切削层金属发生弹性变形和塑性变形产生的热量,以及切屑与前刀面,工件与后刀面摩擦产生的热量。切削过程中弹性变形与塑性变形及摩擦消耗的功绝大部分转化为热能。切削热的产生将使切削区的温度升高,切削温度在切削区的分布是不均匀的,通常所说的切削温度是指平均温度。不同工件材料,切削温度在刀具上的分布特点如下:

1)塑性金属。刀具前刀面上的温度高于后刀面上的温度,而且最高温度是分布在离开切削刃有一段距离的前刀面上,前刀面上的磨损也将由此处开始向四周扩展。当工件材料的塑性越好,切削刃与切屑接触长度越大时,温度的分布将越均匀。

2)脆性金属。最高温度将公布在靠近刀尖刃口处的后刀面上,离切削刃越远的地方,温度也越低。

(2)切削热的传散途径。切削热通过切屑、工件、刀具和周围的介质传散开。

切削热传至各部分的比例大小随不同的切削条件而改变,一般情况是切屑带走的热量最多。如不用切削液，以中等切削速度加工钢件时，切削热的50%～86%由切屑带走；40%～10%传入工件；9%～3%传入车刀，1%左右传入周围空气。

(3)切削温度对切削加工的影响。切削温度的高低是由切削热的产生和传散两个方面综合影响的结果。切削热及由此而产生的切削温度对切削过程的影响有两重性。

1)对切削加工不利的一面：切削温度的升高会加速刀具的磨损、降低刀具的寿命；刀具和工件在受热后会产生膨胀变形，影响加工精度。尤其是加工有色金属和细长轴时更为突出。工件表面在与刀具后刀面接触的瞬间，温度可上升到几百摄氏度，但在与后刀面脱离接触后温度又急剧下降，这种短暂的"热冲击"会使工件表面产生有害的残留应力。在严重的情况下，很高的切削温度还会使工件表层的金相组织产生变化，造成烧伤、退火等现象。

2)对切削加工有利的一面：使工件材料软化，易于切削。这对加工一些硬度虽很高，但高温硬度并不高的材料(如一般的淬硬钢)特别有利；对一些性质较脆而耐热性好的刀具材料(如硬质合金、陶瓷材料等)来说，适当的高温能改变材料的韧性，减少崩刃现象；较高的切削温度也不利于积屑瘤的产生，对减轻刀具的黏结磨损及改善工件表面质量是有好处的。

(4)碳素钢和低合金钢切屑颜色随切削温度变化较为明显，可根据切屑的颜色判断大致的切削温度(平均切削温度)，如表1.4.3所示。

表1.4.3 切屑颜色与大致切削温度对照表

切屑颜色	大致的切削温度 t/℃	切屑颜色	大致的切削温度 t/℃
银白色	<200	蓝色	320
淡黄色	220	蓝灰色	350
暗黄色	240	灰白色	400
绛红色	270	紫黑色	>500
暗蓝色	290		

(5)影响切削热的因素。切削温度的高低不但取决于生成热量的多少，还取决于散热条件。生成热量愈少，散热条件愈好，切削温度愈低。

1)工件的材料。工件材料的硬度、强度愈高，切削力愈大，消耗能量愈多，其产生的热量也就愈多，切削温度也会愈高。另外，如果工件的导热系数小，导热性差，其切削温度也高。

2)切削用量。实践证明，切削用量中切削速度、走刀量、背吃刀量对切削温度的影响是不同的。切削速度增大，使切削温度升高很快；增大背吃刀量，切削温度略有提高，其原因是增大背吃刀量使主切削刃参加工作的长度增加，增加了散热面积，散热条件改善；增大进给量切削温度也会升高，但由于散热条件稍有改善，故比切削速度对切削温度的影响程度小些，比背吃刀量对切削温度的影响大些。

3)刀具几何角度。刀具前角增大，使切屑厚度压缩比减小，切削力减小，功消耗少，切削温度降低，但随着前角增大，刀具的散热条件变差，前角增大到一定值后切削温度就不再降低了。主偏角的增大，将使主切削刃参加工作的长度减小，散热面积减小，切削温度会略有上升。另外，合理地选用切削液，可以带走大量的热量，又能减小摩擦，使切削温度降低。

五、刀具磨损与刀具耐用度

1.刀具磨损

在切削过程中，刀具在高温、高压和剧烈摩擦的作用下会产生严重磨损，其磨损形式为正常磨损和非正常磨损两类。

非正常磨损是指刀具在切削过程中突然发生的磨损现象，如刀具突然崩刃、产生裂纹、刀片破碎、卷刃等，其产生的主要原因是因为刀具材料、刀具角度及切削用量选择不合理引起的。

正常磨损是指刀具在设计、制造与刃磨合乎要求与使用合理的情况下在切削过程中产生的磨损，其三种形式为后面磨损、前面磨损和前后面同时磨损。

2.刀具耐用度

刀具磨损到一定程度就不能继续使用了，应重新磨刀，否则在切削时刀具的切削力、切削温度会急剧上升，产生振动与噪声，使工件表面粗糙度值增大，使刀具切削性能下降。

刀具耐用度是指刀具由开始切削一直到达到磨钝标准为止的切削时间，即刀具两次刃磨之间的切削时间。

刀具耐用度高低是衡量刀具切削性能好坏的重要标志，利用刀具耐用度来控制刀具磨损程度比用测量刀具磨损高度来判断是否达到磨钝标准要简便。

影响刀具耐用度的因素主要有工件材料、刀具材料和切削用量等，它们都是通过切削温度变化而影响刀具耐用度的，即切削温度升高，刀具耐用度下降。切削用量与刀具耐用度之间有着密切的关系，其中切削速度对刀具耐用度影响最大，进给量次之，影响最小的是背吃刀量。单位时间内切除的金属体积不变时，若切削速度增大一倍，则刀具耐用度下降到原来的1/32；若进给量增大一倍，则刀具耐用度下降到原来的1/5；若背吃刀量增大一倍，则刀具耐用度只下降到原来的1/1.25。

六、常用切削液及其选用

切削加工中，最常用的切削液有水溶液、乳化油、切削油与极压切削液等。

1.水溶液

水溶液是在水中加入防锈剂、清洗剂、油性添加剂制成的，其冷却、清洗作用较好，润滑作用较差，广泛应用于磨削和粗加工。

2.乳化油

乳化油是在乳化油中加水稀释而成的乳白色液体，是由矿物油和表面活性乳化剂配制成的一种油膏。按乳化油的含量可配成不同浓度的乳化液。低浓度的乳化液主要起冷却作用，高浓度乳化液主要起润滑作用。乳化液主要用于车削、钻削、攻螺纹。

乳化液中也常添加防锈剂、极压添加剂，来提高乳化液的防锈、润滑性能。

3.切削油

切削油有矿物油(机油、轻柴油、煤油)和动植物油(豆油、菜油、蓖麻油、棉子油、猪油、鲸油)之分。切削油主要用于滚齿、插齿、车螺纹及一般材料的精加工。机油用于普通车削攻螺纹；煤油或与矿物油的混合油用于精加工有色金属和铸铁；煤油或与机油的混合油用于普通孔或深孔精加工；蓖麻油与豆油也用于螺纹加工；轻柴油用于润滑和切削液用。

4.极压切削液

极压切削液是在切削液中加入硫氯和磷极压添加剂，形成非常结实的润滑膜，能显著提高润滑效果和冷却作用，常用于难加工材料（如高强度钢、高温合金等）的精加工。

第5节　通用夹具的定位与夹紧

夹具是一种工艺装备，机械制造中，用以装夹工件（和引导刀具）的装置统称为夹具。夹具的使用十分广泛，从毛坯制造到产品装配以及检测的各个生产环节，都有许多不同种类的夹具。在机床上用以装夹工件的装置，称为机床夹具。

一、夹具的分类、功用、结构

1.夹具的分类

(1)按夹具的通用性分类，可分为通用夹具、专用夹具、可调夹具和组合夹具。

1)通用夹具。结构、尺寸已规格化，可用于加工一定范围内不同工件的夹具，称为通用夹具。

2)专用夹具。专为某一工件的某一工序的加工要求而专门设计、制造的夹具，称为专用夹具。

3)可调夹具。对不同类型和尺寸的工件，只需要调整或更换原来夹具上的个别定位元件和夹紧元件，即可使用的夹具，称为可调夹具。

4)组合夹具。由可循环使用的标准夹具零部件组装成易于连接和拆卸的夹具，称为组合夹具。

(2)按夹具使用的机床分类：可分为车床夹具、钻床夹具、铣床夹具、磨床夹具等。

(3)按夹具的动力源分类，可分为手动夹具、电动夹具、液压夹具、气动夹具等。

2.夹具的功用

(1)保证加工质量。工件上有关表面的相互位置精度由夹具保证，不受工人操作习惯、技术水平等因素的影响，能较容易、较稳定地保证加工质量。

(2)提高劳动生产率。采用夹具后，可省去划线工序，减少找正时间，缩短辅助时间，采用快速夹紧装置，还可进一步缩短辅助时间，提高劳动生产率。

(3)扩大机床工艺范围。在车床中滑板上装上镗模，可代替镗床进行镗削加工，实现“一机多用”，扩大机床工艺范围。

(4)改善操作者劳动条件。用夹具装夹工件方便、省力、安全。采用气动、液压等夹紧装置时，可减轻操作者劳动强度。

3.夹具的组成

(1)定位装置。定位装置保证工件在夹具中占据正确的位置。

(2)夹紧装置。夹紧装置将工件压紧夹牢，保证工件在加工过程中受到外力作用时不离开已占据的正确位置。

(3)夹具体。夹具体是夹具的基础件，将夹具所有元件连接成一个整体。

(4)其他装置。根据需要设置的一些其他元件或装置，如需要分度时要有分度装置，起平衡作用的平衡块等。

二、工件的定位与夹紧

切削加工时,必须将工件放在机床夹具中定位和夹紧,使它在整个切削过程中始终保持正确的位置。工件在机床上占有正确位置并将工件夹紧的过程,称为工件的装夹。工件装夹的质量和速度,直接影响加工质量和劳动生产率。

1. 工件的定位方式

(1)直接找正定位。用百分表、划线盘或目测直接在机床上找正工件,使其获得正确位置。直接找正效率低,找正精度取决于操作者的技术水平,多用于小批量生产或位置精度要求较高的工件。

(2)划线找正定位。在毛坯上按照零件图划出中心线、对称线和待加工表面的加工找正线,按照划好的的线在机床上找正工件的正确位置。这种方式精度低,多用于单件小批量生产中加工复杂而笨重的工件,或毛坯精度低而无法直接采用夹具定位的工件。

(3)夹具定位。夹具是按照加工工序要求专门设计的,夹具上的定位元件能使工件相对于机床与刀具迅速占有正确位置,保证定位精度。夹具定位生产率高,定位精度高,广泛用于大批量生产中。

2. 工件的定位原理

在三维空间中的一个零件具有 6 个自由度,如图 1.5.1 所示,即沿 3 个直角坐标轴的 3 个方向的移动和围绕这 3 个坐标轴的转动。在加工之前要使工件在夹具中获得唯一的正确位置,要在夹具上合理设置 6 个支撑点定位元件,使工件的定位基准和定位元件紧贴接触,从而限制工件的 6 个自由度。

在零件加工过程中,根据具体加工要求灵活应用,使用最简单的定位方法,使工件在夹具中迅速获得正确的位置,如图 1.5.2 所示。确定工件在夹具中正确位置的元件称为定位元件。

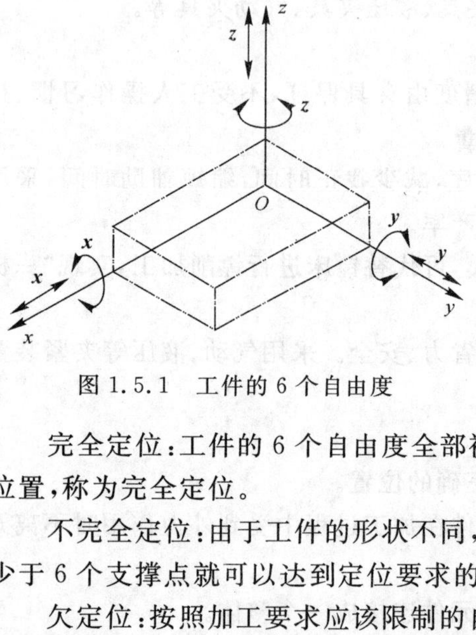

图 1.5.1 工件的 6 个自由度

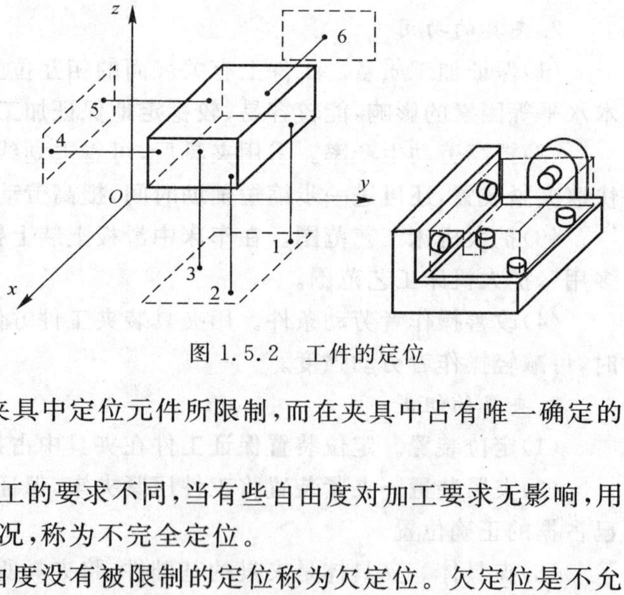

图 1.5.2 工件的定位

完全定位:工件的 6 个自由度全部被夹具中定位元件所限制,而在夹具中占有唯一确定的位置,称为完全定位。

不完全定位:由于工件的形状不同,加工的要求不同,当有些自由度对加工要求无影响,用少于 6 个支撑点就可以达到定位要求的情况,称为不完全定位。

欠定位:按照加工要求应该限制的自由度没有被限制的定位称为欠定位。欠定位是不允许的。

过定位:工件的一个或几个自由度被不同的定位元件重复限制的定位称为过定位。当过定位导致工件或定位元件变形，影响加工质量时，应该禁用。但有时过定位反而有利于提高加工质量，此时可采用。

3.夹紧

工件在夹具中定位后必须夹紧，才能进行加工。夹紧是靠夹紧装置来完成的。夹紧装置的作用是将已经定位好了的工件压紧、夹牢并保证在加工中不会由于外力（切削力、离心力、惯性力、重力等）的作用而改变位置，同时也起到防止或减少振动的作用。

夹紧时应注意夹紧力的问题：

(1)夹紧力的大小应适中，太大会使工件变形；太小则不能保证工件在加工中的正确位置。

(2)夹紧力的方向应尽量垂直于工件的主要定位基准面，并与切向力的方向保持一致。

(3)夹紧力的作用点应尽量落在主要定位面上，以保证夹紧稳定可靠，且要与支撑点相对应，并尽量作用于工件刚性较好的部位，以减少工件变形。夹紧力的作用点应尽量靠近加工表面，防止工件振动变形。

定位与夹紧的任务不同，两者不能互相取代。当工件欠定位时，虽然夹紧后工件的位置已确定，但这个位置可能不符合要求。对于定位而言，定位时必须使工件定位基准紧贴在夹具的定位元件上，否则不能称其为定位。

4.定位基准的选择

基准是零件用来确定其他点、线、面位置的那些点、线、面。根据基准的作用不同，可分设计基准和工艺基准两大类。设计基准是指在零件设计图上用来确定其他点、线、面位置的基准。工艺基准是指加工及装配过程中使用的基准，它包括定位基准、测量基准、装配基准、工序基准。

在整个加工过程中，工艺确定的过程一般是先确定精加工基准（简称精基准），再选择粗加工基准。

精基准的选择原则：

(1)基准重合原则。尽可能选用设计基准作为定位基准。特别是精加工，为了保证精度，应该注意这个原则。这样可以避免因基准不重合而引起的定位误差。

(2)基准统一原则。应尽可能选用统一的定位基准加工各表面，以保证表面间的位置精度。例如，车床主轴加工采用中心孔作为统一基准加工各外圆表面，不但能在一次装夹中加工大多数表面，而且保证了各外圆表面的同轴度要求，以及端面与轴心线的垂直度要求。

(3)互为基准、反复加工原则。比如，车床主轴支撑轴颈与主轴锥孔的同轴度要求很高，人们常常采用互为基准、反复加工的方法来达到零件图的要求。

(4)自为基准原则。有些精加工工序要求加工余量小，为保证加工质量和提高生产率，往往就以被加工面本身作为精基（准）面。

选择粗基准时，重点考虑如何保证各加工表面有足够的余量，使不加工表面与加工表面尺寸、位置符合零件图的要求。

三、车床常用夹具及其一般装夹方法

1.三爪自定心卡盘的定位和夹紧

三爪自定心卡盘是车床上应用最广泛的车床通用夹具，用以装夹工件并随主轴一起旋转运动，能够自动定心装夹工件，快捷方便，一般用于装夹精度要求不是很高，形状规则的中小工

件的装夹。它主要由外壳体、3 个卡爪、3 个小锥齿轮、一个大锥齿轮等零件组成，结构形状如图 1.5.3 所示。

当扳手方榫插入小锥齿轮 2 的方孔 1 转动时，小锥齿轮 2 就带动大锥齿轮 3 转动。大锥齿轮 3 的背面有一平面螺纹 4，3 个卡爪上的螺纹与平面螺纹 4 啮合，因此当平面螺纹 4 转动时，3 个卡爪就同时做向心或离心移动。

三爪卡盘一般不需要找正，但装夹稍长些轴时，工件右端不一定正，所以同样要用划针盘或凭目测校正。

应用三爪卡盘装夹已精加工过的表面时，被夹住的工件表面应包一层铜皮，以免夹伤工件表面。

三爪卡盘装夹工件方便、省时，但夹紧力没有四爪单动卡盘大，所以适用于装夹外形规则的中、小型工件，如圆棒料，薄圆形、正三角形和正六边形截面的短工件。用正爪夹工件时，工件直径不能太大，一般卡爪伸出量不超过卡爪长度的一半，否则卡爪与平面螺纹只咬合 2～3 牙，容易使卡爪上的牙齿破裂，所以装夹大直径工件时，尽量用反爪装夹。

2. 四爪单动卡盘的定位与夹紧

四爪单动卡盘有 4 个各不相关的卡爪。每个卡爪的后面有一半瓣内螺纹跟丝杠啮合，用扳手转动某一丝扛时，在这个地方的卡爪就能上、下移动，因此可用来夹装方形、椭圆等偏心或不规则形状的工件，如图 1.5.4 所示。同时，由于它的夹紧力较大，也适用于装夹大型或形状不规则的工件。装夹直径较大的工件，可采用反爪装夹或正爪反撑。

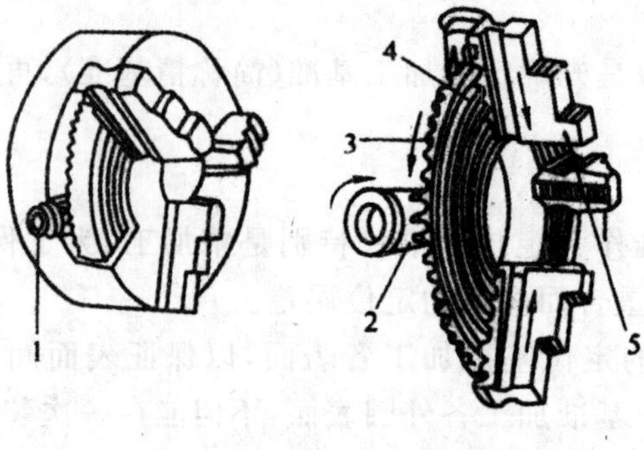

图 1.5.3　三爪卡盘

1—方孔；2—小锥齿轮；3—大锥齿轮

4—平面螺纹；5—卡爪

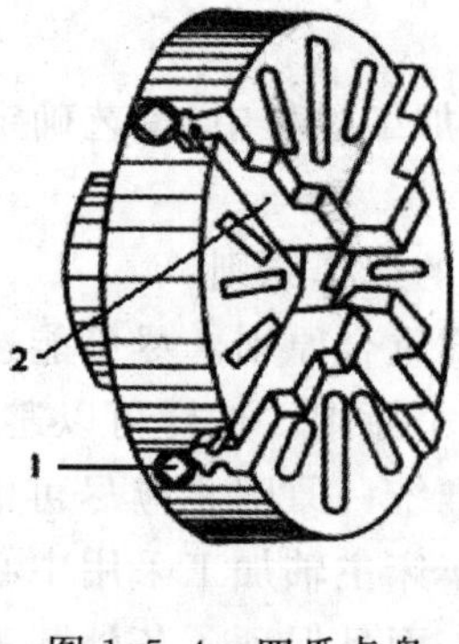

图 1.5.4　四爪卡盘

1—梯形螺杆；2—单动卡爪

由于四爪单动卡盘的 4 个卡爪各自独立运动，因此工件装夹时必须将加工部分的旋转中心找正到与车床主轴旋转中心重合后才可车削。

因为四爪单动卡盘不能自动定心，所以装夹时必须找正。找正包括外圆找正和端面找正，找正的方法是用手转动卡盘，用划针或百分表测出工件的外圆与端面的间隙并进行调整。

使用四爪单动卡盘时应注意：①夹持部分不宜过长，一般为 10～15 mm 比较适宜。②为防止夹伤工件，装夹已加工表面时应垫铜皮。③找正时主轴应放在空挡位置，以使卡盘转动轻便。④找正时不能同时松开两个卡爪，以防工件掉下。⑤找正时应在导轨上垫上木板，以防工件掉下砸伤导轨。⑥工件找正后，4 个卡爪的夹紧力要基本一致，以防车削过程中发生工件位移。⑦当装夹较大的工件时，切削用量不宜过大。

3.用顶尖装夹工件

(1)一夹一顶装夹。在车削较重的长轴零件时，常采用一夹一顶的装夹方法，即卡盘夹持一端，另一端用尾架上顶尖定位。该装夹方法刚性好，轴间定位准确，比较安全，能承受较大的轴向切削力。采用一夹一顶装夹，为了防止工件轴向位移，须在卡盘内装一限位支撑，如图1.5.5(a)所示，或利用工件的台阶作限位，如图1.5.5(b)所示。一夹一顶的装夹方法应用广泛。

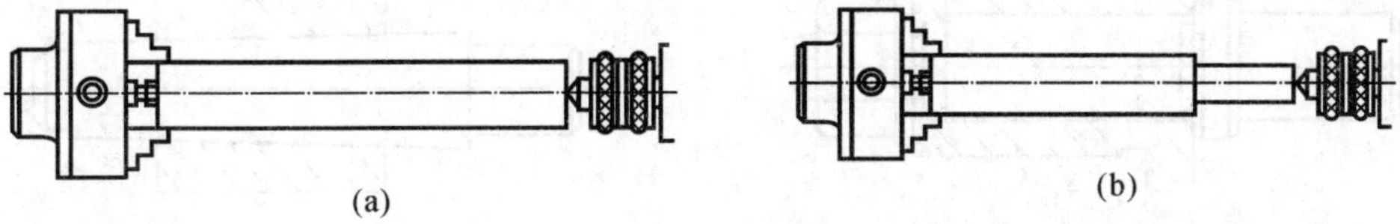

图1.5.5　一夹一顶装夹工件

(2)双顶尖装夹。当加工较长(长度/直径＞4)或工序较多的轴类工件时，为保证装夹精度，常采用双顶尖装夹，如图1.5.6所示，工件装夹在前后顶尖之间，由卡箍、拨盘带动旋转。前顶尖装在主轴上，和主轴一起旋转；后顶尖装在尾座上固定不动。由于后顶尖易磨损，因此在工件转速较高的情况下，常用活顶尖。加工时，活顶尖与工件一起转动。

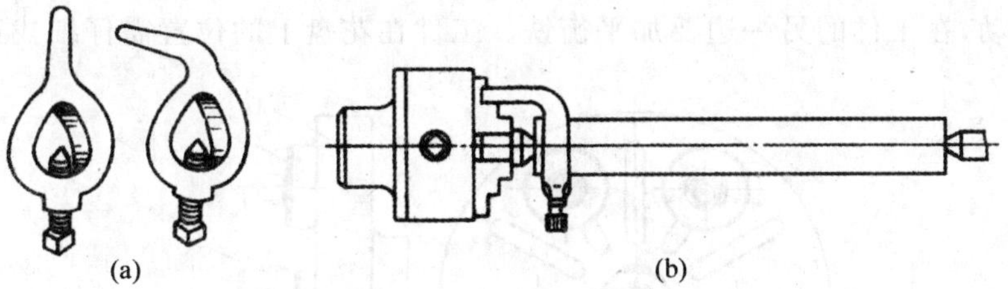

图1.5.6　双顶尖装夹工件

在用顶尖装夹工件前，必须先车平工件的端面，然后用中心钻钻出中心孔。在国家标准中中心孔有A,B,C,R四种类型。钻中心孔时应注意：工件尽可能伸短些；工件端面一定要车平，不能留有凸头；选择高的工件转速，低的进给速度；在不加切削液的情况下，尾架上套筒要常退；中心钻的中心线要对准工件中心，否则中心钻易折断。

使用顶尖装夹工件应注意：①顶尖不能顶得太紧，否则会烧坏死顶尖。此外，在加工长轴时，由于发热会伸长，因此中途必须经常松开后顶尖，然后再顶上，否则工件会弯曲，并有向外飞出的危险。但是，也不能顶得太松，否则会引起振动。②采用双顶尖装夹时，前、后顶尖应在一条线上，否则易车成锥体。这时可横向调节尾架，使两顶尖对准。

加工长轴类零件时需要使用尾座，数控车床尾座一般分手动尾座和可编程尾座两种。尾座套筒的动作与主轴互锁，即在主轴转动时，按动尾座套筒退出按钮，套筒不动作，只有在主轴停止状态下，尾座套筒才能退出，以保证安全。

4.用心轴装夹工件

车削内孔精度较高的工件，以内孔为定位基准时，并需要保证外圆轴线和内孔轴线的同轴度要求，可选用心轴定位。圆柱孔定位常用圆柱心轴和小锥度心轴，而带有锥孔、螺纹孔、花键孔的工件定位，常用相应的锥体心轴、螺纹心轴和花键心轴。

圆柱心轴是以外圆柱面定心、端面压紧来装夹工件的，如图1.5.7所示。心轴与工件孔一般用 H7/h6,H7/g6 的间隙配合,这样工件能很方便地套在心轴上。但由于配合间隙较大,一般只能保证同轴度 0.03 mm 左右。为了消除间隙,提高心轴定位精度,心轴可以做成锥体,其锥度$C=1/1\ 000\sim1/5\ 000$。定位时,工件套入压紧,靠摩擦力与心轴固紧。圆锥心轴对中准确、加工精度高、装卸方便,但不能承受过大的力矩,轴向也无法定位,如图 1.5.8 所示。

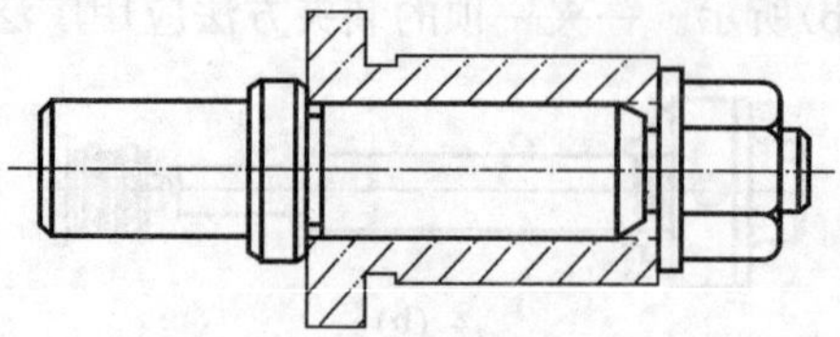

图 1.5.7　在圆柱心轴上定位

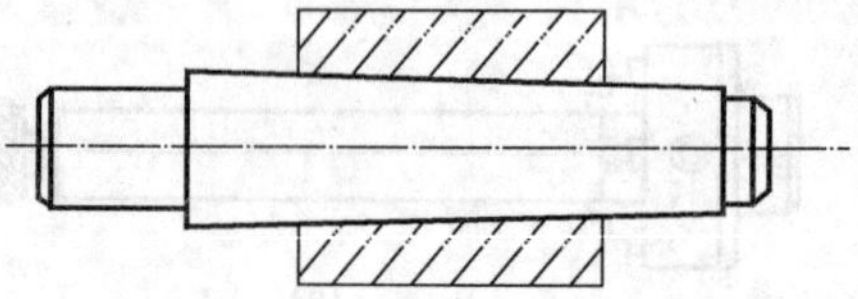

图 1.5.8　在圆锥心轴上安装工件

5. 用花盘、弯板及压板、螺栓安装工件

形状不规则的工件,无法使用三爪或四爪卡盘装夹的工件,可用花盘装夹。花盘是安装在车床主轴上的一个大圆盘,盘面上的许多长槽用以穿放螺栓,工件可用螺栓直接安装在花盘上。也可以把辅助支撑角铁(弯板)用螺钉牢固夹持在花盘上,工件则安装在弯板上。如图 1.5.9所示为加工一轴承座端面和内孔时,在花盘上装夹的情况。为了防止转动时因重心偏向一边而产生振动,在工件的另一边要加平衡铁。工件在花盘上的位置需仔细找正。

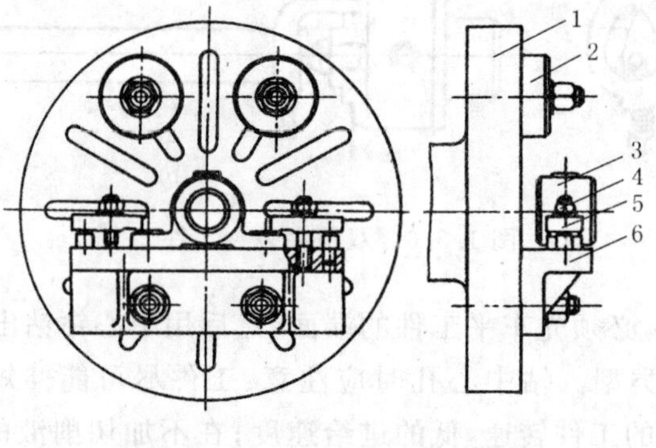

图 1.5.9　在花盘上安装零件

1—压板； 2—平衡块； 3—工件； 4—紧固螺栓；
5—压板； 6—角铁

6. 特殊零件的装夹

在车削加工中,薄壁类工件的刚性差,在车削过程中受力、受热和振动时极易变形。装夹此类工件时要采用防止或减小薄壁工件变形的方法。常用方法如下:

(1)增大接触面积。可采用特制的软卡爪和开缝套筒,这样可使夹紧力均匀,减小工件的变形。

(2)采用轴向夹紧装置。将一般的径向夹紧改为轴向夹紧,也可减小工件的变形。

(3)采用辅助支撑或工艺肋。使夹紧力作用在工艺肋上,以减小工件变形。

第2章 基本技能篇

实训1 车床操作

一、实训目的

(1)掌握机床的润滑及维护保养车床的方法。

(2)熟练掌握车床的一级保养。

(3)熟练掌握车床的操作方法。

(4)掌握文明生产和安全操作技术知识。

二、相关工艺知识

1. 车床的润滑及维护保养

要使车床正常运转并减少磨损,必须对车床上所有的摩擦部分进行润滑。车床的常用润滑方式有以下几种:

(1)浇油润滑。将车床外露的滑动表面,如床身导轨面、中滑板导轨面、小滑板导轨面等,擦净后用油壶浇油润滑。

(2)溅油润滑。主轴箱内的零件一般利用齿轮转动时把润滑油飞溅到箱体上部的油槽中然后经油孔流到各处进行润滑。

(3)油绳润滑。用毛线绳浸在油槽中,利用油绳作用把油引到所需的润滑处,如图 2.1.1(a)所示,如车床进给箱就是利用油绳润滑的。

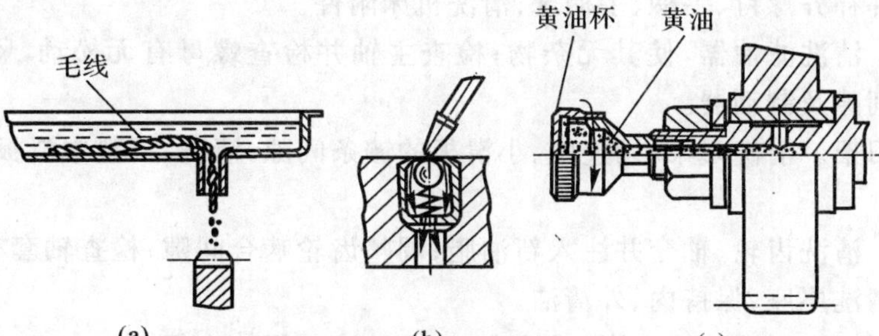

图 2.1.1 润滑的几种方式

(a)油绳润滑; (b)弹子油杯润滑; (c)黄油(油脂)杯润滑

(4)弹子油杯润滑。尾座和中、小滑板摇手柄等转动轴承处,一般采用弹子油杯润滑。润滑时,用油嘴把弹子揿下,滴入润滑油,如图 2.1.1(b)所示。

(5)黄油(油脂)杯润滑。车床挂轮架的中间齿轮,一般采用黄油杯润滑。先在黄油杯中装满工业润滑脂,拧进油杯盖时,润滑油就挤到轴承套内,如图 2.1.1(c)所示。

(6)油泵循环润滑。它是依靠车床内的油泵供应充足的油量来润滑的。

车床的润滑有如下内容:

在车床侧面所标注的润滑系统位置图上,润滑部位用数字标出,另外除标注润滑部位所应用的工业润滑脂及润滑液的型号外,还标注有进行润滑的时间。

主轴箱内应有足够的润滑油,一般加到油标孔的一半就可以。箱内齿轮用溅油法进行润滑,主轴后轴承用油绳润滑,主轴前轴承等重要润滑部位用往复式油泵供油。如果发现窗孔内无油输出,说明主轴箱润滑系统有故障,应立即停车检查原因。

主轴箱、挂轮箱、进给箱和溜板箱内的润滑油一般 3 个月应更换一次,且应先把箱体内用煤油清洗干净后再加油。

挂轮箱上的正反机构主要靠齿轮溅油法进行润滑,油面的高度可以从油标孔中看出,换油期是 3 个月。

进给箱内的轴承和齿轮,除了用齿轮溅油法进行润滑外,还可以靠进给箱上部的储油槽,通过油绳进行润滑。另外,每班还要给进给箱上部的储油槽加油一次。把油从溜板箱右侧的法兰盘孔中倒入溜板箱内,用以润滑脱落蜗杆机构。油面的高低以这个孔的下面边缘为准。溜板箱内的其他齿轮机构,用其上部储油槽里的油绳进行润滑。

床鞍及刀架部分、尾座套筒、丝杠和轴承靠弹子油孔进行润滑。丝杠、光杠部位应做到每班加油。

润滑挂轮架中间齿轮轴承的油杯和润滑溜板箱内换向齿轮的油杯每周加黄油一次,每天向轴承中旋进一部分黄油。此外,床身导轨、滑板导轨和丝杠在工作前和工作后都要擦净后加油。

2. 卧式车床的一级保养

在车床运转 500 h 后,需进行一级保养。保养时,必须首先切断电源,然后进行保养工作。具体保养内容和要求如下:

(1)外保养。清洗机床外表及各罩盖,保持其内外清洁,无锈蚀,无油污;清洗长丝杠、光杠和操纵杆;检查并补齐螺钉、手柄、手柄球;清洗机床附件。

(2)主轴箱。清洗滤油器,使其无杂物;检查主轴并检查螺母有无松动,紧固螺钉是否锁紧;调整摩擦片间隙及制动器。

(3)溜板及刀架。清洗刀架,调整中、小滑板的镶条间隙;清洗、调整中滑板、小滑板和丝杆的螺母间隙。

(4)挂轮箱。清洗齿轮、轴套并注入新油脂;调整齿轮啮合间隙;检查轴套有无晃动现象。

(5)尾座。清洗尾座,保持内、外清洁。

(6)冷却润滑系统。清洗冷却泵、盛液盘,检查油液并保持良好。

(7)电器部分。切断电源,清扫电动机、电器箱。

三、实训步骤

1. 停车练习

为了实现安全操作,必须进行如下停车练习:

(1)正确变换主轴转速。转动主轴箱上面的 3 个主轴变速手柄，可得到各种相对应的主轴转速。当手柄拨动不顺利时，可用手转动卡盘。

(2)正确变换进给量。按所选定的进给量查看进给箱上面的标牌，再按标牌上进给变换手柄的位置进行调整，即可得到所选定的进给量。

(3)熟练掌握纵向和横向手动进给手柄的转动方向。在操作时，左手握住纵向进给手动手柄，右手握住横向进给手动手柄。若逆时针转动大拖扳手柄，溜板箱左进(移向主轴箱)，若顺时针转动，则溜板箱右退(退向床尾)；若顺时针转动中拖扳手柄，刀架前进，若逆时针转动，则刀架退回。

(4)熟练掌握纵向或横向机动进给的操作。光杠或丝杠手柄置于光杠接通位置上，如调向纵向移动即可纵向机动进给，如调向横向移动即可横向机动进给。

2. 低速开车练习

检查各手柄是否处于正确位置，确认其正确无误后再进行主轴启动和机动纵向、横向进给练习。

(1)主轴启动与停止。电动机启动→操纵主轴转动→停止主轴转动→关闭电动机。

(2)机动进给。电动机启动→操纵主轴转动→手动纵、横进给→机动纵向进给→手动退回→机动横向进给→手动退回→停止主轴转动→关闭电动机。

四、文明生产和安全操作技术

1. 文明生产

是否文明生产直接影响产品质量的好坏，影响设备和工、夹、量具的使用寿命，影响操作者技能的发挥。重视养成文明生产的良好习惯，要求操作者在操作时须做到：

(1)开车前应检查车床各部分机构是否完好，各传动手柄、变速手柄位置是否正确，以防开车时因突然撞击而损坏机床，在启动后，应使主轴低速空转 1～2 min，使润滑油散布到各需要之处(冬天更为重要)，等车床运转正常后才能工作。

(2)工作中如需要变速时，必须先停车。变换进给箱手柄的位置要在车床低速运转时进行。使用电器开关的车床不准用正、反车作紧急停车，以免打坏齿轮。

(3)不允许在卡盘上及车身导轨上敲击或校直工件，床面上不准放置工具或工件。

(4)装夹较重的工件时，应该用木板保护床面，下班时如工件不需卸下，应用千斤顶支撑。

(5)车刀磨损后要及时刃磨，用磨钝的车刀继续切削，会增加车床负荷，甚至损坏车床。

(6)车削铸铁、气割下料的工件，导轨上的润滑油要擦去，工件上的型砂杂质应清除干净，以免磨坏床面导轨。

(7)使用切削液时，要在车床导轨上涂上润滑油。冷却泵中的切削液应定期调换。

(8)下班前，应清除车床上及车床周围的切屑及切削液，擦净后按规定在加油部位加上润滑油。

(9)下班后将车鞍摇至车尾一端，各转动手柄放到空挡位置，关闭电源。

(10)每件工具应放在固定位置，不可随便乱放。应当根据工具自身的用途来使用，例如不能用扳手代替锤子，用钢直尺代替一字旋具等。

(11)爱护量具，经常保持清洁，用后擦净、涂油、放入盒内，并及时归还工具室。

2. 注意工、夹、量具、图样应放置合理

(1)工作时所使用的工、夹、量具以及工件，应尽可能靠近和集中在操作者的周围。布置物件时，右手拿的放在右面，左手拿的放在左边；常用的放得近些，不常用的放得远些。物件放置应有固定的位置，使用完后要放回原处。

(2)工具箱的布置要分类，并保持清洁、整齐。要求小心使用的物品放置稳妥，重的放下面，轻的放在上面。

(3)图样、操作卡片应放在便于阅读的部位，并保持清洁和完整。

(4)毛坯、半成品和成品应分开，并按次序整齐排列，以便安放或拿取。

(5)操作位置周围应经常保持整齐清洁。

3. 安全操作技术

(1)操作时必须提高执行纪律的自觉性，遵守规章制度，并严格遵守安全技术要求。

(2)穿工作服，戴套袖。女同志应戴工作帽，头发或辫子应塞入帽内。

(3)戴防护眼镜，注意头部与工件不能靠得太近。

五、注意事项

(1)每台机床须具有防护设施。

(2)机床模拟切削训练时，应注意力集中，观察卡盘滑板运动。

(3)停车后，倒顺车手柄放在中间位置，确保安全。

(4)主轴箱手柄变换应低速进行。

(5)进给箱速度变换应低速进行。

六、思考题

(1)文明生产和安全操作的重要意义是什么？

(2)车床的润滑有哪几种方式？

(3)车床的一级保养的内容是什么？

实训2　车刀的刃磨

一、实训目的

(1)砂轮片的种类和砂轮机使用。

(2)刃磨车刀的姿势及方法。

(3)掌握刀具的刃磨方法。

(4)检查车刀的方法。

二、相关工艺知识

实践证明，合理地选用和正确地刃磨车刀，对提高加工效率，保证加工质量具有重要意义。因此，在合理选择和使用刀具的基础上，正确的刃磨车刀角度是重要的内容之一。

1. 砂轮机

砂轮机由砂轮片、电动机、砂轮机座、托架和防护罩组成，可用来磨削各种刀具和工具，如錾子、钻头、刮刀等。由于砂轮的质地较脆，工作时转速又高，如安装使用不当，容易发生各类事故。因此，在安装砂轮时，一定要使砂轮平衡、稳固，在动态旋转时没有振动现象。使用时要严格遵守以下的安全操作规程：①砂轮的旋转方向应正确，使磨屑向下飞离砂轮。②在砂轮起动后，应先观察运转情况，等转速正常后再进行磨削。③在磨削时，操作者应站在砂轮的侧面或斜侧位置，而不要站在砂轮的对面。④在磨削时所施加的压力不能过大，以免砂轮碎裂。此外，应保持砂轮表面平整，发现砂轮表面严重跳动，应及时修整。⑤砂轮机的托架与砂轮片间的距离应保持在 3 mm 之内，否则容易发生磨削件在磨削力作用下卡在砂轮片与托架之间，造成砂轮破裂飞出的事故。

2. 砂轮片的选用

目前常用的砂轮片有氧化铝和碳化硅两类。①氧化铝砂轮，适用于高速钢和碳素工具钢刀具的刃磨。②碳化硅砂轮，适用于硬质合金车刀的刃磨。

砂轮的粗细以粒度表示，一般可分为 36#，60#，80# 和 120# 等级别。粒度愈大则表示砂轮的磨料愈细。粗磨车刀应选粗砂轮，精磨车刀应选细砂轮。

3. 车刀的刃磨

车刀的刃磨一般分手工刃磨与机械刃磨。机械刃磨效率高、质量好、操作方便，在有条件的工厂应用较多；而手工刃磨操作较灵活，对设备要求较低，而且能提高对于刀具的认识。

(1)刃磨车刀的姿势：

1)操作者站在砂轮侧面，以防砂轮碎裂时，碎片飞出伤人。

2)两手握刀的距离放长，两肘夹紧腰部，减少磨刀时的抖动。

(2)刃磨 90°外圆车刀，如图 2.2.1 所示。

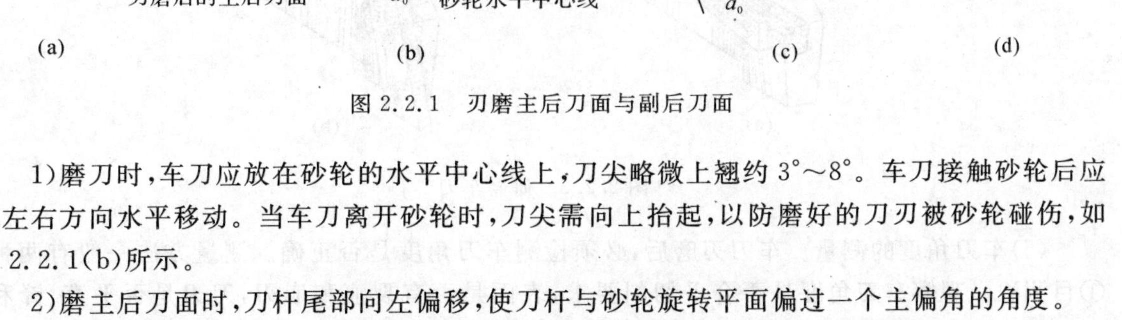

图 2.2.1　刃磨主后刀面与副后刀面

1)磨刀时，车刀应放在砂轮的水平中心线上，刀尖略微上翘约 3°～8°。车刀接触砂轮后应作左右方向水平移动。当车刀离开砂轮时，刀尖需向上抬起，以防磨好的刀刃被砂轮碰伤，如图 2.2.1(b)所示。

2)磨主后刀面时，刀杆尾部向左偏移，使刀杆与砂轮旋转平面偏过一个主偏角的角度。

3)磨副后刀面时，刀杆尾部向右偏出一个副偏角的角度，如图 2.2.1(c)(d)所示。

4)修磨刀尖圆弧时，以左手握车刀前端为支点，用右手转动车刀尾部。

(3)断屑槽的刃磨及注意事项。为了控制切屑的流向并使其碎断，一般在前刀面上刃磨出断屑槽。断屑槽有三种形式:直线形、圆弧形、直线圆弧形。如刃磨断屑槽,必须先把砂轮的外圆与平面的交角处用修砂轮的金刚石笔修整成相应的形状。刃磨刀具时砂轮边与刀刃相对,刀尖上、下移动即可,如图 2.2.2 所示。①磨断屑槽的砂轮交角处应经常保持尖锐或具有很小的圆角。当砂轮片出现较大的圆角时,应使用金刚石笔修整。②刃磨时的起点位置应与刀尖、主切削刃离开一小段距离,决不能一开始就直接刃磨到主切削刃和刀尖上,而使刀尖和切削刃磨塌。③刃磨时,不能用力过大。车刀应沿刀杆方向上、下平稳移动。④刃磨断屑槽可以在平面砂轮和杯形砂轮上进行,对尺寸较大的断屑槽,可分粗磨和精磨,尺寸较小的断屑槽可一次磨削成形。

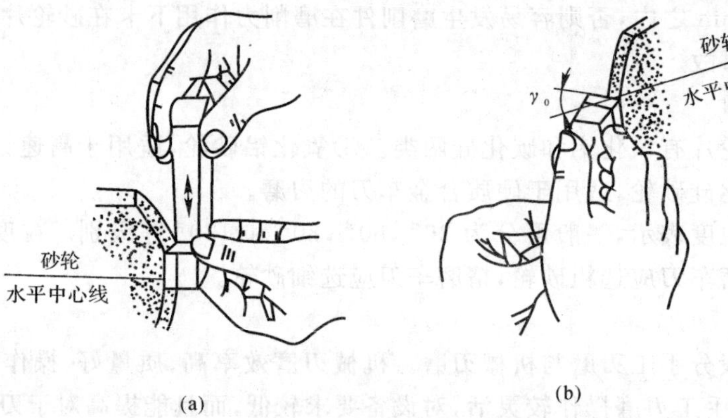

图 2.2.2　断屑槽的刃磨方法

(a)向下刃磨;　(b)向上刃磨

(4)车刀的研磨。经砂轮机刃磨过的刀具其切削刃不够平直、光滑,刀刃呈锯齿形。使用这样的车刀在切削中容易产生崩刃,切削时会影响工件表面粗糙度,而且降低刀具的寿命。所以手工刃磨后应使用油石进行手工研磨,以消除刀刃上的残留痕迹。

手工研磨时油石要贴平需要研磨的表面平稳移动,如图 2.2.3 所示,经研磨的车刀表面粗糙度降低。

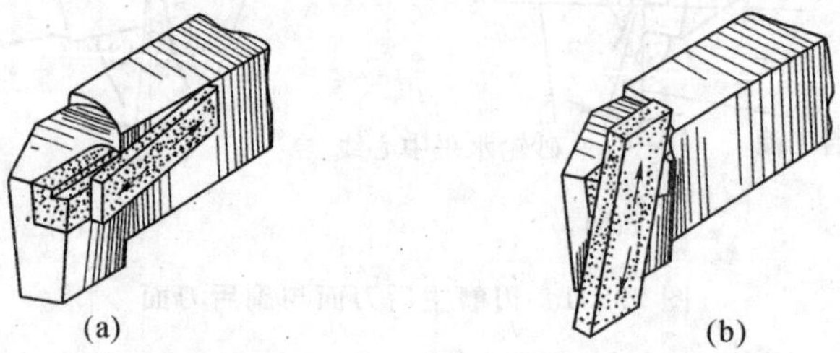

图 2.2.3　研磨车刀

(5)车刀角度的测量。车刀刃磨后,必须检测车刀角度是否正确。测量方法一般有两种:①目测法。观察车刀角度是否合乎切削要求,表面是否有裂痕和崩刃,刀刃是否平直、锋利。②用样板测量。用专用角度样板测量,如图 2.2.4 所示,检测车刀后角、前角及偏角。

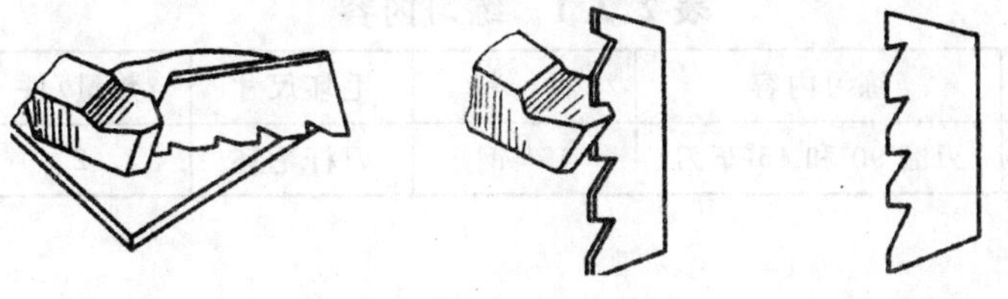

图 2.2.4　用样板检测车刀角度

(a)检测后角；（b)检测前角；（c)车刀样板

三、实训实例

1. 实训内容

(1)练习刃磨 90°和 45°外圆车刀，并掌握刀具角度的选择。

(2)练习如图 2.2.5 和表 2.2.1 所示内容。

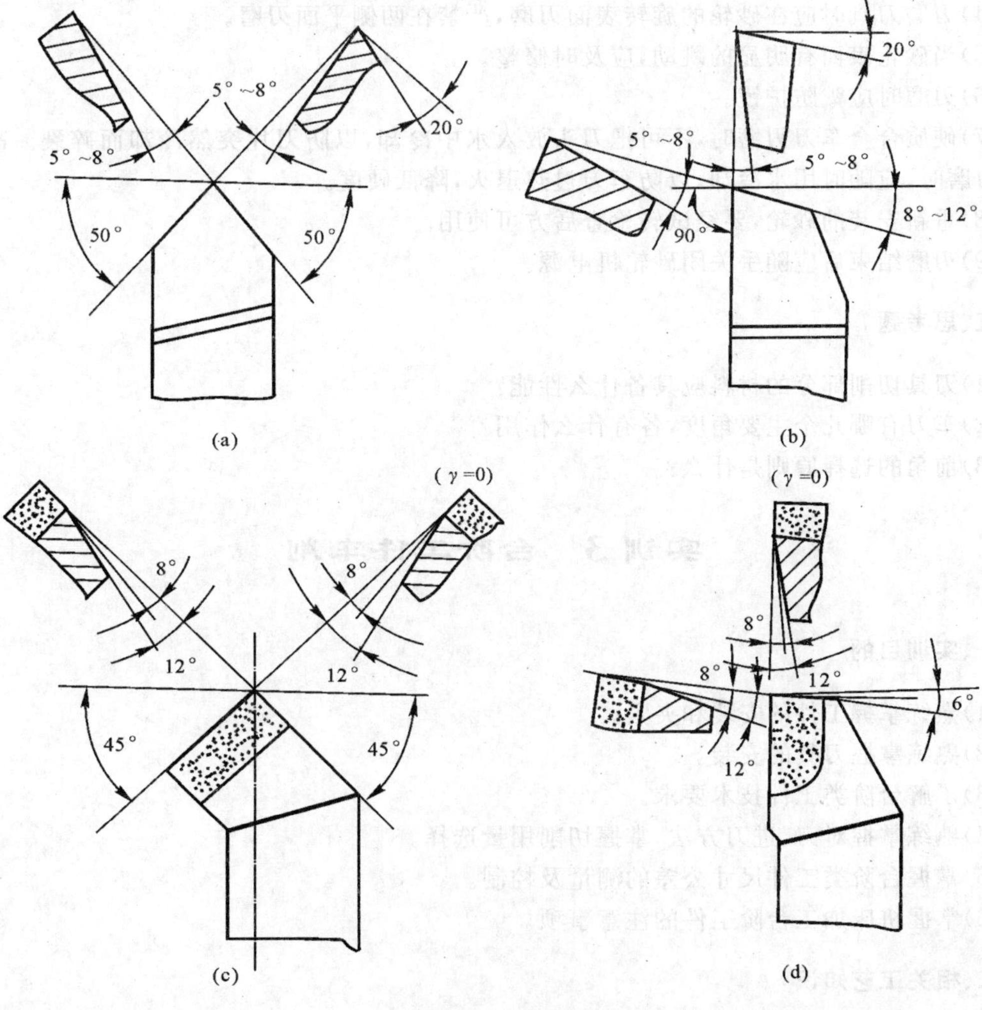

图 2.2.5　刃磨外圆

(a)80°外圆车刀；（b)90°偏刀；（c)45°外圆车刀；（d)90°偏刀

表 2.2.1 练习内容

课题名称	练习内容	材 料	毛坯尺寸	数量/件	时间/min
车刀刃磨	刃磨 90°和 45°车刀	45#钢	刀杆毛坯	2	90

2. 实训步骤

(1)粗磨。①磨主后刀面，同时磨出主偏角及主后角；②磨副后刀面，同时磨出副偏角及副后角；③磨前刀面，同时磨出前角及刃倾角。

(2)精磨。①修磨前刀面；②修磨主后面和副后面；③修磨刀尖圆弧。

四、注意事项

(1)车刀刃磨不能用力过大，以防打滑伤手。

(2)车刀刃磨时，应水平均匀移动，防止砂轮表面出现凹坑。

(3)刃磨时必须站在砂轮旋转平面两侧。

(4)刃磨刀具时应在砂轮的旋转表面刃磨，严禁在两侧平面刃磨。

(5)当砂轮表面有明显的跳动，应及时修整。

(6)刃磨时应戴防护镜。

(7)硬质合金车刀刃磨时，不可把刀头放入水中冷却，以防刀片突然冷却而碎裂。高速钢车刀刃磨时，应随时用水冷却，以防车刀过热退火，降低硬度。

(8)重新安装的砂轮，要经试转检查后方可使用。

(9)刃磨结束后应随手关闭砂轮机电源。

五、思考题

(1)刀具切削部分的材料应具备什么性能？

(2)车刀有哪几个主要角度，各有什么作用？

(3)前角的选择原则是什么？

实训 3 台阶工件车削

一、实训目的

(1)熟练掌握工件的安装和夹紧。

(2)熟练掌握刀具的安装。

(3)了解台阶类工件技术要求。

(4)熟练掌握对刀、进刀方法，掌握切削用量选择。

(5)掌握台阶类工件尺寸公差的测量及控制。

(6)掌握机床加工台阶工件的注意事项。

二、相关工艺知识

在同一工件上，有几个直径大小不同的圆柱体连接在一起像台阶一样，称为台阶工件。台阶工件的车削，实际上就是外圆和平面车削的组合。故在车削时必须兼顾外圆的尺寸精度和台阶的长度要求。

1. 台阶工件的技术要求

台阶工件通常与其他零件结合使用，因此它的技术要求一般有以下几点：①各挡外圆之间的同轴度；②外圆和台阶平面的垂直度；③台阶平面的平面度；④外圆和台阶平面相交处的清角。

2. 工件的安装和夹紧

安装工件时的主要要求是，保证工件的加工精度、装夹可靠和具有高的生产率。

安装工件时应使被加工表面的回转中心和车床主轴的回转中心重合，以保证工件有正确的位置，既定位，同时还要将工件夹紧，才能进行加工。定位夹紧不正确，就会影响零件的加工精度。根据工件的特点，可利用不同的附件，进行不同方法的安装。

(1)三爪自定心卡盘装夹。三爪卡盘是自定心卡盘，3 个卡爪同步运动，适用于装夹圆形和能被 3 整除的多棱柱。工件装夹后一般不需找正，装夹方便省时，但夹紧力较小。

用三爪卡盘安装工件的步骤如下：

1)把工件在 3 个卡爪之间放正，轻轻夹紧。

2)使主轴低速旋转，检查工件有无偏摆，应停车后轻敲工件纠正，然后拧紧 3 个卡爪。固紧后，须随即取下扳手，以保安全。

3)移动刀架使车刀行至车削行程的最左端，然后用手转动卡盘，检查是否与刀架碰撞。

(2)四爪卡盘装夹。四爪卡盘是单动卡盘，4 个卡爪各自独立运动，因此工件装夹时必须将加工部分的旋转中心找到与车床主轴旋转中心重合后才可车削。四爪卡盘找正比较费时，但夹紧力较大，所以适用于装夹大型或形状不规则的工件。

(3)在工件装夹中应注意牢、正、快、简，工件伸出不宜过长，保持一定刚性。

3. 刀具的安装

刀具刃磨完成后，安装在旋转刀架上，用于金属切削，正确的安装有利于金属切削。

车台阶工件，通常使用 90°外圆偏刀。车刀的装夹应根据粗、精车和余量的多少来区别。如粗车时余量多，为了增加吃刀量，减少刀尖压力，车刀装夹可取主偏角小于 90°(一般为 85°～90°)，如图 2.3.1(a)所示。精车时为了保证台阶平面和轴心线垂直，应取主偏角大于 90°(一般为 93°左右)，如图 2.3.1(b)所示。而且车刀刀尖应与工件中心线等高，否则会改变刀具的前角与后角如图 2.3.2 所示。当车刀刀尖高于中心点则车刀实际后角减小，车刀后刀面与工件摩擦增大。当车刀刀尖低于中心点则车刀实际后角增大，但实际前角减小，切削不顺利。

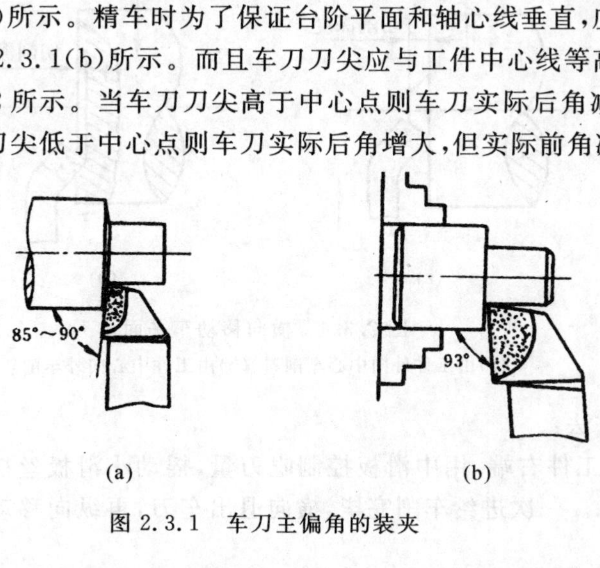

图 2.3.1　车刀主偏角的装夹

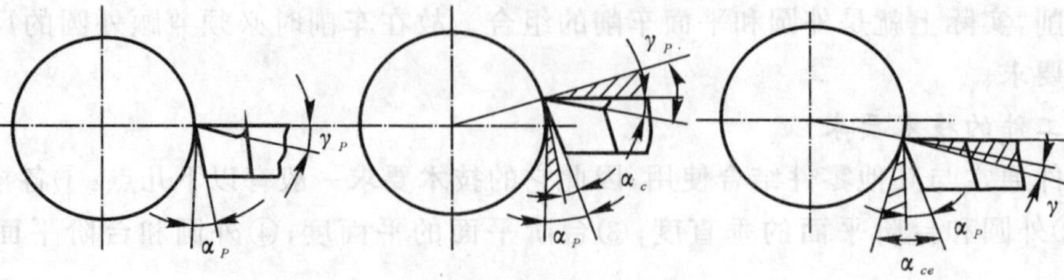

图 2.3.2 车刀安装的高低对于前角和后角的影响

刀具安装注意事项(见图 2.3.3):

(1)车刀刀头伸出长度为刀杆厚度的 1～1.5 倍,以增加刀具刚性。

(2)车刀安装过程中尽量减少垫片数量。

(3)车刀在安装中刀尖应与机床主轴中心线等高。

(4)车刀在安装中应保证主、副偏角正确。

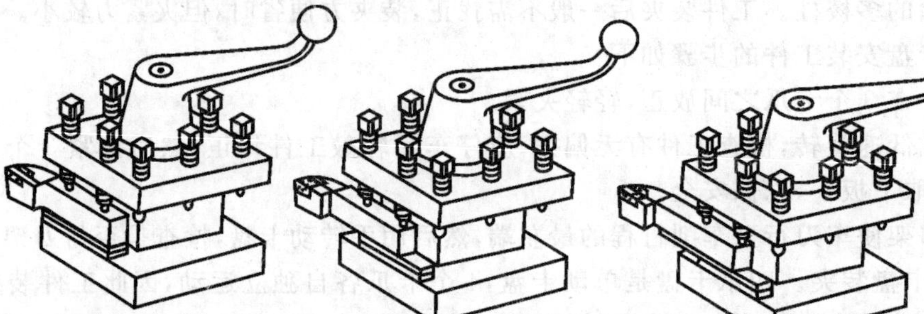

图 2.3.3 刀具安装

(a)正确; (b)错误; (c)错误

4.手动进给车平面、外圆和倒角

(1)车平面的方法。开动车床使工件旋转,移动小滑板或床鞍控制吃刀量,然后锁紧床鞍,摇动中滑板丝杠进给,由工件外向中心或由工件中心向外车削,如图 2.3.4 所示。

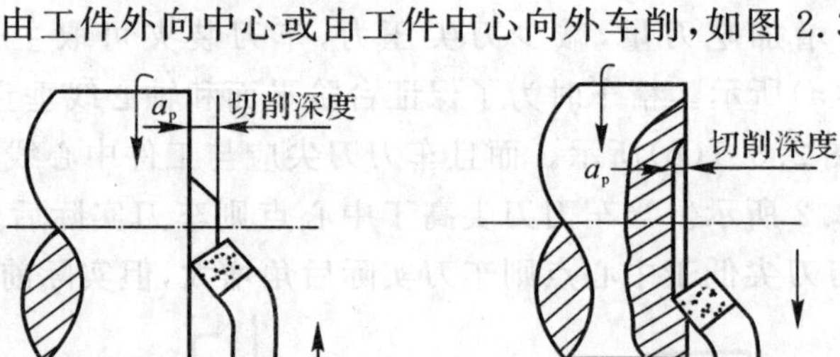

图 2.3.4 横向移动车平面

(a)由工件外向中心车削; (b)由工件中心向外车削

(2)车外圆的方法:

1)移动床鞍至工件右端,用中滑板控制吃刀量,摇动小滑板丝杠或床鞍作纵向移动车外圆,如图 2.3.5 所示。一次进给车削完毕,横向退出车刀,再纵向移动刀架滑板或床鞍至工件右端进行第二、第三次进给车削，直至符合图样的要求为止。

2)在车外圆时，通常要进行试切削和试测量。其具体方法是，根据工件直径余量的 1/2 作横向进刀，当车刀在纵向外圆上移动至 2 mm 左右时，纵向快速退出车刀(横向不动)，然后停车测量，如图 2.3.6 所示，当尺寸已符合要求，就可开始切削。否则可以按上述方法继续进行试切削和试测量。

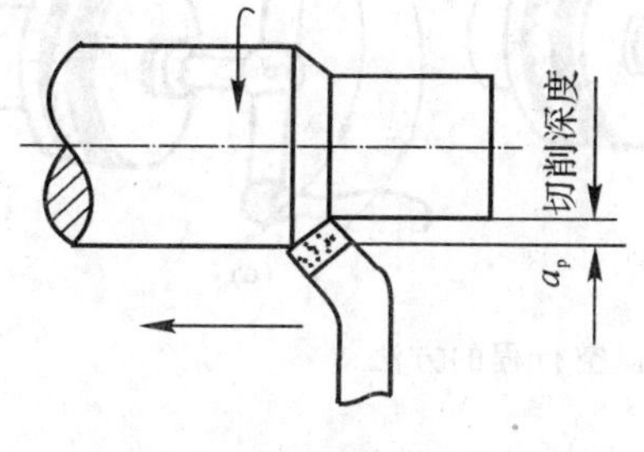

图 2.3.5　纵向移动车外圆图

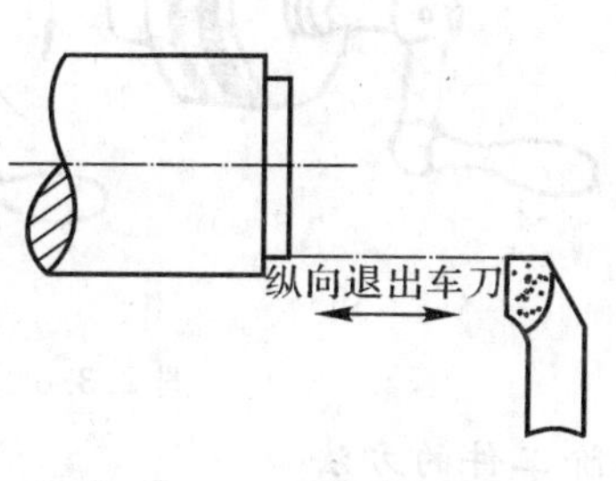

图 2.3.6　试切削外圆

3)为了确保外圆的车削长度，通常先采用刻线痕法，后采用测量法，如图 2.3.7 所示。即在车削前根据需要的长度，用钢直尺、样板、卡钳及刀尖在工件表面上刻一条线痕，然后根据线痕进行车削。当车削完毕时，再用钢直尺或其他量具复测。

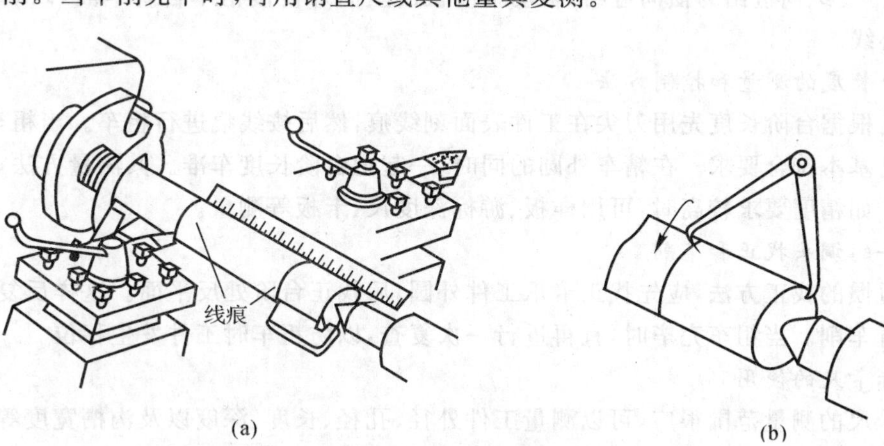

图 2.3.7　刻线痕确定车削长度

(a)用钢直尺和样板刻线痕；　(b)用内卡钳在工件上刻线痕

(3)车倒角的方法。当平面、外圆车削完毕，然后移动刀架，使车刀的刀刃与工件外圆成 45°夹角(45°外圆刀已和外圆成 45°夹角)，再移动床鞍至工件外圆和平面相交处进行倒角。如 1×45°是指倒角在外圆上的轴向长度为 1 mm。

5. 刻度盘的计算和应用

在车削工件时，为了正确和迅速地掌握吃刀量，通常利用中滑板或小滑板的刻度盘进行操纵，如图 2.3.8(a)所示。中滑板的刻度盘装在横向进给的丝杠上，当摇动横向进给丝杠转一圈时，刻度盘也转了一圈。这时固定在中滑板上的螺母就带动中滑板、车刀移动一个导程。如果横向进给丝杠导程为 5 mm，刻度盘分 100 格，当摇动进给丝杠一周时，中滑板就移动5 mm，当刻度盘转动一格时，中滑板移动量为 5 mm÷100＝0.05 mm。使用刻度盘时，由于螺杆和螺母之间配合往往存在间隙，因此会产生空行程，即刻度盘转动而滑板并未移动，如图2.3.8(b)

所示。所以使用时要把刻线转到所需要的格数。当吃刀量过大时,必须向相反方向退回全部空行程,然后再转到需要的格数,如图 2.3.8(c)所示。

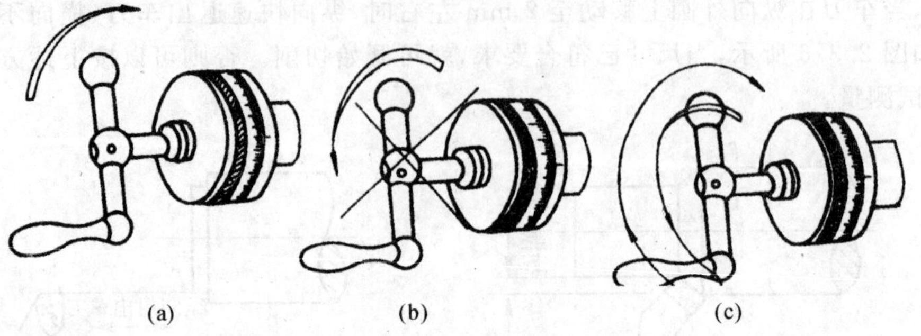

图 2.3.8 消除刻度盘空行程的方法

6. 车台阶工件的方法

车台阶工件,一般分粗、精车进行。粗车时的台阶长度除第一挡台阶长度略短些外(留精车余量),其余各挡可车至要求的长度。

精车台阶工件时,通常在机动进给精车外圆至近台阶处时,以手动进给代替机动进给。当车至平面时,变纵向进给为横向进给,移动中滑板由里向外慢慢精车台阶平面,以确保台阶平面垂直轴心线。

7. 台阶长度的测量和控制方法

车削前根据台阶长度先用刀尖在工件表面刻线痕,然后按线痕进行粗车。当粗车完毕时,台阶长度已基本符合要求。在精车外圆的同时,一起把台阶长度车准。其测量方法,通常用钢直尺检查。如精度要求较高时,可用样板、游标深度尺、卡板等测量。

8. 工件的调头找正和车削

根据习惯的找正方法,应先找正卡爪工件外圆,后找正台阶处反平面。这样反复多次找正后才能进行车削。当粗车完毕时,宜再进行一次复查,以防粗车时工件发生移位。

9. 游标卡尺的使用

游标卡尺的测量范围很广,可以测量工件外径、孔径、长度、深度以及沟槽宽度等。测量工件的姿势和方法如图 2.3.9 所示。

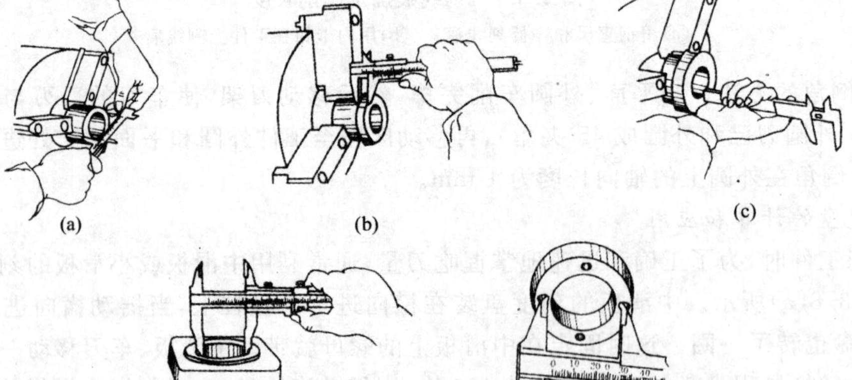

图 2.3.9 游标卡尺的使用方法

10. 车削台阶轴类工件时产生废品的原因及预防方法

车削台阶类工件时产生废品的原因及预防方法如表 2.3.1 所示。

表 2.3.1　车削台阶工件废品产生的原因及预防方法

废品种类	产生的原因	预防方法
尺寸精度达不到要求	1. 看错图样或刻度盘使用不当。 2. 没有进行试切削。 3. 量具有误差或测量不正确。 4. 由于切削热的影响，使工件尺寸发生变化。 5. 机动进给没停止使车刀进给长度超过台阶长度	1. 必须看清图样尺寸要求，正确使用刻度盘，看清刻度值。 2. 根据加工余量算出切削深度，进行试切削，然后修正切削深度。 3. 量具使用前必须调整零位，正确掌握测量方法。 4. 不能在工件温度较高时测量，如测量，应掌握工件的收缩情况，或浇注切削液，降低工件温度。 5. 注意及时提前停止机动进给，用手动进给到尺寸
产生锥度	1. 用小滑板车外圆时，产生锥度是由于小滑板的位置不正确，即小滑板刻线没有对准“0”线。 2. 用卡盘装夹工件纵向车削时产生锥度是由于车床床身导轨跟主轴轴线不平行。 3. 工件装夹时悬伸较长，车削时因切削力影响使前端让开，产生锥度。 4. 车刀中途逐渐磨损	1. 必须事先检查小滑板的刻线是否与中滑板刻线的“0”线对准。 2. 调整车床主轴与床身导轨的平行度。 3. 尽量减少工件伸出长度，或另一端用顶尖支顶，增加装夹刚性。 4. 选用合适的刀具材料，或适当降低切削速度
圆度超差	1. 车床主轴间隙太大。 2. 毛坯余量不均匀，切削过程中切削深度发生变化	1. 车削前检查主轴间隙，并调整合适，如因主轴轴承磨损太多，则需要换轴承。 2. 分粗、精车
表面粗糙度达不到要求	1. 车床刚性不足，滑板塞铁太松，传动零件（如带轮）不平衡或主轴太松引起振动。 2. 车刀刚性不足或伸出太长引起振动。 3. 工件刚性不足引起振动。 4. 车刀几何参数不合理，如选用过小前角和主偏角。 5. 切削用量选用不当	1. 清除或防止由于车床刚性不足而引起的振动（如调整车床各部分的间隙）。 2. 增加车刀刚性和正确装夹车刀。 3. 增加工件的装夹刚性。 4. 选择合理的车刀角度（如适当增加前角，选择合理的后角和主偏角）。 5. 进给量不宜太大，精车余量和切削速度应选择恰当

三、实训实例

1. 工、量具

游标卡尺、外径千分尺、钢直尺、90°外圆车刀。

2. 练习加工

练习内容如图 2.3.10 和表 2.3.2 所示。

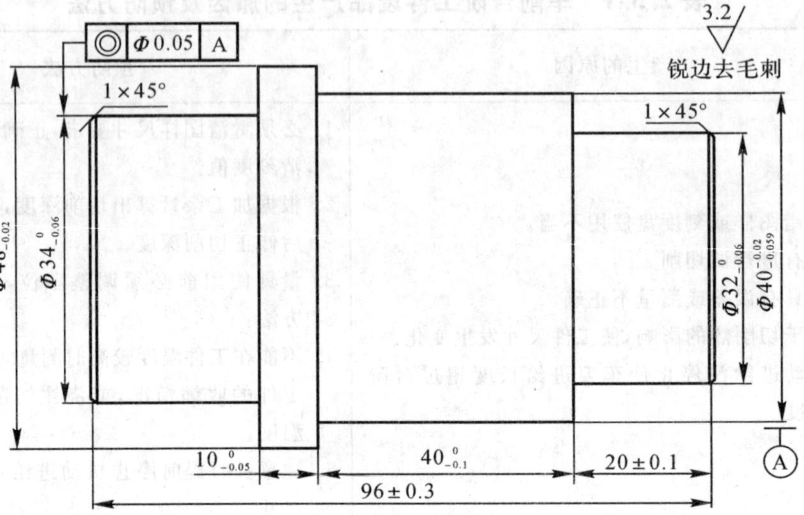

图 2.3.10 台阶轴

表 2.3.2 练习内容

课题名称	练习内容	材料	毛坯尺寸/mm	数量/件	时间/min
台阶工件车削	车削台阶工件	45# 钢	Φ50×98	1	90

3. 评分标准

评分标准如表 2.3.3 所示。

表 2.3.3 评分标准

序号	检测项目	配分	评分标准	得分
1	$\Phi32_{-0.06}^{0}$	8	超差不得分	
2	$\Phi40_{-0.059}^{-0.02}$	14	超差不得分	
3	$\Phi48_{-0.02}^{0}$	14	超差不得分	
4	$\Phi34_{-0.06}^{0}$	8	超差不得分	
5	20±0.1	6	超差不得分	
6	$40_{-0.10}^{0}$	10	超差不得分	
7	$10_{-0.05}^{0}$	12	超差不得分	
8	96±0.30	4	超差不得分	
9	◎ Φ0.05 A	8	不合格不得分	
10	R_a3.2(4 处)	12	一处达不到扣 3 分	
11	1×45°	4	一处达不到扣 2 分	
合计		100		

4. 加工步骤

(1)用三爪卡盘夹住毛坯外圆,伸出长 75 mm 左右,找正夹紧。

(2)粗精车端面,外圆 $\Phi32_{-0.06}^{\ 0}$ mm 长度为 20±0.1 mm,$\Phi40_{-0.059}^{-0.02}$ mm 长度为 $40_{-0.10}^{\ 0}$ mm 及 $\Phi48_{-0.02}^{\ 0}$ mm 至卡盘根部,其倒角为 1×45°。

(3)调头夹 Φ32 mm 外圆长度为 18 mm 左右,找正并夹紧。

(4)粗精车总长度为 96 mm,车 $\Phi34_{-0.06}^{\ 0}$ mm 外圆,并控制台阶长度为 $10_{-0.05}^{\ 0}$ mm,倒角为1×45°。

(5)检查尺寸无误后取下工件。

5. 注意事项

(1)刀尖没有对准中心,偏高或偏低会造成工件平面中心留有凸头。

(2)吃刀量过大、车刀磨损、滑板移动、刀架和车刀紧固力不足,会造成平面不平有凹凸。

(3)台阶平面和外圆相交处要清角,防止产生凹坑和出现小台阶。

(4)车刀没有从里到外横向切削或车刀装夹主偏角小于 90°,或者刀架、车刀、滑板等发生移位,可能会造成台阶平面出现凹凸。

(5)多台阶工件的长度测量,应从一个基面量起,以防产生累积误差。

(6)使用游标卡尺测量时,卡脚应和测量面贴平,以防卡脚歪斜,产生测量误差。

(7)使用游标卡尺测量工件时,松紧程度要适当。特别是用微调螺钉使卡脚接近工件时,尤其要注意不能卡得太紧。

(8)从工件上取下游标卡尺时,应把紧固螺钉拧紧,以防副尺移动,影响读数的准确性。

(9)车床未停稳就不能使用量具测量工件。

四、思考题

(1)车削轴类工件需用哪几种车刀?各适用于什么场合?

(2)对粗车刀、精车刀各有什么不同的要求?如何选用?

实训 4　车成形面和表面修饰

一、实训目的

(1)掌握成形面的车削技能技巧。

(2)了解工件表面抛光的方法。

(3)掌握工件滚花的方法。

二、相关工艺知识

在机器中,有些零件表面的轴向剖面呈曲线形,如手柄、圆球等,具有这些特征的零件表面叫成形面,如图 2.4.1 所示。

1. 成形面零件的加工方法

(1)用样板刀车成形面。样板刀是指刀具切削部分的形状刃磨得和工件加工部分的形状相似,这样的刀具称样板刀。车削较大的内、外圆弧,或数量较多的成形面零件时,常用样板刀车削，其加工精度，主要由刀具保证，如图 2.4.2 所示。

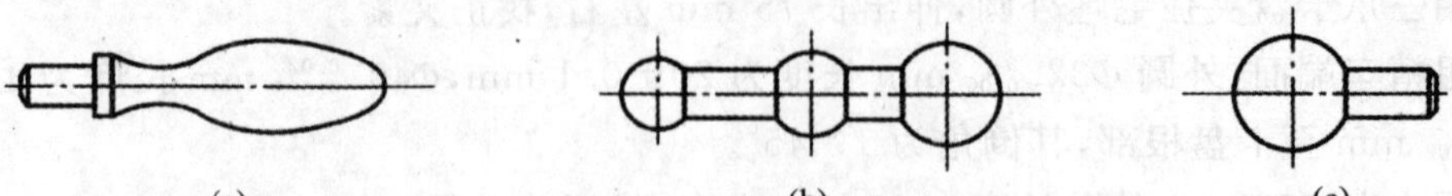

(a)　(b)　(c)

图 2.4.1　成形面零件

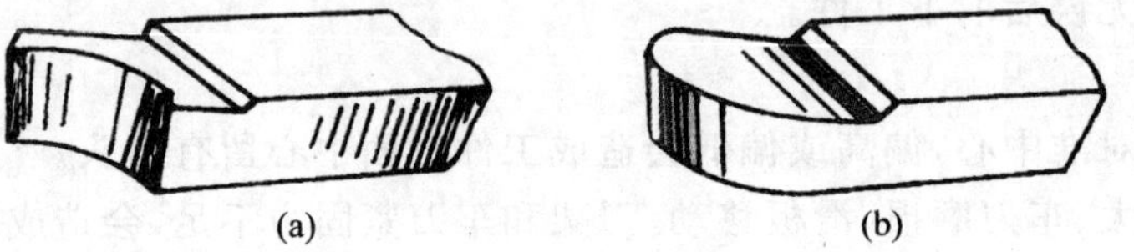

(a)　(b)

图 2.4.2　样板刀

(2)用仿形法车成形面。在车床上用仿形法车成形面，劳动强度小，生产效率高，质量较好。仿形法车成形面只需事先做一个与工件形状相同的仿形曲面，适用于加工数量多、精度要求较高的零件，如图 2.4.3 所示。

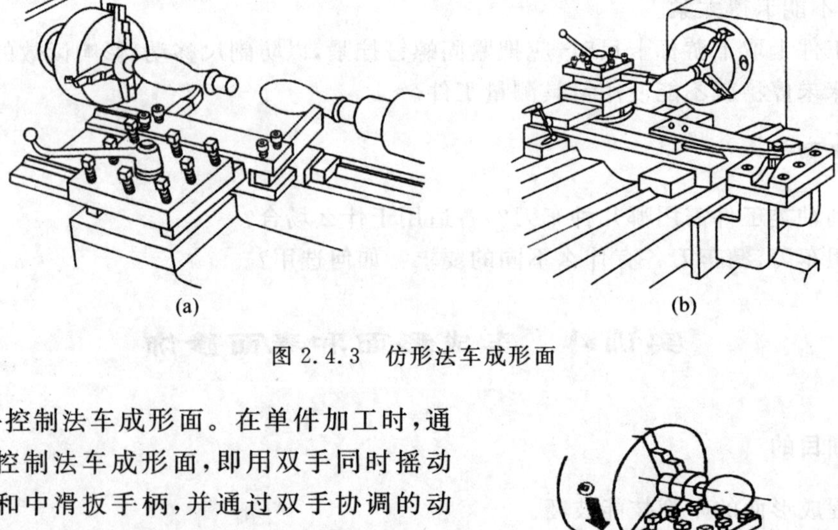

(a)　(b)

图 2.4.3　仿形法车成形面

(3)双手控制法车成形面。在单件加工时，通常采用双手控制法车成形面，即用双手同时摇动小滑扳手柄和中滑扳手柄，并通过双手协调的动作，使刀尖走过的轨迹与所要求成形面曲线相仿，这样就能车出需要的成形面，如图 2.4.4 所示。当然也可采用摇动床鞍大卧扳手柄和中滑扳手柄的协调动作来进行加工。双手控制法车成形面的特点是灵活、方便，不需要其他辅助工具，但需较高的技术水平。

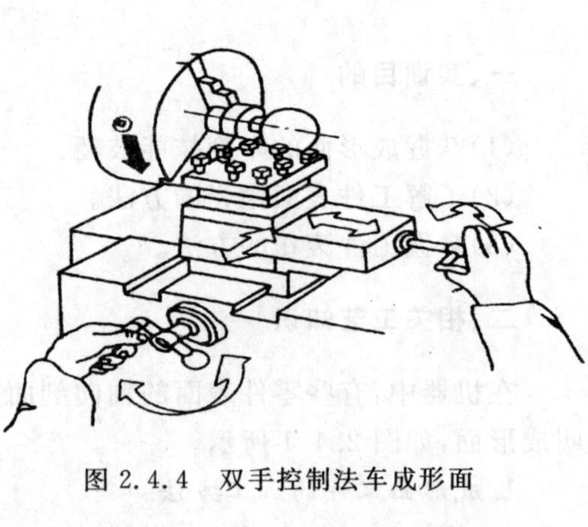

图 2.4.4　双手控制法车成形面

2. 车单球手柄的方法

(1) 圆球的长度 L 计算(见图 2.4.5(a))。其计算公式为

$$L=\frac{1}{2}(D+\sqrt{D^2-d^2})$$

式中，L 为圆球部分的长度；D 为圆球的直径；d 为柄部直径。

(2)车球面时纵、横向进给的移动速度对比分析。当车刀从 a 点出发，经过 b 点至 c 点，纵向进给的速度是快→中→慢，横向进给的速度是慢→中→快，即纵向进给是减速度，横向进给是加速度，如图 2.4.5(b)所示。

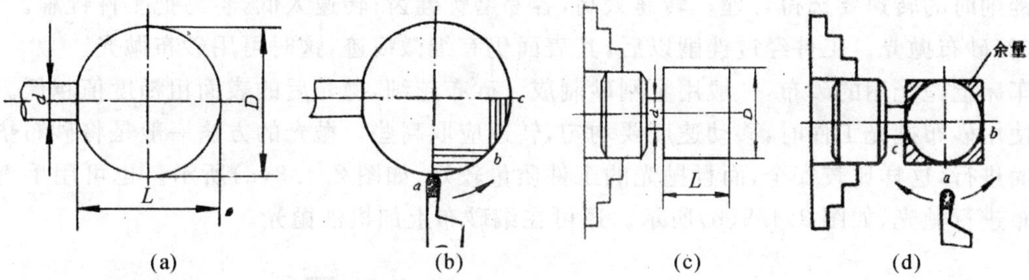

图 2.4.5　车单球手柄

(3)车单球手柄时，一般先车圆球直径 D 和柄部直径 d 以及 L 长度，留精车余量，如图 2.4.5(c)所示。然后用半径 R 为 2～3 mm 左右的小圆头车刀从 a 点向左、右方向(c 点和 b 点)逐步把余量车去，并在 c 点处用切断刀修清角，如图 2.4.5(d)所示。

(4)修整。由于手动进给车削，工件表面往往留下高低不平的痕迹，可以用锉刀、砂布进行表面抛光。

3.球面的测量和检查

球面的测量和检查通常采用样板、套环、千分尺等进行。

(1)用样板检查时样板对准工件中心，观察样板与工件之间的间隙大小修整球面，如图 2.4.6(a)所示。

(2)用套环检查时可观察其间隙透光情况并进行修整，如图 2.4.6(b)所示。

(3)用千分尺检查球面，千分尺通过工件中心，多次变换测量方向，若读数值均在尺寸范围之内，则直径和圆度都符合要求，如图 2.4.6(c)所示。

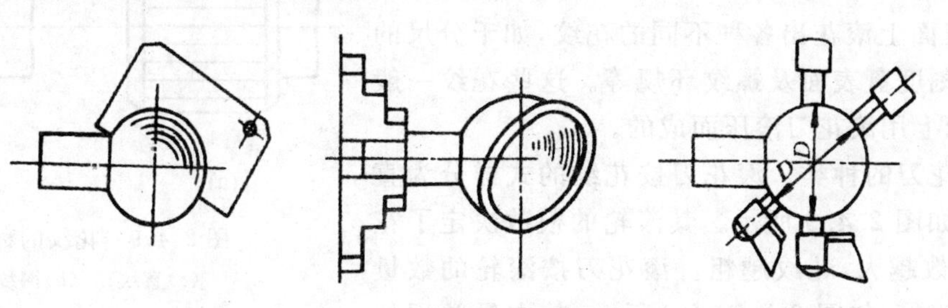

图 2.4.6　球面的测量方法

4.表面修光

经过精车以后，工件表面粗糙度如果达不到要求，可以用锉刀、砂布进行修整抛光。

(1)锉刀修光。在车床上用锉刀修光外圆时，通常选用细纹板锉和特细纹板锉(油光锉)进行。其锉削余量一般在 0.03 mm 之内，这样才不易使工件锉扁。在锉削时，为了保证安全，用左手握锉刀柄，右手扶住锉刀前端锉削，避免勾衣伤人，如图 2.4.7 所示。

在车床上锉削时，推锉速度要慢(一般 40 次/min 左右)，压力要均匀，缓慢移动前进，否则会把工件锉扁或呈节状。

锉削时最好在锉齿面上涂一层粉笔沫，以防锉屑滞塞在锉齿缝里，并要经常用铜丝刷清理齿缝，这样才能锉削出较好的工件表面。

锉削时的转速要选得合理。转速太高，容易磨钝锉齿；转速太低，容易把工件锉扁。

(2)砂布抛光。工件经过锉削以后，其表面仍有细微痕迹，这时可用砂布抛光。

车床上抛光用的砂布，一般用金刚砂制成。砂布越细，抛光后的表面粗糙度值越低。

使用砂布抛光工件时，移动速度要均匀，转速应取高些。抛光的方法一般是将砂布垫在锉刀下面进行，这样比较安全，而且抛光的工件质量较好，如图 2.4.8(a)所示。也可用手直接捏住砂布进行抛光，如图 2.4.8(b)所示。还可在细砂布上加机油抛光。

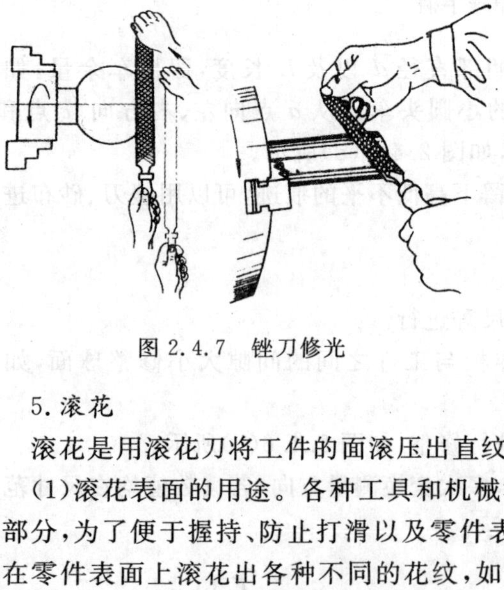

图 2.4.7　锉刀修光

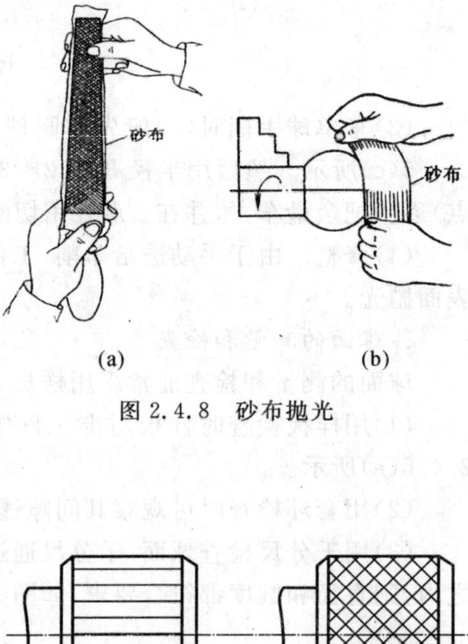

图 2.4.8　砂布抛光

5.滚花

滚花是用滚花刀将工件的面滚压出直纹或网纹。

(1)滚花表面的用途。各种工具和机械零件的手握部分，为了便于握持、防止打滑以及零件表面美观，常在零件表面上滚花出各种不同的花纹，如千分尺的套管，车床刻度盘表面及螺纹环规等。这些花纹一般都是在车床上用滚花刀滚压而成的。

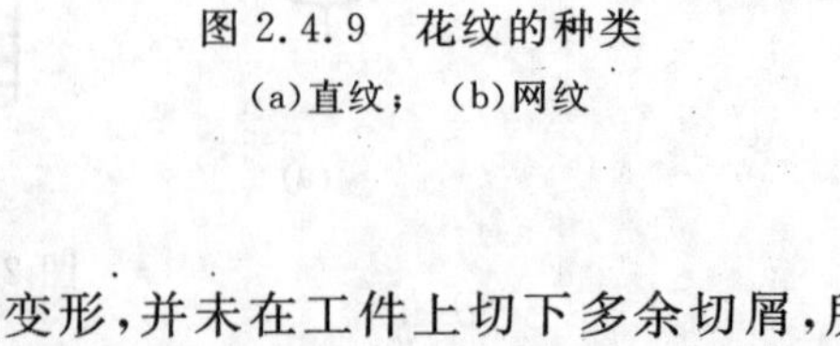

图 2.4.9　花纹的种类

(a)直纹；(b)网纹

(2)滚花刀的种类。滚花刀按花纹的式样分为直纹和网纹，如图 2.4.9 所示。其滚轮的模数决定了花纹粗细，模数越大，花纹越粗。滚花刀按滚轮的数量分为单轮、双轮，如图 2.4.10(a)所示，其中最常用的是网纹式双轮滚花刀。

(3)滚花方法。由于滚花的工件表面挤压产生塑性变形，并未在工件上切下多余切屑，所以滚花后尺寸会变大 0.2～0.5 mm，因此在滚花前将工件外径加工得偏小一些。滚花刀的装夹与工件平行，开始滚压时，应用滚花刀宽度的 1/2 或 1/3 与工件接触，且滚花刀与工件表面产生一较小夹角，有利于滚花刀切入工件表面。当滚花刀压入工件深度满足要求时，纵向自动进给到需要长度，如图 2.4.10(b)所示。

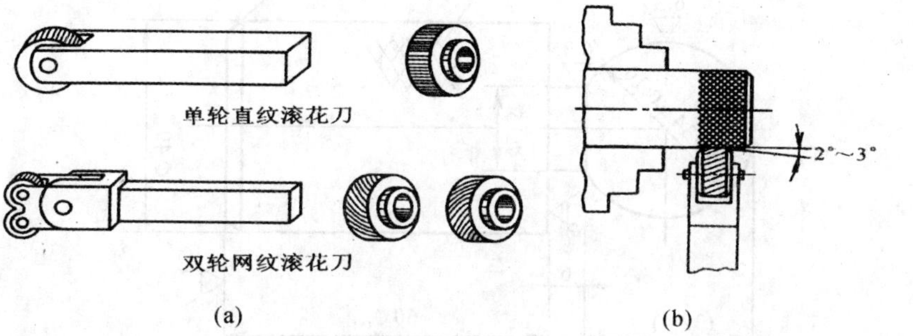

图 2.4.10　滚花
(a)常用滚花刀；(b)滚网纹

车成形面与滚花时容易产生的问题及预防措施如表 2.4.1 所示。

表 2.4.1　车成形面与滚花时容易产生的问题及预防措施

问题种类	产生原因	预防措施
表面粗糙度达不到要求	1. 进给量过大。 2. 工件刚性差或刀头伸出过长，切削时产生振动。 3. 刀具几何角度不合理。 4. 切削液润滑不当	1. 减小进给量。 2. 加强工件及刀具安装刚性。 3. 合理选择刀具几何角度。 4. 浇注切削液
工件轮廓不正确	用双手控制法车削时，纵向、横向进给不协调	加强车削练习，使纵、横向进给协调
乱　纹	1. 工件转速太高，滚花刀跟工件表面产生滑动。 2. 滚花开始时，切深压力太小，或滚花刀跟工件表面接触过大。 3. 工件外径周长不能被滚花刀模数 m 除尽。 4. 滚花前没有清除滚花刀齿中的细屑，或滚花刀齿部磨损	1. 降低转速。 2. 滚花开始时就要使用较大的压力或把滚花刀相对于工件表面偏一个很小的角度。 3. 将外圆略微车小一些，使工件外径周长能被滚花刀模数 m 除尽。 4. 清除滚花刀齿中的细屑，或更换滚花刀

三、实训实例

1. 工、量具

游标卡尺、外径千分尺、钢直角尺、外圆车刀、外沟槽刀、成形车刀、半径样板。

2. 练习加工

练习内容如图 2.4.11 和表 2.4.2 所示。

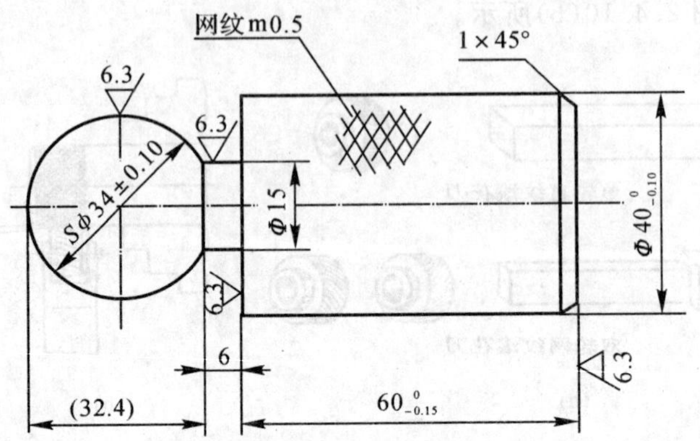

图 2.4.11 支撑杆

表 2.4.2 练习内容

课题名称	练习内容	材料	毛坯尺寸/mm	数量/件	时间/min
车成形面和表面滚花	双手控制车单球	45# 钢	Φ45×102	1	120

3. 评分标准

评分标准如表 2.4.3 所示。

表 2.4.3 评分标准

序 号	检测项目	配 分	评分标准	得 分
1	$\Phi40^{+0}_{-0.10}$	15	超差不得分	
2	Φ34±0.1	30	超差不得分	
3	$60^{+0}_{-0.15}$	8	超差不得分	
4	Φ15	5	超差不得分	
5	32.4	2	超差不得分	
6	6	5	不合格不得分	
7	R_a1.6	15	达不到不得分	
8	R_a6.3 三处	6	一处达不到扣 2 分	
9	网纹 m0.5	12	不合格不得分	
10	1×45°	2	不合格不得分	
合 计		100		

4. 加工步骤

(1)夹住毛坯外圆，伸出 50 mm，校正。

(2)粗车端面，粗车外圆至 Φ36 mm，长度为 38 mm。

(3)调头夹住 Φ36 mm 外圆，车平端面，车外圆至 $\Phi40^{-0.20}_{-0.30}$ mm，长度为 61 mm。滚花

m0.5，保证 $\Phi 40_{-0.10}^{0}$ mm，倒角 1×45°。

(4)调头垫铜皮夹持滚花外圆，校正。

(5)车端面保证总长尺寸。车 $\Phi 36$ mm 外圆至 $\Phi 34.3$ mm，长度为 6 mm，车 $\Phi 15\times 6$ mm 沟槽至要求的尺寸，保持球面长度 $\Phi 34.3$ mm。

(6)用圆头成形车刀，双手控制粗、精车球面至 $S\Phi 34\pm 0.10$ mm。

(7)表面修整抛光，锐角去刺。

(8)检查尺寸，取下工件。

4. 注意事项

(1)锻炼目测球形的能力和协调双手控制进给动作的技能。否则往往把球面车成橄榄形和算盘珠形。

(2)用锉刀锉削弧形工件时，锉刀的运动要绕弧面进行。

(3)锉削时，为了防止锉屑散落床面，影响床身导轨精度，应垫护床板或护床纸。

(4)锉削时，宜用左手捏锉刀柄进行锉削，这样比较安全。

四、思考题

(1)车成形面一般有哪几种方法？

(2)成形车刀有哪几种？它们的结构各有什么特点？

(3)滚花时产生乱纹的原因是什么？

实训5 车槽与切断

一、实训目的

(1)了解切断刀和切槽刀的种类和用途。

(2)掌握切断和切槽的工艺方法。

(3)了解切断和切槽的尺寸检查。

二、相关工艺知识

用车削方法加工工件的槽称为车沟槽，常见的沟槽有矩形槽、圆弧形槽、梯形槽、T形槽、燕尾沟槽等。矩形沟槽的作用通常是所装配的零件有正确的轴向位置，在磨削、车螺纹、插齿等加工过程中便于退刀。还有一些形状复杂的端面沟槽，如车床中拖板转盘上的T形槽，磨床砂轮法兰上的燕尾槽等。这些沟槽都是在车床上加工的。

切断与车槽是车工的基本操作技能之一，能否掌握好，关键在于刀具的刃磨，因为切断刀和车槽刀的刃磨要比刃磨外圆车刀难度大一些。由于车槽刀的形状和几何参数与切断刀基本相同，因此本节有关车槽刀的内容同样适用于切断刀。

1. 车槽刀

按车削部分材料的不同，车槽刀分为高速钢车槽刀和硬质合金车槽刀两种。

(1)高速钢车槽刀的几何角度，如图 2.5.1 所示。

1) 前角 γ_0：前角增大能使车刀刃口锋利，切削省力并排屑顺畅，$\gamma_0=5°\sim20°$；

2）主后角 α_0：可减少车槽刀主后刀面和工件过渡表面间的摩擦，$\alpha_0=6°\sim8°$；

3）副后角 α'_0：可减少车槽刀两个副后刀面和工件已加工表面间的摩擦，$\alpha'_0=1°\sim3°$；

4）主偏角 κ_γ：车槽刀以横向进给为主，$\kappa_\gamma=90°$；

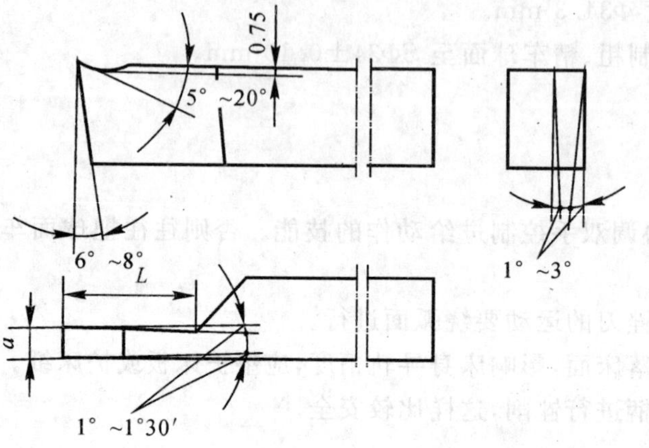

图 2.5.1　高速钢车槽刀

5）副偏角 κ'_γ：车槽刀的两个副偏角必须对称，可减少副切削刃和工件已加工表面间的摩擦，$\kappa'_\gamma=1°\sim1°30'$。

6）主切削刃宽度：车狭窄的外沟槽一般将主切削刃宽度刃磨与工件槽宽相等，经验公式：$a\approx(0.5\sim0.6)\sqrt{d}$ mm，式中 d 为工件直径。

7）刀头部分的长度 L：①切断实心材料时，$L=1/2d+(2\sim3)$mm（d 为工件直径）；②切断空心材料时，L 等于被切工件壁厚$+(2\sim3)$mm；③车槽刀的长度 L 为槽深$+(2\sim3)$mm。刀宽根据需要刃磨。

(2)硬质合金车槽刀。硬质合金车槽刀在高速车削时会产生很大热量，容易造成刀片脱焊，所以车削开始应充分浇注切削液冷却，如图 2.5.2 所示。

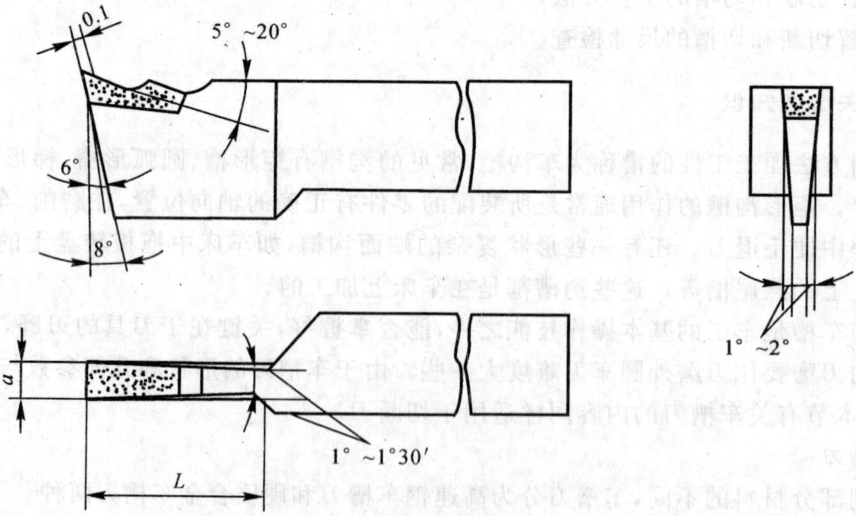

图 2.5.2　硬质合金车槽刀

2. 车槽刀的刃磨

(1)刃磨的方法：

1)刃磨左侧副后面。双手握刀，车刀前面向上，同时磨出左侧副后角 $\alpha'_0=1°30'$ 和副偏角 $\kappa'_\gamma=1°30'$，如图 2.5.3(a)所示。

2)刃磨右侧副后面。双手握刀，车刀前面向上，同时磨出右侧副后角 $\alpha'_0=1°30'$ 和副偏角 $\kappa'_\gamma=1°30'$，如图 2.5.3(b)所示。

3)刃磨主后面。双手握刀，车刀前面向上，同时磨出主后角 $\alpha_0=6°$，如图 2.5.3(c)所示。

4)刃磨前面。双手握刀，车刀前面对着砂轮磨削表面，刃磨前面，保证前角 $\gamma_0=5°$，如图 2.5.3(d)所示。

5)修磨刀尖。在两刀尖上修磨出一个小的对称的直线或圆弧过渡刃。

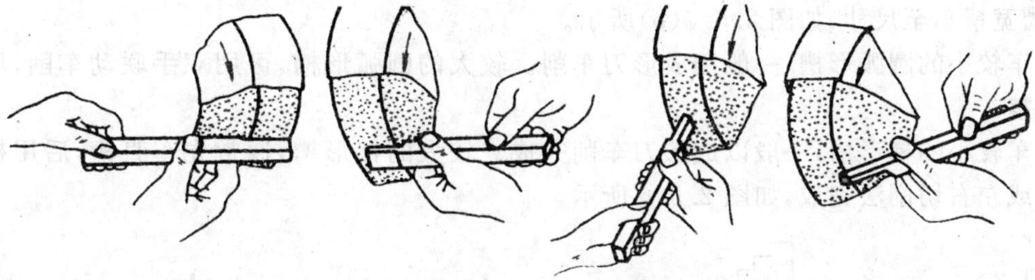

(a)　(b)　(c)　(d)

图 2.5.3　切槽刀的刃磨

(a)刃磨左副后面；(b)刃磨右副后面；(c)刃磨主后面；(d)刃磨前面

(2)切槽刀刃磨注意事项：

1)刃磨时分粗、精磨。

2)高速钢车刀刃磨时，应随即冷却，以防退火，硬质合金车刀刃磨时不能在水中冷却，以防刀片碎裂。

3)硬质合金车刀刃磨时，不能用力过猛，以防刀片烧绕处产生高热脱焊，使刀片脱落。

4)刃磨时车刀后角、两副偏角、两副后角不宜过大，防止车刀强度过低，车削时刀头折断，过小摩擦加工表面。

5)刃磨时保证主切削刃、两侧副切削刃平直锋利，两副后角和两副偏角对称。

6)必须在两刀尖上各修磨出一个小的对称的直线或圆弧形过渡刃。

3. 车槽刀的装夹

车槽刀装夹是否正确，对车槽的质量有直接影响。

(1)切断刀伸出不宜太长，主切削刃要对准主轴旋转中心，并且平行于主轴轴线。

(2)检查两侧副后角与副偏角，如图 2.5.4 所示。

4. 车槽方法

(1)车外沟槽：

1)车精度不高的和宽度较窄的矩形沟槽，可以用刀宽等于槽宽的车槽刀，采用直进法一次进给车出。精度要求较高的沟槽，一般采用二次进给车成，即第一次进给车沟槽时，槽壁两侧留精车余量，第二次进给时用等宽刀修整，如图 2.5.5(a)所示。

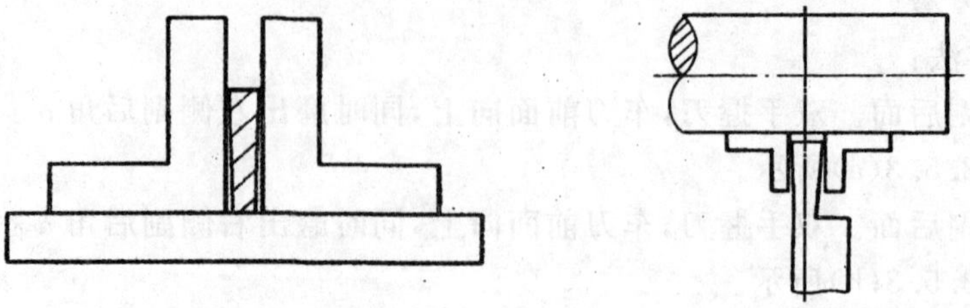

(a)　　　　　　(b)

图 2.5.4　用 90°角尺检查切槽刀

(a)检查副后角；(b)检查副偏角

2)车较宽的沟槽，可以采用多次直进法切削，并在槽壁两侧留一定的精车余量，然后根据槽深、槽宽精车至尺寸，如图 2.5.5(b)所示。

3)车较小的圆弧形槽，一般用成形刀车削。较大的圆弧形槽，可用双手联动车削，用样板检查修整。

4)车较小的梯形槽，一般以成形刀车削完成。较大的梯形槽，通常先车直槽，后用梯形刀直进法或左右切削法完成，如图 2.5.6 所示。

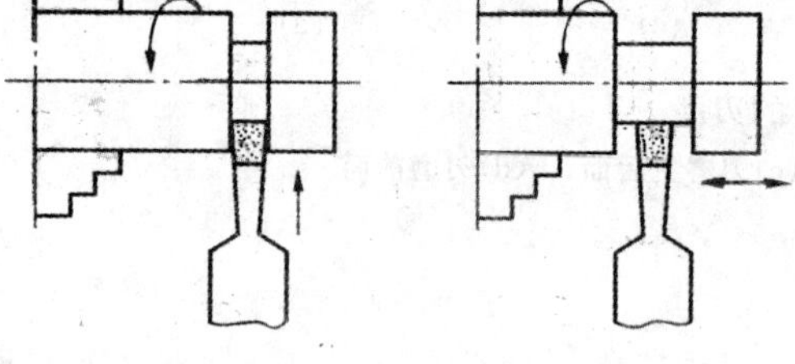

(a)　　　　　　(b)

图 2.5.5　车外沟槽

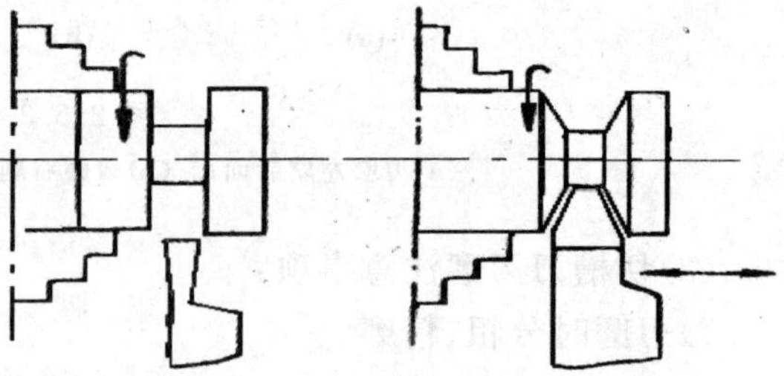

图 2.5.6　车削梯形槽

(2)车削内沟槽。零件的内沟槽有退刀、密封、作为油气通道等作用，车削方法与外沟槽车削相近。车内沟槽时刀杆受孔径和槽深限制，切削和排屑特别困难。车削内沟槽的车刀，如图 2.5.7 所示。其刀头部分的形状和内沟槽一样，两侧副切削刃与主切削刃应对称且刀头和刀杆垂直，以利于切削时的车刀安装。沟槽深度由中拖板刻度掌握，使用量具测量。宽度较小的内沟槽或要求不高的内沟槽，使用刀宽等于槽宽的沟槽刀一次车出。精度较高的内沟槽可用多刀直进法，反复切削、测量达到尺寸要求，相关尺寸可用刀头宽度与拖板刻度来控制尺寸，如图 2.5.8 所示。

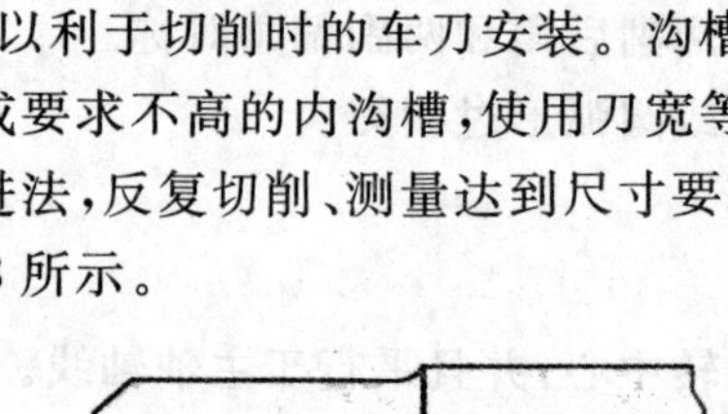

图 2.5.7　内沟槽车刀

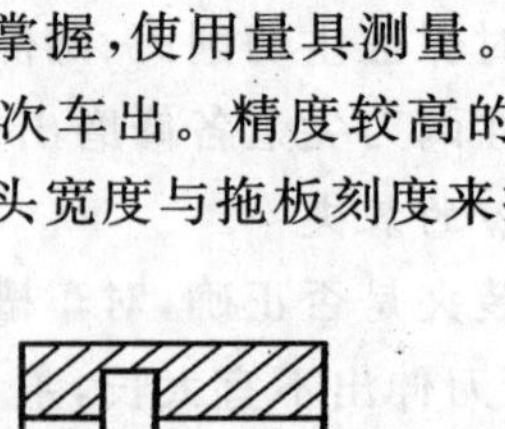

图 2.5.8　内沟槽车刀定位

1)车窄内沟槽。把内沟槽成形刀置于孔内，对准切削沟槽的位置，使刀刃与孔壁接触。将中滑板刻度置零位，根据沟槽深度计算出中滑板进刀格数。开动机床，均匀地摇动中滑扳手轮，至切削深度尺寸时，车刀稍作滞留，修光槽底。横向退出车刀，要注意刀杆外侧勿碰孔壁，然后用床鞍纵向退出车刀，如图 2.5.9(a)所示。

2)车宽内沟槽。先用通孔车刀车出凹槽。车凹槽时要留出足够的槽车余量。对于矩形内沟槽，需用矩形内沟槽刀将两侧斜面车成直角，如图 2.5.9(b)所示；对于梯形沟槽，需用梯形沟槽刀将两侧斜面车成斜角，如图 2.5.9(c)所示。

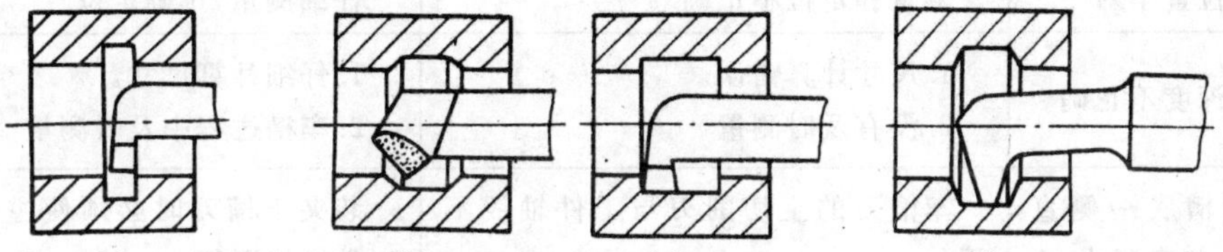

图 2.5.9　内沟槽车削

(3)端面沟槽切削。在加工一般外沟槽时，因为切槽刀是从外圆切入，但是在端面上切沟槽时，切槽刀车槽相当于车削内孔，所以车刀一侧副后角必须按端面槽圆弧的大小刃磨成圆弧形，R 应小于 端面槽的大圆半径，这样就可避免副后刀面跟槽的圆弧面相摩擦，如图 2.5.10 所示。

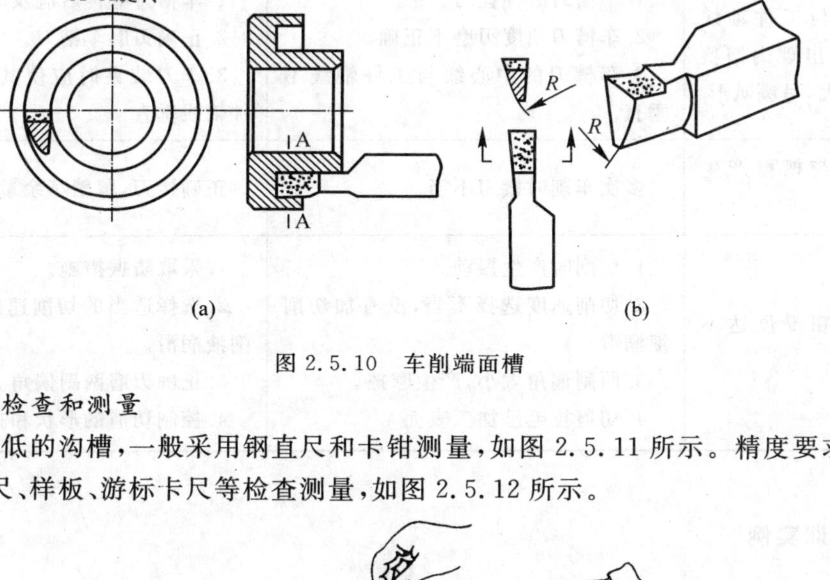

图 2.5.10　车削端面槽

5. 沟槽的检查和测量

精度要求低的沟槽，一般采用钢直尺和卡钳测量，如图 2.5.11 所示。精度要求较高的沟槽，可用千分尺、样板、游标卡尺等检查测量，如图 2.5.12 所示。

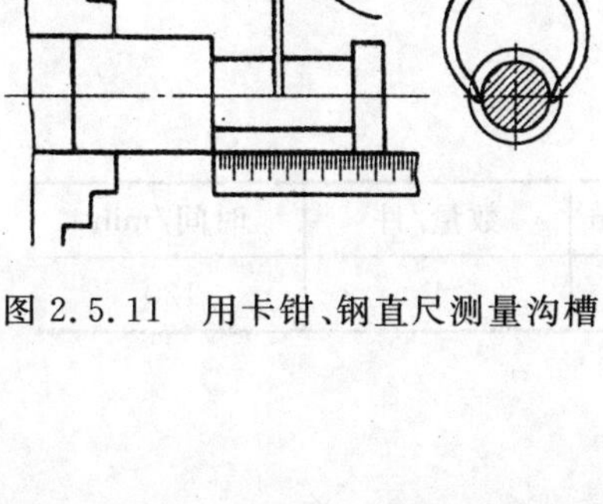

图 2.5.11　用卡钳、钢直尺测量沟槽

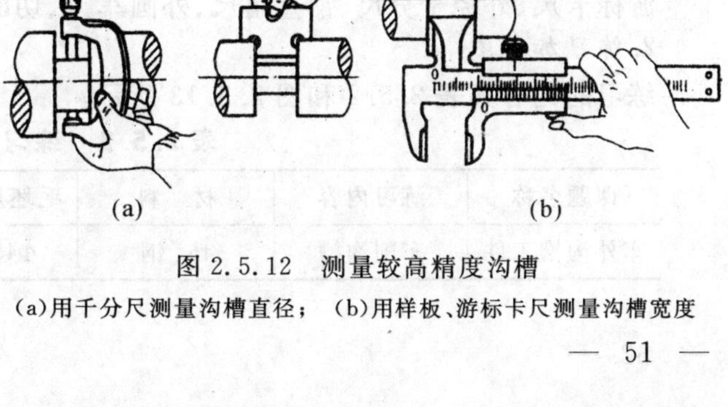

图 2.5.12　测量较高精度沟槽

(a)用千分尺测量沟槽直径；(b)用样板、游标卡尺测量沟槽宽度

6. 车外沟槽时容易产生的问题及预防方法

车外沟槽时易产生的问题及预防方法如表 2.5.1 所示。

表 2.5.1　车外沟槽时容易产生的问题及预防方法

问题种类	产生原因	预防方法
沟槽的宽度不正确	1. 测量不正确。 2. 车槽刀主切削刃磨得不正确	1. 仔细、正确测量。 2. 根据沟槽宽度刃磨车槽刀
沟槽位置不对	测量和定位不正确	仔细测量，正确定位
沟槽深度不正确	1. 尺寸计算错误。 2. 没有及时测量	1. 仔细计算尺寸。 2. 车槽过程中及时测量
沟槽槽底一侧直径大，一侧直径小	车槽刀的主切削刃与工件轴线不平行	装夹车槽刀时必须使主切削刃与工件轴线平行
槽底与槽壁相交处出现圆角和槽底中间直径小，靠近槽壁处直径大	1. 车槽刀磨钝。 2. 车槽刀主切削刃不直或刀尖圆弧太大	1. 及时修磨。 2. 正确刃磨车槽刀
槽壁与工件轴线不垂直，出现内槽狭窄外口大，呈喇叭形	1. 车槽刀磨钝让刀。 2. 车槽刀角度刃磨不正确。 3. 车槽刀的中心线与工件轴线不垂直	1. 车槽刀磨钝后应及时刃磨。 2. 正确刃磨车槽刀。 3. 车刀装夹时应使其中心线与工件轴线垂直
槽底与槽壁产生小台阶	多次车削时接刀不当	正确接刀，留精车余量
表面粗糙度达不到要求	1. 切削时产生振动。 2. 切削速度选择不当，没有加切削液润滑。 3. 两副偏角太小，产生摩擦。 4. 切屑拉毛已加工表面	1. 采取防振措施。 2. 选择适当的切削速度，并浇注切削液润滑。 3. 正确刃磨两副偏角。 4. 控制切屑的形状和排出方向

三、实训实例

1. 工、量具

游标卡尺、外径千分尺、钢直角尺、外圆车刀、切断刀、切槽刀、圆头成形车刀、半径样板。

2. 练习加工图

练习的内容如表 2.5.2 和图 2.5.13 所示。

表 2.5.2　练习内容

课题名称	练习内容	材　料	毛坯尺寸/mm	数量/件	时间/min
车外沟槽工件	车削沟槽	45# 钢	$\Phi45\times100$	1	120

3. 评分标准

评分标准如表 2.5.3 所示。

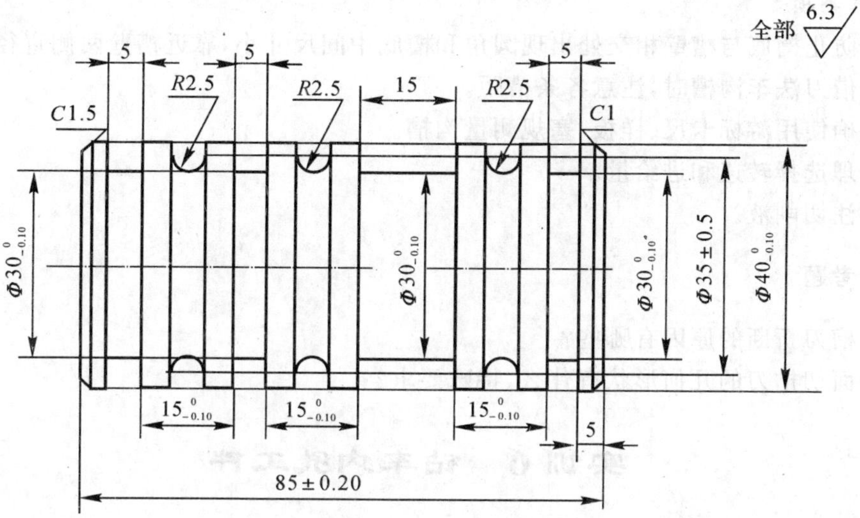

图 2.5.13　沟槽件

表 2.5.3　评分标准

序　号	检测项目	配　分	评分标准	得　分
1	$\Phi 40^{+0}_{-0.10}$	15	超差不得分	
2	$\Phi 30^{+0}_{-0.10}$（4 处）	20	一处达不到扣 5 分	
3	$\Phi 35 \pm 0.5$（3 处）	12	一处达不到扣 4 分	
4	$15^{+0}_{-0.10}$（3 处）	15	一处达不到扣 5 分	
5	85 ± 0.20	6	超差不得分	
6	5（4 处）	10	一处达不到扣 2 分	
7	15	2	达不到不得分	
8	$R2.5$（3 处）	15	一处达不到扣 5 分	
9	$R_a 6.3$	3	一处达不到扣 0.5 分	
10	$C1$	2	不合格不得分	

4. 加工步骤

（1）检查毛坯尺寸。

（2）夹持左端外圆，车右端面，车平即止，钻中心孔。

（3）夹顶装夹，用三爪自定心卡盘夹住毛坯左端外圆长 10 mm 左右，右端用顶尖支顶，调整尾座，消除锥度，粗、精车外圆 $\Phi 40$ mm，长度为 86 mm。

(4) 从右至左粗、精车各条矩形槽、圆弧槽至尺寸要求，保证表面粗糙度，倒角 C1。

(5) 调头垫铜皮夹持，车总长为 85 mm，倒角 C1.5，检查尺寸，取下工件。

5. 注意事项

(1)要防止槽底与槽壁相交处出现圆角和槽底中间尺寸小，靠近槽壁两侧直径大。

(2)用借刀法车沟槽时，注意各条槽距。

(3)正确使用游标卡尺、样板、塞规测量沟槽。

(4)合理选择转速和进给量。

(5)加注切削液。

四、思考题

(1)切槽刀折断的原因有哪些？

(2)平面切槽刀的几何形状有什么，特殊要求？

实训 6　钻车内孔工件

一、实训目的

(1)掌握内孔类工件的加工工艺。

(2)掌握内孔的车削方法。

(3)了解内孔工件的技术要求和检测方法。

二、相关工艺知识

在机械上与轴类零件相配合应用的零件均称为内孔零件，主要是用为旋转零件和支撑，在工作中承受进给力和背向力。通常在车床上加工内孔的方法有钻孔、扩孔、车孔、铰孔。

内孔零件的车削比车削外圆要困难，主要有孔加工是工件内部进行，切削情况难以观察；刀杆尺寸受到孔径、孔深的影响，不能太粗、太短，钢性较差；排屑不畅和冷却困难；孔的测量比外圆困难。

1. 钻孔

(1)麻花钻。对于精度要求不高的工件内孔，可以选用麻花钻直接钻出。而精度要求高的内孔，留出加工余量钻孔后，还需通过车削等加工才能完成。

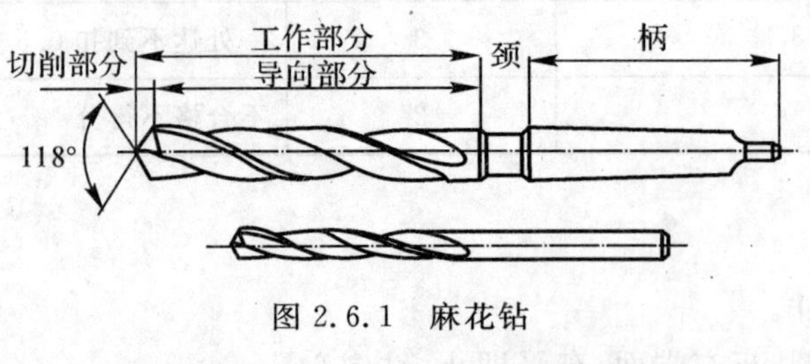

图 2.6.1　麻花钻

1)麻花钻由工作部分、颈部、柄部构成，如图 2.6.1 所示。①工作部分。工作部分包括切削部分和导向部分。切削部分起切削作用；导向部分在钻削过程中能起到保持钻削方向、修光钻削表面的作用，也是后备切削部分。②颈部。通常在麻花钻的颈部标有麻花钻直径、材料牌号和商标。直径小的直柄麻花钻没有明显的颈部。③柄部。夹持麻花钻的柄部部分，起装夹定心作用，钻削时传递转矩。麻花钻的柄部有锥柄和直柄两种。

2)麻花钻工作部分的几何形状。麻花钻有两条对称的主切削刃、两条副切削刃和一条横刃，几何角度的要求与车刀的基本相同。其工作部分结构如图 2.6.2 所示。

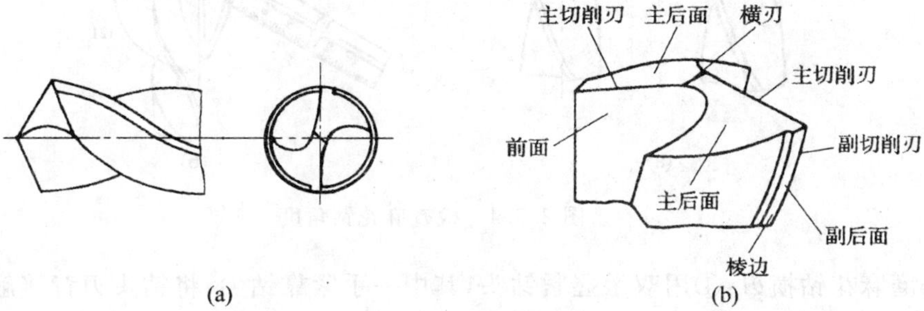

图 2.6.2　麻花钻的几何形状

3)刃磨麻花钻。麻花钻的刃磨要求是，麻花钻的两个主切削刃和钻心线之间的夹角对称，刃长要相等，横刃斜角为 55°。①握法：双手交叉握到钻头，右手握住钻头前端，以距钻尖约 30 mm处作支点。左手握住钻柄。②刃磨前的位置：麻花钻的中心要高于砂轮中心，主切削刃置于水平位置，麻花钻中心与砂轮圆表面的夹角约为 59°，同时钻柄向下倾斜，如图 2.6.3 所示。③刃磨操作：刃磨时，将切削刃逐渐靠向砂轮，见火花后，给钻头加一个向前的较小的压力，并使钻头作上下摆动，同时轻微地顺时针转动钻头，磨出后角。然后放松压力，钻柄向上并逆时针转动复位。重复上述刃磨动作，直至磨出一个切削刃。④双手握钻头的位置转过 180°，刃磨另一个切削刃，方法同上。

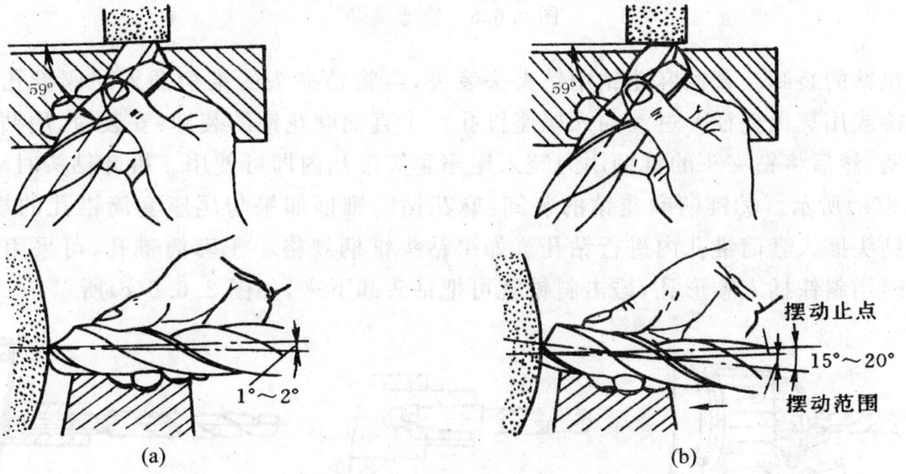

图 2.6.3　修磨麻花钻

4)麻花钻角度的检查方法：①目测法：把刃磨好的麻花钻垂直竖在双眼等高的位置上，转动钻头，交替观察两切削刃的长短、高低及后角是否一致，如发现两刃有偏差，必须进行修磨，直到一致为止。②用万能角度尺检查：将万能角度尺的角尺一边贴在麻花钻的棱边上，另一边靠在钻头的刃口上，测量刃长和角度，如图 2.6.4 所示。

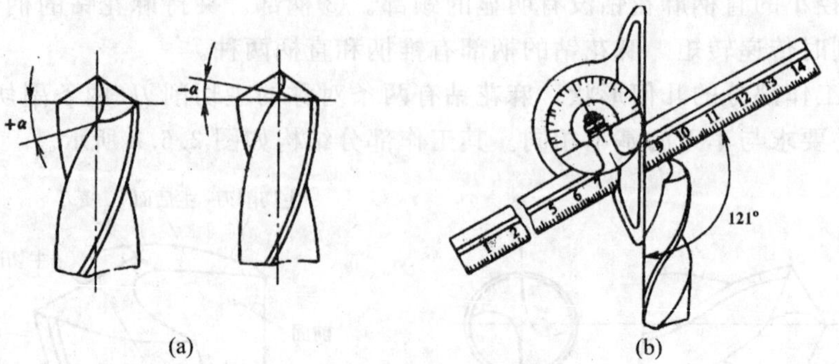

图 2.6.4　检查麻花钻角度

5)修磨麻花钻横刃：①用双手握紧钻头，其中一手紧靠钻尖，将钻头刃背接触砂轮圆角处，然后转动钻头，由外向内沿着刃背棱线逐渐磨至钻心，把横刃磨短，同时要控制所需的内刃前角和内刃斜角。刃磨时，靠近钻心的压力要轻，刃磨位置要准确，要防止钻心刃磨过薄及磨损切削刃。②重复上述动作刃磨另一侧面，直至达到刃磨要求为止，如图 2.6.5 所示。

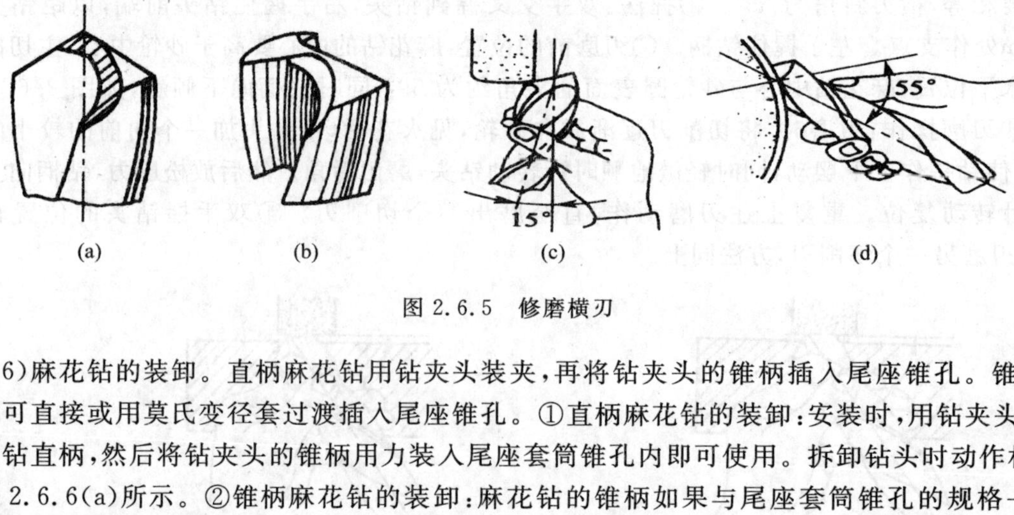

图 2.6.5　修磨横刃

6)麻花钻的装卸。直柄麻花钻用钻夹头装夹，再将钻夹头的锥柄插入尾座锥孔。锥柄麻花钻可直接或用莫氏变径套过渡插入尾座锥孔。①直柄麻花钻的装卸：安装时，用钻夹头夹住麻花钻直柄，然后将钻夹头的锥柄用力装入尾座套筒锥孔内即可使用。拆卸钻头时动作相反，如图 2.6.6(a)所示。②锥柄麻花钻的装卸：麻花钻的锥柄如果与尾座套筒锥孔的规格一致，可直接将钻头插入套筒锥孔内进行钻孔。如果钻头锥柄规格小于套筒锥孔，可采用锥套作过渡。拆卸时用斜铁插入腰形孔，敲击斜铁就可把钻头卸下来，如图 2.6.6(c)所示。

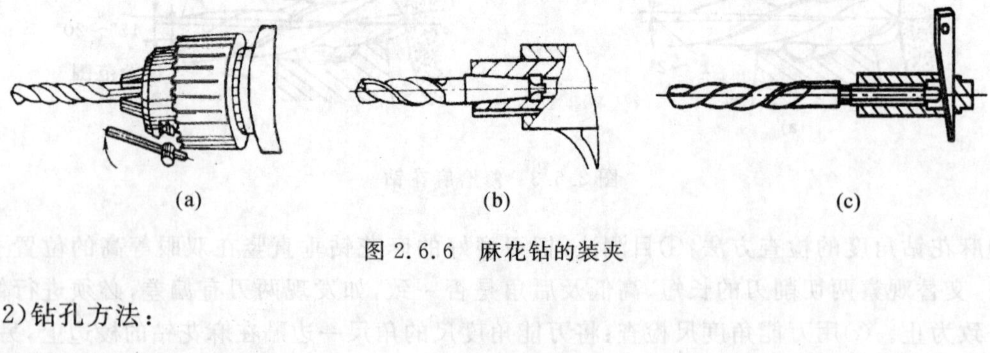

图 2.6.6　麻花钻的装夹

(2)钻孔方法：

1)钻孔前先车平工件平面。

2)校正尾座,使钻头中心对准工件旋转中心。

3)根据钻头直径调整主轴转速,高速钢钻头钻钢件,取小于 25 m/min 的切削速度,手动摇动尾座手轮,匀速进给钻削。

4)用细长麻花钻钻孔时,为了防止钻头产生晃动,可以在刀架上夹一挡铁,支持钻头头部,帮助钻头定中心。其办法是:先用钻头钻入工件平面(少量),然后摇动中滑板移动挡铁支顶,见钻头逐渐不晃动时,如图 2.6.7(a)所示,继续钻削即可。但挡铁不能把钻头支过中心,否则容易折断钻头。当钻头已正确定心时,挡铁即可退出,如图 2.6.7(b)所示。

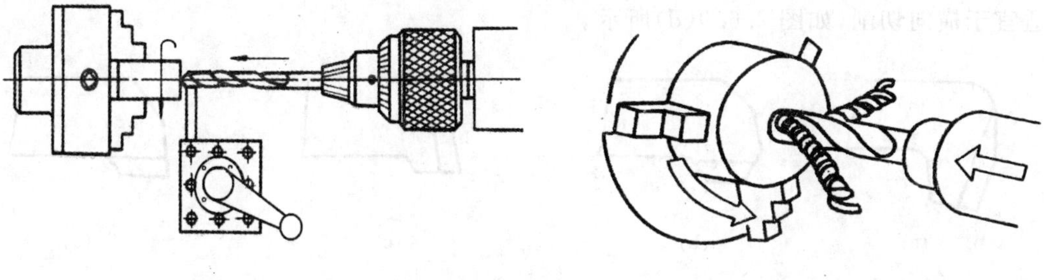

(a)　　(b)

图 2.6.7　钻孔

(a)挡铁支顶；(b)匀速进给钻削

5)用小麻花钻钻孔时,一般先用中心钻钻出中心孔,再用钻头钻孔,这样钻孔,同轴度较好。

6)钻孔后要铰孔的工件,由于余量较少,因此当钻头钻进 1～2 mm 后,应把钻头退出,停车测量孔径,以防孔径扩大而没有铰削余量。

7) 在车床上钻孔的过程中,应充分浇注切削液,同时还应经常退出钻头,以利于冷却和排屑。

2.内孔车刀刃磨

不论锻孔、铸孔或经过钻孔的工件,一般都很粗糙,必须经过车削等加工后才能达到图样的精度要求。车内孔需用的内孔车刀,其切削部分基本上与外圆车刀相似,只是多一个弯头。根据内孔的几何形状,内孔车刀一般可分为直孔车刀和台阶孔车刀两类。

(1)直孔车刀。直孔车刀的主偏角一般取 75°～45°,副偏角一般取 5°～45°,后角取 6°～12°,如图 2.6.8 所示。

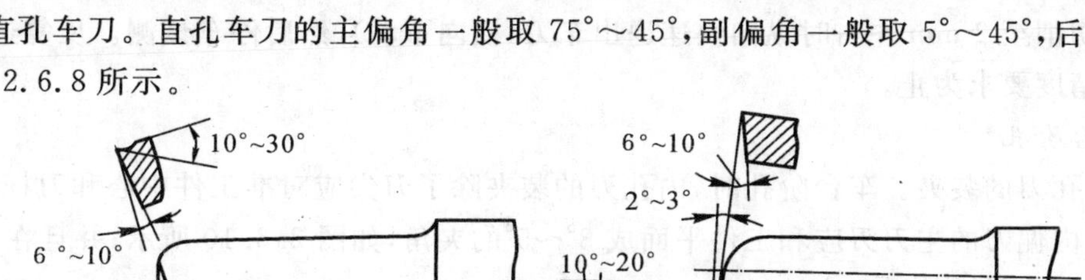

(a)　　(b)

图 2.6.8　刃磨内孔车刀

(2)台阶孔车刀。台阶孔车刀的切削部分基本上与外偏刀相似,它的主偏角应大于 90°,一般为 92°～93°左右,副偏角为 3°～6°,后角为 6°～12°。

(3)内孔车刀卷屑槽方向的选择。当内孔车刀的主偏角为 45°～75°,在主刀刃方向磨卷屑槽,能使其刀刃锋利,切削轻快,在切削深度较深的情况下,仍能保持它的切削稳定性,故适用于粗车,如图 2.6.9(a)所示。如果在副刀刃方向磨卷屑槽,在切削深度较浅的情况下,能达到较好的表面质量,如图 2.6.9(b)所示。

当内孔车刀的主偏角大于 90°,在主刀刃方向磨卷屑槽,适宜于纵向切削,但切削深度不能太深,否则切削稳定性不好,刀尖容易损坏,如图 2.6.9(c)所示。如果在副刀刃方向磨卷屑槽,适宜于横向切削,如图 2.6.9(d)所示。

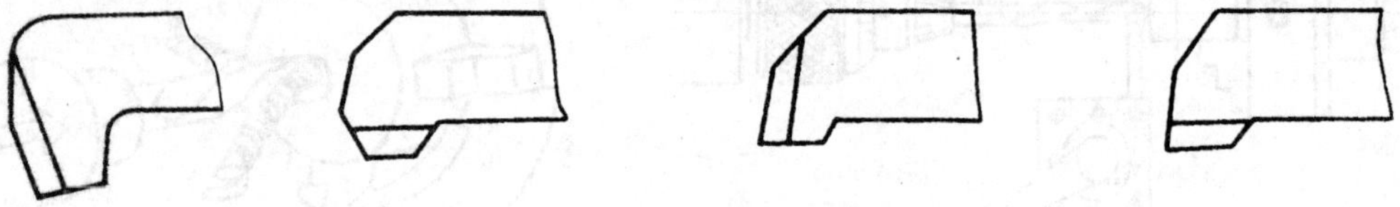

(a) (b) (c) (d)

图 2.6.9 内孔刀刃磨卷屑槽

(4)刃磨步骤:①粗磨前面;②粗磨主后面;③粗磨副后面;④粗、精磨前角;⑤精磨主后角、副后面;⑥修磨刀尖圆弧。

3. 车直孔

(1)内孔车刀的装夹:

1)内孔刀装夹时,刀尖应对准工件中心。刀杆与轴心线基本平行,否则车到一定深度后刀杆可能会与孔壁相碰,为了确保安全,通常在车孔前先把内孔刀在孔内试走一遍,保证车孔顺利进行。

2)为了增加内孔刀刚性,防止产生振动,刀杆的伸出长度应尽可能短些,一般比被加工孔长 5～10 mm。

(2)车孔方法。直孔车削基本上与车外圆相同,只是进刀和退刀方向相反。粗车和精车内孔时也要进行试切和试测,其试切方法与试切外圆相同,即根据径向余量的一般横向进给,当车刀纵向切削至 2 mm 左右时纵向快速退出车刀(横向不动),然后停车试测。反复进行,直至符合孔径精度要求为止。

4. 车台阶孔

(1)内孔刀的装夹。车台阶孔时,内孔刀的装夹除了刀尖应对准工件中心和刀杆尽可能伸出短些外,内偏刀的主刀刃应和工件平面成 3°～5°的夹角,如图 2.6.10 所示;并且在车削平面时,要求横向有足够的退刀余地。

(2)车台阶孔方法:

1)车直径较小的台阶孔时,由于直接观察困难,尺寸精度不易掌握,所以通常采用先粗、精车小孔,再粗、精车大孔的顺序进行。

2)车大的台阶孔时,在视线不受影响的情况下,通常采用先粗车大孔和小孔,再精车大孔和小孔的顺序进行。

3)车孔径大、小相差悬殊的台阶孔时，最好采用主偏角小于 90°(85°～88°)的车刀先进行粗车，然后用内偏刀精车至要求的尺寸。因为直接用内偏刀车削，吃刀量不可太大，否则刀尖容易损坏。其原因首先是刀尖处于刀刃的最前列，切削时刀尖先切入工件，因此其承受力最大，加上刀尖本身强度差，所以容易碎裂。其次由于刀杆细长，在纯轴向抗力的作用下，吃刀量太大容易产生振动和扎刀。

控制车孔长度，粗车时通常采用刀杆上刻线痕或安放限位铜片，如图 2.6.11 所示，以及用床鞍刻度盘的刻线来控制等。精车时还需结合使用钢直尺、游标深度尺等量具进行测量。

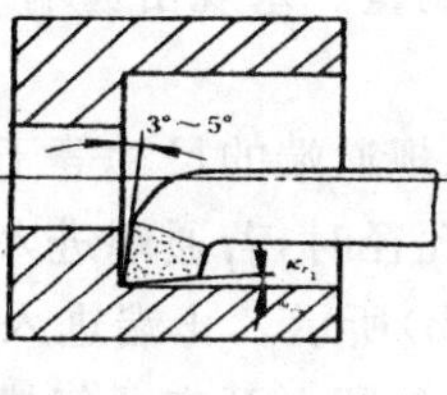

图 2.6.10　内孔刀的装夹

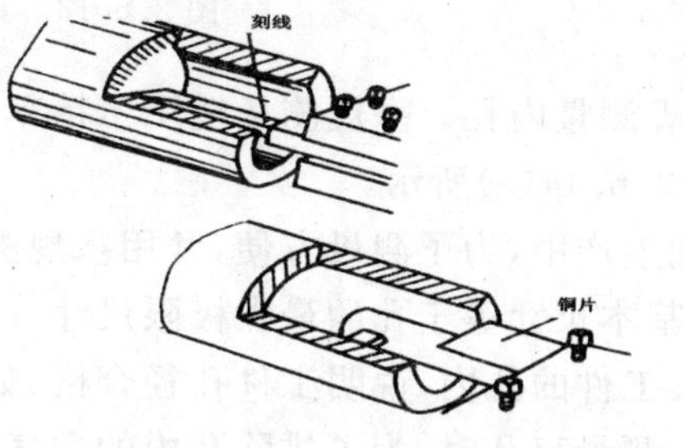

图 2.6.11　控制车孔长度的方法

5. 内孔的测量

(1)百分表测量内径。内径百分表主要由百分表、连杆、可调测量棒等组成，如图 2.6.12 所示。适用于测量尺寸精度较高的孔径。用内径百分表测量前，首先检查整个测量装置是否正常，如固定测量头有无松动，百分表是否灵活，指针转动后是否能回到原来位置，指针对准的“零位”是否走动等。操作方法如下：

1)根据被测孔径尺寸的大小，选装可调测量棒，将百分表装在弹性夹头上，使百分表压下 0.3 mm 左右，再紧固弹性夹头，夹紧力适当，防止将百分表测杆夹死，造成测量不准确。

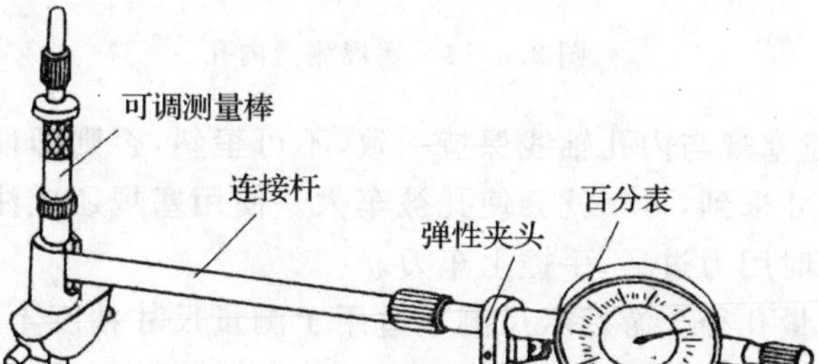

图 2.6.12　百分表测量内径

2)内径百分表测量属于比较测量法，测量前，按被测工件的基本尺寸用外径千分尺来调试校对将刻度调至零位。

3)测量时，将内径百分表倾斜放入工件内孔中，测头先与被测工件接触，连杆作上下慢慢摆动，不能超过其弹性极限，强迫把表放入较小的内孔中，在旁侧的压力下，容易损坏百分表机件。内径百分表的指示表指针顺时针转动为“负”，逆时针转动为“正”，所测尺寸的最小读数值，即是内孔的实际尺寸，等于基本尺寸与百分表指示值的代数和，如图 2.6.13 所示。

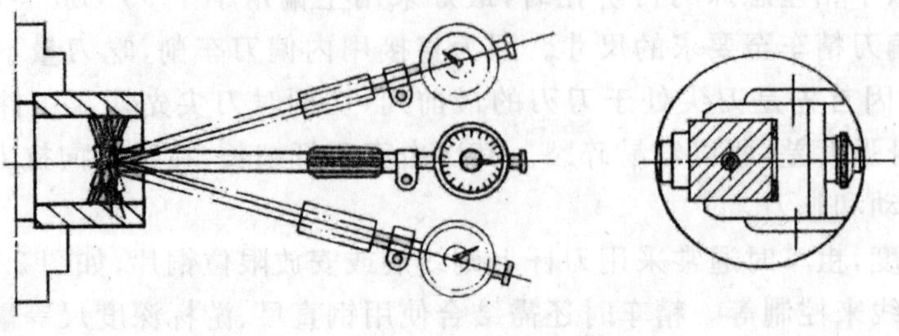

图 2.6.13　百分表测量孔径

(2)塞规测量内孔。塞规测量适用于精车内孔的最后测量。塞规由通端 T,止端 Z 和手柄组成,如图 2.6.14(a)所示。

在成批生产中,为了测量方便,常用塞规测量孔径。塞规通端的尺寸等于孔的最小极限尺寸,止端的基本尺寸等于孔的最大极限尺寸。用塞规检验孔径时,若通端进入工件的孔内而止端不能进入工件的孔内,说明工件孔径合格,如图 2.6.14(b)所示。止端进入孔内就表明内孔尺寸车大。测量盲孔时,为了排除孔内的空气,常在塞规的外圆上开有通气槽或在轴心处轴向钻出通气孔。

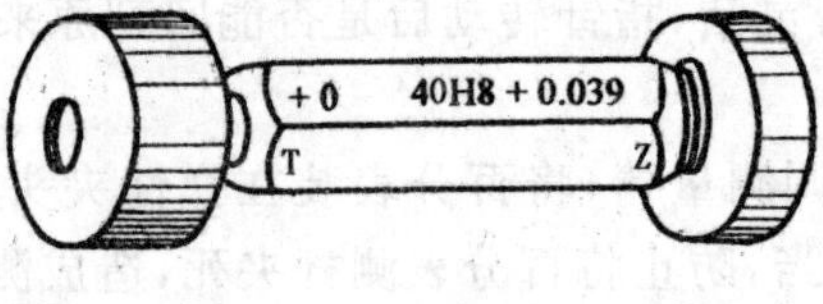

(a)

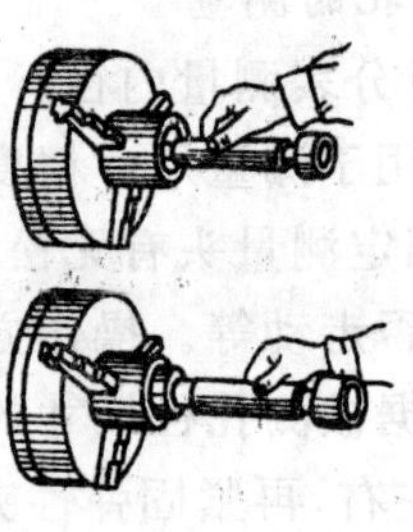
(b)

图 2.6.14　塞规测量内孔

使用塞规时应注意塞规与内孔轴线保持一致,不可歪斜,否则即使内孔尺寸正确,也会使通端不进,如误以为尺寸未到,再车就会使孔被车大。使用塞规还应注意安全,要先将床鞍移向床尾,防止拔出塞规时用力过猛,手撞上车刀。

(3)用游标卡尺测量孔径。游标卡尺测量适用于测量尺寸精度不太高的内孔。测量时把量脚伸进孔内,使之与孔壁相接触,尺身不可歪斜,并作轻微摆动,最大读数值便是孔径的实际尺寸。

6.车孔时容易产生的问题及预防方法

车孔时容易产生的问题及预防方法如表 2.6.1 所示。

三、实训实例

1.工、量具

游标卡尺、外径千分尺、钢直角尺、内径量表、外圆车刀、内沟槽刀、百分表、磁性表架。

表 2.6.1　车孔时容易产生的问题及预防方法

问题种类	产生原因	预防方法
孔径尺寸不对	1. 测量不准确。 2. 车刀装夹不对，刀柄与孔壁相碰。 3. 产生积屑瘤，使孔车大。 4. 工件的热胀冷缩	1. 仔细测量。用游标卡尺测量时，要调整好卡尺的松紧，控制好位置，并进行试切削。 2. 车削前，先把车刀在孔内走一遍，检查是否会相碰，确定合理的刀柄直径。 3. 增大前角，研磨前刀面，使用切削液，选择合理的切削速度。 4. 分粗、精车，加切削液
内孔有锥度	1. 刀具磨损。 2. 刀柄刚性差，产生“让刀”现象。 3. 刀柄与孔壁相碰。 4. 车床主轴轴线歪斜	1. 提高刀具寿命，采用耐磨的硬质合金车刀。 2. 尽量采用大尺寸的刀柄，减小切削用量。 3. 正确装夹车刀。 4. 较正主轴轴线跟床身导轨的平行度
内孔椭圆	1. 装夹时产生变形。 2. 工件加工余量和材料组织不均匀	1. 选择合理的装夹方法。 2. 增加半精车，把不均匀的余量车去，使精车余量尽量减少和均匀
表面粗糙度达不到要求	1. 车刀磨损。 2. 车刀刃磨不良，表面粗糙度大。 3. 车刀角度不合理，装刀低于中心。 4. 切削用量选择不当。 5. 刀杆细长产生振动	1. 重新修磨车刀。 2. 保证刀刃锋利，研磨车刀前后面，磨修光刃。 3. 合理选择刀具角度，精车装刀时可略高于工件中心。 4. 适当降低切削速度，减小进给量。 5. 减少切削深度，加粗刀柄和降低切削速度

2. 练习加工

练习内容如表 2.6.2 和图 2.6.15 所示。

表 2.6.2　练习内容

课题名称	练习内容	材　料	毛坯尺寸/mm	数量/件	时间/min
内孔工件车削	内孔车削与测量	$45^{\#}$ 钢	$\Phi 45\times 50$	1	90

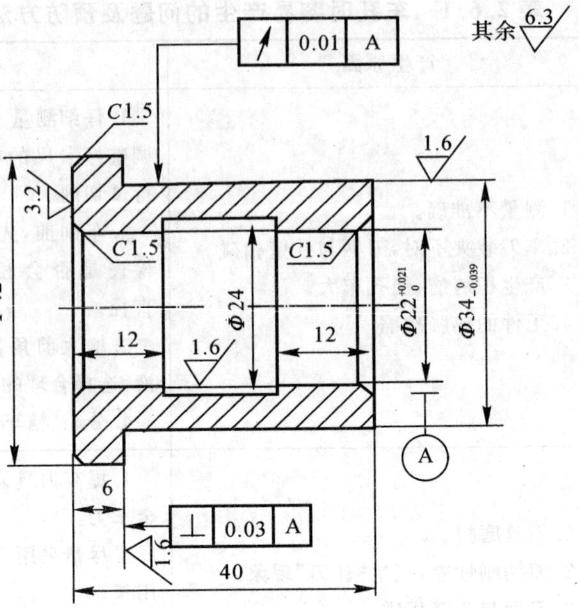

图 2.6.15 轴套

3. 评分标准

评分标准如表 2.6.3 所示。

表 2.6.3 评分标准

序 号	检测项目	配 分	评分标准	得 分
1	$\Phi34_{-0.039}^{\ 0}$	10	超差不得分	
2	$\Phi22_{\ 0}^{+0.021}$	15	超差不得分	
3	Φ42	4	超差不得分	
4	Φ24	10	超差不得分	
5	40	3	超差不得分	
6	6	4	不合格不得分	
7	12(2 处)	10	超差不得分	
8	R_a1.6(3 处)	15	一处达不到扣 5 分	
9	R_a3.2	2	达不到不得分	
10	跳动量 0.01	10	达不到不得分	
11	垂直度 0.03	15	不合格不得分	
12	C1.5(3 处)	3	不合格不得分	
合 计		100		

4. 加工步骤

(1)夹持左端外圆，夹持长度为 12 mm，校正、夹紧。

(2)车平端面,钻通孔 $\Phi 20$ mm。

(3)粗车 $\Phi 34_{-0.039}^{\ 0}$ 外圆,留精车余量。

(4)粗车 $\Phi 22_{\ 0}^{+0.021}$ 内孔,单边留精车余量 0.5 mm,车内沟槽 $\Phi 24$ mm,控制长度尺寸 12 mm。

(5)精车孔 $\Phi 22_{\ 0}^{+0.021}$,倒角 C1.5;保证表面粗糙度 $R_a 1.6$。

(6)精车外圆 $\Phi 34_{-0.039}^{\ 0}$,控制长度尺寸为 34 mm,锐边倒钝,保证表面粗糙度 $R_a 1.6$。

(7)调头垫铜皮夹持 $\Phi 34_{-0.039}^{\ 0}$ 外圆,车总长 40 mm,控制长度尺寸为 12 mm,6 mm,倒角两处 C1.5。

(8)检查尺寸,取下工件。

5. 注意事项

(1)全面重视零件质量,工件不仅要达到尺寸精度、表面粗糙度、形状和位置精度的要求,还要使其外表美观,尺寸一致。

(2)钻孔时需要添加切削液。

(3)用内径百分表测量前,应首先检查整个测量装置是否正常,如固定测量头有无松动,百分表是否灵活,指针转动后是否能回到原来位置,指针对准的"零位"是否走动等。

(4)用内径百分表测量时,不能超过其弹性极限,强迫把表放入较小的内孔中,在旁侧的压力下,容易损坏机件。

(5)用内径量表测量时,长指针和短指针应结合观察,以防指针多转一圈。

四、思考题

(1)车圆柱孔的关键技术是什么?

(2)怎样提高内孔车刀的钢性?

实训 7　圆锥车削

一、实训目的

(1)了解锥体的作用和技术要求。

(2)掌握圆锥车削的方法。

(3)掌握锥度的检测方法。

二、相关工艺知识

在机床与工具零件中,圆锥配合应用得很广泛。例如主轴锥孔与顶尖的配合,尾座锥孔与麻花钻锥柄的配合等,如图 2.7.1 所示。圆锥面配合获得广泛应用的主要原因有圆锥配合能保证无间隙配合;当圆锥角在 3°以下时可以传递较大转距;装卸方便,经多次装卸仍能保证精确定位。

1. 转动小拖板法车圆锥

转动小拖板角度车削圆锥面简单方便,角度调整范围较广。受小刀架行程的限制,可以车削长度小于 150 mm 的内外圆锥面,但手动进给切削的劳动强度较大,表面粗糙度较难控制。因此,转动小拖板法主要适合于单件、小批量的车削加工。如图 2.7.2 所示。

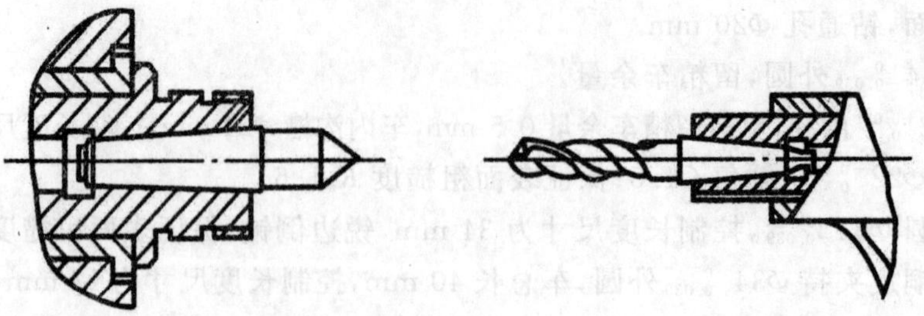

(a)　　　　　　　　　　　　(b)

图 2.7.1　圆锥的配合应用

(1)小拖板转动角度的计算。圆锥的基本参数如图 2.7.3 所示。

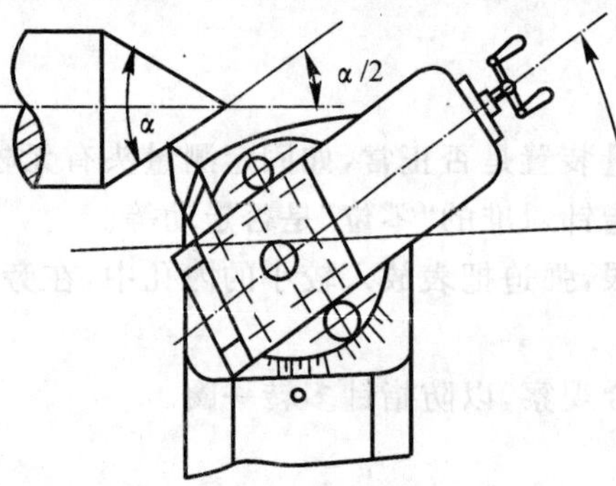

图 2.7.2　转动小滑板车圆锥

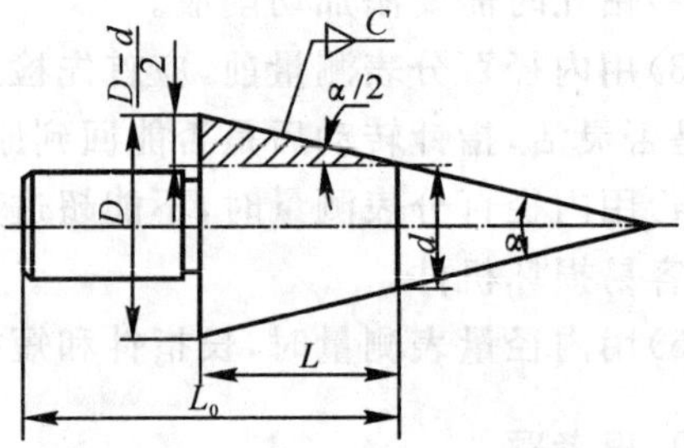

图 2.7.3　圆锥参数

α 圆锥角：在通过圆锥轴线的截面内，两条母线间的夹角，车削时，常用到的是圆锥半角 $\alpha/2$。

D：最大圆锥直径，简称大端直径。

d：最小圆锥直径，简称小端直径。

L：圆锥长度，最大圆锥直径与最小圆锥直径之间的轴向距离。

C：锥度，最大圆锥直径与最小圆锥直径之差对圆锥长度之比

$$C=\frac{D-d}{L}$$

圆锥半角 $\alpha/2$ 与其他三个参数的关系。在圆锥的四个基本参数中，只要知道其中任意三个参数，其他一个未知参数即能求出。

在图样上一般都标注 D,d,L。但转动小拖板法车圆锥时，需要转动小滑板角度，所以必须计算出圆锥半角 $\alpha/2$。根据被加工零件给定的已知条件，可知

$$\tan\frac{\alpha}{2}=\frac{C}{2}=\frac{D-d}{2L}$$

应用公式计算出 $\alpha/2$ 的值后，用查三角函数表来确定相对应的角度，这样比较麻烦。当圆锥半角 $\alpha/2$ 较小(在 6°以下)时，可以用乘上一个常数的近似方法来计算，即

$$\alpha/2\approx 28.7^\circ\times\frac{D-d}{L}$$

采用近似公式计算圆锥半角 $\alpha/2$ 时，计算结果的小数部分是十进位的，而角度是六十进位，应将含有小数部分的计算结果转化成度、分、秒。例如 2.25°为 2°15′。小滑板转动角度(6°～13°)近似公式常数如表 2.7.1 所示。

2. 转动小拖板车圆锥的方法

(1)装夹工件和车刀。校正工件,车刀刀尖必须严格对准工件的旋转中心,否则车出的圆锥母线将会出现双曲线。

表 2.7.1　小滑板转动角度近似公式常数

$\frac{D-d}{L}$或 C	常　数	备　注
0.10～0.20	28.6°	本表适用 $\alpha/2$ 在 6°～13°之间。3°以下常数值为 28.7°
0.20～0.29	28.5°	
0.29～0.36	28.4°	
0.36～0.40	28.3°	
0.40～0.45	28.2°	

(2)按圆锥的大端直径和圆锥部分长度的尺寸要求,车圆柱体。

(3)确定小拖板的转动角度。根据工件图样的要求计算出圆锥半角 $\alpha/2$。

(4)转动小拖板。用扳手松开固定小刀架下面转盘上的螺母,将小刀架按工件图样的圆锥方向绕转盘转动,小拖板转动的角度可稍大于圆锥半角 $\alpha/2$ 计算值 10′～20′,但不能小于圆锥半角,角度小会使圆锥母线车长。在小拖板基准零线与圆锥半角 $\alpha/2$ 的刻线对齐后锁紧转盘螺母。当圆锥半角 $\alpha/2$ 不是整数值时,其小数部分用目测的方法估计。再通过试切削逐步将角度校正。

(5)调整小拖板导轨与镶条的配合间隙,并确定工作行程。

(6)双手交替摇动小拖扳手柄匀速进给,粗车圆锥体,留精车余量 0.5～1 mm,表面粗糙度应小于 $R_a3.2\ \mu m$,检测并找正圆锥角度。

(7)精车圆锥体。在加工圆锥面时,除了对尺寸精度、形位精度和表面粗糙度有要求外,还有角度的精度要求。车削常用圆锥时,小拖板转动的角度如表 2.7.2 所示。

表 2.7.2　转动小拖板车削常用圆锥角度表

锥体名称		锥　度	小拖板转动角度(锥体斜角)	锥体名称	小拖板转动角度(锥体斜角)
莫氏	0	1∶19.212	1°29′27″	1∶200	0°08′36″
	1	1∶20.047	1°25′43″	1∶100	0°17′11″
	2	1∶20.020	1°25′50″	1∶50	0°34′23″
	3	1∶19.922	1°26′16″	1∶30	0°57′17″
	4	1∶19.254	1°29′15″	1∶20	1°25′56″
	5	1∶19.002	1°30′26″	1∶15	1°54′33″
	6	1∶19.180	1°29′36″	1∶12	2°23′09″
30°		1∶1.866	15°	1∶10	2°51′45″
45°		1∶1.207	22°30′	1∶8	3°34′35″
60°		1∶0.866	30°	1∶7	4°05′08″
75°		1∶0.652	37°30′	1∶5	5°42′38″
90°		1∶0.50	45°	1∶3	9°27′44″
120°		1∶0.289	60°	7∶24	8°17′46″

3. 检查锥度方法

(1)用万能游标角度尺检查锥度，对于零件的角度或精度要求不高的圆锥表面，可用万能游标角度尺测量。在测量时转动万能角度尺背面的捏手8，通过小齿轮9传动给扇形齿轮10，调整到要测的角度，锁紧制动螺钉。结构如图2.7.4所示。

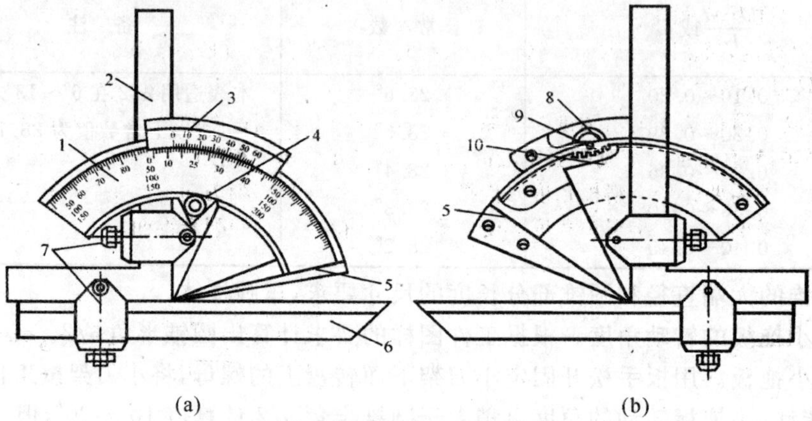

图2.7.4 万能角度尺

(a)主视图；(b)后视图

1—主尺；2—直角尺；3—游标；4—制动器；5—基尺；6—直尺；7—卡块；8—捏手；9—小齿轮；10—扇形齿轮

游标万能角度尺的读数方法与游标卡尺相似，可以测量0°～320°范围内的任何角度。当测量角度在0°～50°范围内，应装上角尺和直尺，如图2.7.5(a)所示方法。在50°～140°范围内，应装上直尺，如图2.7.5(b)所示方法。在140°～230°范围内，应装上角尺，如图2.7.5(c)所示方法。在230°～320°范围内不装角尺和直尺，如图2.7.5(d)所示方法。

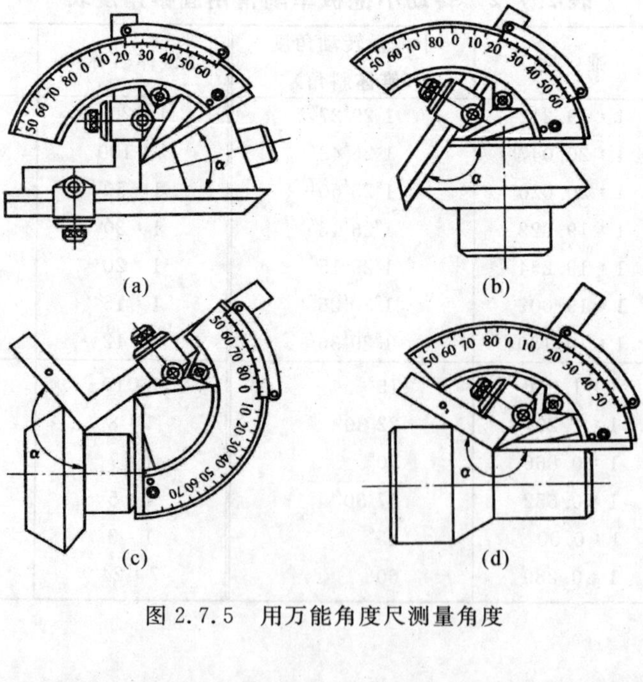

图2.7.5 用万能角度尺测量角度

(2)用锥形套规检查锥度：

1)可通过感觉来判断套规与工件大小端直径的配合间隙，调整小滑板角度。

2)在工件表面上顺着母线，相隔约 120°薄而均匀地涂上三条显示剂。

3)把套规轻轻套在工件上转动半圈之内。

4)取下套规观察工件锥面上显示剂擦去情况，鉴别小滑板应转动方向以找正角度。

锥形套规是检验锥体工件的综合量，既可以检查工件锥度的准确性，又可以检查锥体工件的大小端直径及长度尺寸。如要求套规与锥体接触面在 50%以上，一般须经过试切和反复调整，所以锥体的检查在试切时就应该进行，如图 2.7.6 所示。

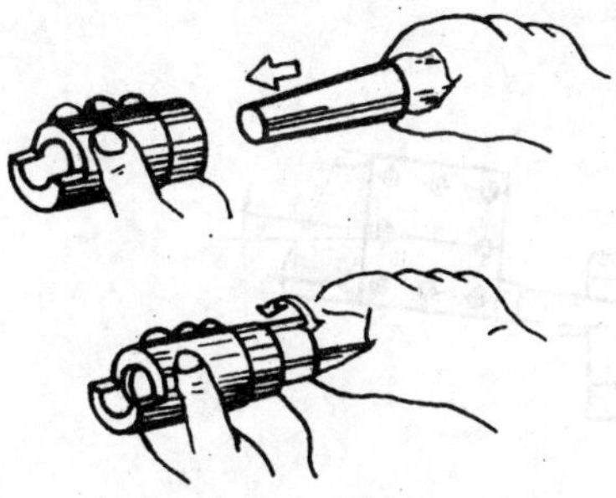

图 2.7.6　涂色检查圆锥角度

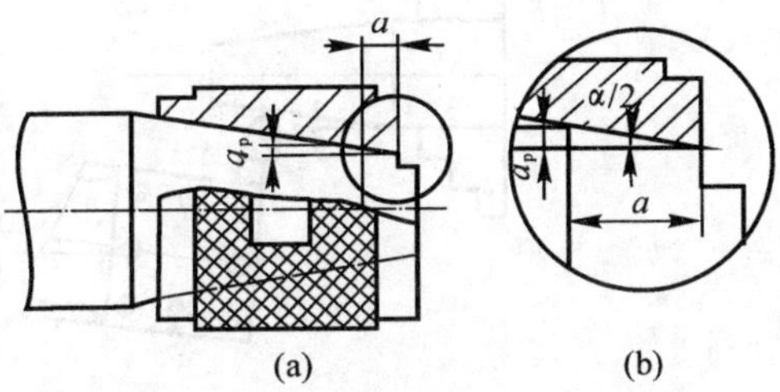

图 2.7.7　车圆锥的尺寸控制

4.车锥体尺寸的控制方法

当锥度已找正，而锥体尺寸还未能达到要求，继续车削时确定其切削深度的方法：

(1)用界限套规控制尺寸：

1)计算法。根据套规台阶中心到工件小端面的距离 a，可以用公式来计算切削深度 a_P，如图 2.7.7 所示。

$$a_P = a\tan\frac{\alpha}{2} \quad 或 \quad a_P = a\frac{C}{2}$$

式中，a_P 为当界限量规刻线或台阶中心还离开工件平面 a 的长度时的切削深度；$\alpha/2$ 为圆锥半角；C 为锥度。

2)移动床鞍法。根据量出长度 a，使车刀轻轻接触工件小端表面，接着移动小滑板，使车刀后退离开工件表面一个 a 的距离，然后移动床鞍使车刀同工件平面接触，这时虽然没有移动中滑板，但车刀已切入一个需要的深度，如图 2.7.8 所示。

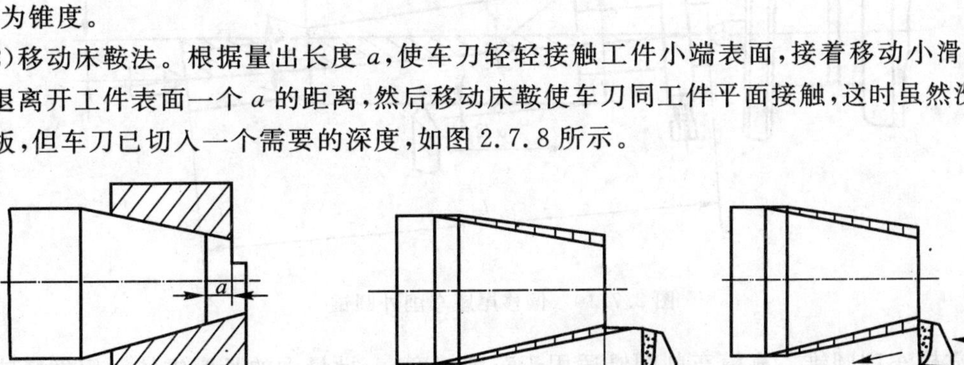

图 2.7.8　用移动床鞍车锥体控制尺寸

(2)用卡尺和千分尺测量。测量时要求卡尺(或千分尺测量杆)和工件的轴线垂直,测量位置必须在锥体的最大端或最小端直径处。

5. 圆锥孔的车削方法

先用直径小于锥孔小端直径 1 mm 左右的钻头钻孔,再用转动小刀架的角度,使车刀的运动轨迹与主轴轴线的夹角等于圆锥斜角,然后车削圆锥孔。

车削配套圆锥面时,先把外锥体车削正确,这时不要转动小拖板,只需选用反内孔刀将机床反转,然后车削圆锥孔。由于小拖板不变,因此可以获得很正确的圆锥配合表面,如图 2.7.9 所示。

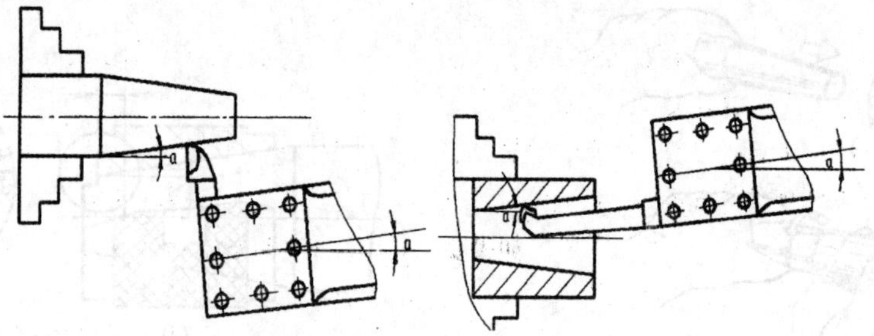

图 2.7.9 车削配套圆锥面

6. 圆锥车削的其他方法

(1)偏移尾座车削外圆锥。偏移尾座车削外圆锥适合于车削锥度较小的长外圆锥体,如图 2.7.10 所示。方法是,采用两顶尖装夹工件,尾座移动后两顶尖不在同一直线上,可采用球头顶尖。尾座偏移量计算如下:

部分锥:$S=\frac{L_0}{L}\times\frac{D-d}{2}$, 全部锥:$S=\frac{D-d}{2}$

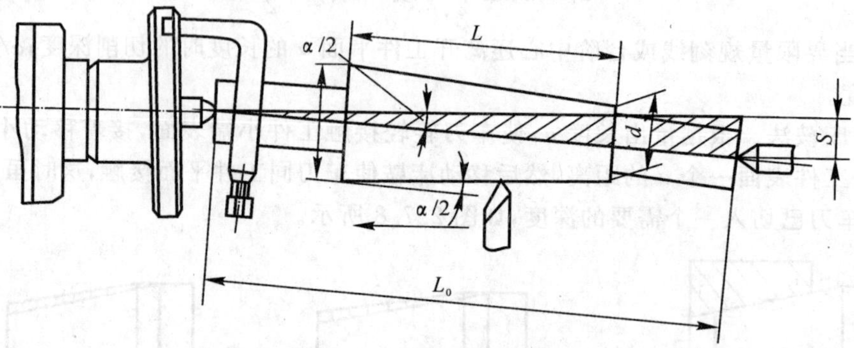

图 2.7.10 偏移尾座车削外圆锥

(2)靠模车削圆锥。靠模车削圆锥适用于车削精度高、批量大的长圆锥体。用靠模装置使车刀在作纵向进给运动的同时作横向运动,利用两个方向的合成运动加工出圆锥面。为使中拖板能自由滑动,实现车刀横向运动,必须将中拖板丝杆抽掉,或使螺母脱开丝杆,或将丝杆与手轮的固定连接改装为滑动连接,如图 2.7.11 所示。

(3)宽刃刀车削圆锥。宽刃刀车削适合车削较短的圆锥,宽刃刀平直的切削刃与主轴轴线的夹角应等于圆锥半角 $\alpha/2$，当圆锥锥体长度大于切削刃长度时，可以多次接刀完成车削，但接刀处必须平整，如图 2.7.12 所示。

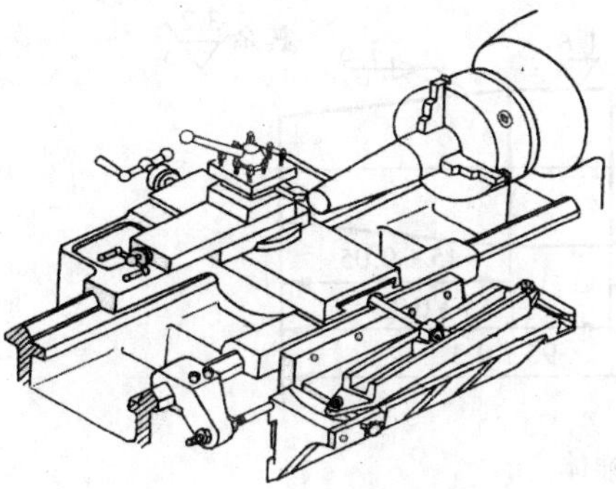

图 2.7.11　靠模车削圆锥

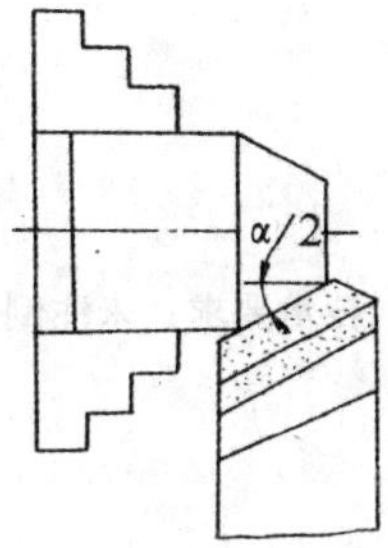

图 2.7.12　宽刃刀车削圆锥

7. 车圆锥时容易产生的问题及预防措施

车圆锥时容易产生的问题及预防措施如表 2.7.3 所示。

表 2.7.3　车圆锥时容易产生的问题及预防措施

问题种类	产生原因	预防措施
角度不正确	用转动小滑板法车削时 1. 测量不准确。 2. 小滑板转动角度计算差错或小滑板角度调整不当。 3. 车刀没有紧固。 4. 小滑板移动时松紧不均	用转动小滑板法车削时 1. 用万能角度尺检查锥度时，测量边应通过工件中心。用套规检查时，工件表面粗糙度值要小，涂色要薄而均匀，转动量一般在半圈之内，多则易造成误判。 2. 仔细计算小滑板应转动的角度、方向，反复试切削校正。 3. 紧固车刀。 4. 调整镶条间隙，使小滑板移动均匀
大小端直径尺寸不正确	1. 尺寸控制进给错误。 2. 未经常测量大小端直径	1. 及时测量，用计算法或移动床鞍法控制切削深度 a_p。 2. 经常测量大小端直径
双曲线误差	车刀刀尖未对准工作轴线	车刀刀尖必须严格对准工件轴线
表面粗糙度达不到要求	1. 切削用量选择不当。 2. 手动进给忽快忽慢。 3. 车刀角度不正确，刀尖不锋利。 4. 小滑板镶条间隙过紧或过松。 5. 没有留足精车余量	1. 正确选择切削用量。 2. 手动均匀进给。 3. 刃磨车刀，角度要正确，刀刃要锋利。 4. 调整小滑板镶条间隙。 5. 要留有适当的精车余量

三、实训实例

1. 工、量具

游标卡尺、外径千分尺、钢直尺、万能角尺、活动扳手、外圆车刀。

2. 练习加工

练习内容如图 2.7.13 和表 2.7.4 所示。

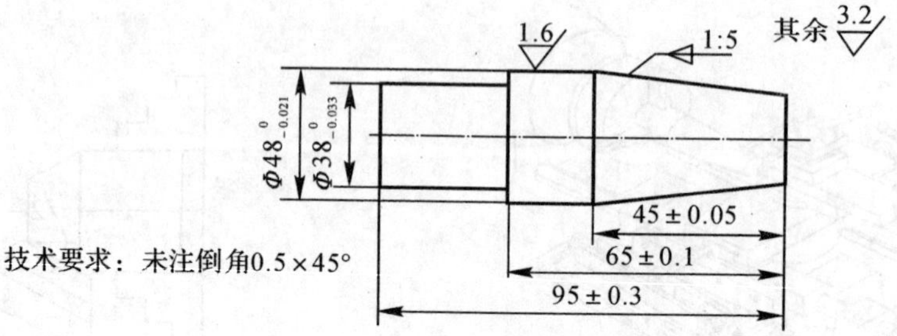

图 2.7.13　锥体

表 2.7.4　练习内容

课题名称	练习内容	材　料	毛坯尺寸/mm	数量/件	时间/min
圆锥车削	转动小拖板车圆锥	45# 钢	$\Phi50\times98$	1	90

3. 评分标准

评分标准如表 2.7.5 所示。

表 2.7.5　评分标准

序　号	检测项目	配　分	评分标准	得　分
1	$\Phi48_{-0.021}^{\ 0}$	18	超差不得分	
2	$\Phi38_{-0.033}^{\ 0}$	12	超差不得分	
3	95±0.30	8	超差不得分	
4	65±0.1	12	超差不得分	
5	45±0.05	6	超差不得分	
6	锥度 1∶5±4′	24	不合格不得分	
7	$R_a1.6$	8	达不到不得分	
8	$R_a3.2$(4 处)	12	一处达不到扣 3 分	
合　计		100		

4. 加工步骤

(1)三爪卡盘夹持毛坯工件的外圆，伸出长度约为 70 mm，校正夹紧。

(2)平端面，粗、精车外圆 $\Phi48_{-0.021}^{\ 0}$ mm，长度为 66±0.1 mm。

(3)划线长度为 45 mm，小拖板逆时针转动 5°42′38″，粗、精车锥体 1∶5±4′至要求尺寸，用万能角尺检查锥度。保证表面粗糙度要求，锐角倒钝 0.5×45°。

(4)调头夹持 $\Phi4_{-0.021}^{\ 0}$ mm 外圆，校正。

(5)粗、精车端面，保持总长度为 95±0.3 mm，粗、精车外圆 $\Phi38_{-0.033}^{\ 0}$ mm，保证长度为

65±0.1 mm，锐角倒钝0.5×45°。

(6)检查尺寸，取下工件。

5.注意事项

(1)车刀必须对准工件旋转中心，避免产生双曲线(母线不直)误差。

(2)应两手握小滑扳手柄，均匀移动小滑板。

(3)粗车时，进刀量不宜过大，应先找正锥度，以防工件车小而报废。一般留精车余量为0.5 mm。

(4)用量角器检查锥度时，测量边应通过工件中心。用套规检查时，工件表面粗糙度要小，涂色要薄而均匀，转动量一般在半圈之内，多则易造成误判。

(5)防止扳手松开小滑板紧固螺帽时打滑而撞伤手。

四、思考题

(1)转动小拖板车圆锥有什么优缺点？

(2)车圆锥时产生废品的原因及预防方法？

实训8　钻中心孔，一夹一顶车削

一、实训目的

(1)了解中心孔的种类及其作用。

(2)掌握中心钻钻削方法及其易折断的原因。

(3)掌握一夹一顶装夹工件和车削工件的方法。

(4)掌握两顶尖装夹工件和车削工件的方法。

(5)掌握尾座调整的方法。

二、相关工艺知识

在车削过程中，对于工件长度较长，且需要多次装夹才能完成车削的轴类工件，当其形位精度要求较高时，如台阶轴，丝杠等，一般先在工件两端钻中心孔，采用顶尖装夹，以提高工件刚性，确保工件定心准确和便于装卸。

1.中心孔的种类

中心孔按形状和作用可分为四种，如图2.8.1所示。

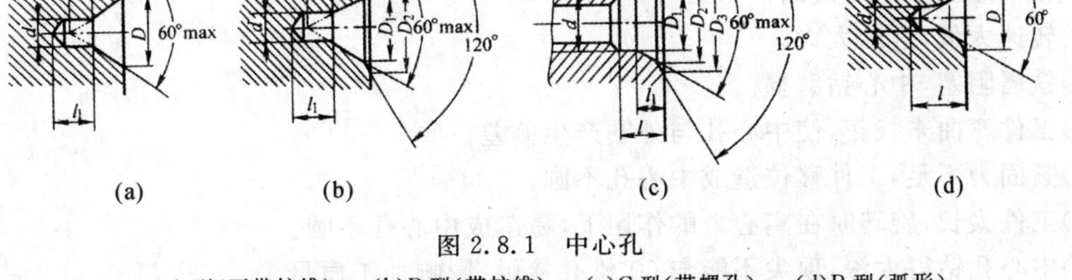

图2.8.1　中心孔

(a)A型(不带护维)；　(b)B型(带护维)；　(c)C型(带螺孔)；　(d)R型(弧形)

2. 各类中心孔的作用

(1)A 型中心孔由圆柱部分和圆锥部分组成，圆锥孔为 60°，一般适用于不需多次装夹或不保留中心孔的零件。

(2)B 型中心孔是在 A 型中心孔的端部多一个 120°的圆锥孔，目的是保护 60°锥孔，不使其碰伤。一般适用于多次装夹的零件。

(3)C 型中心孔外端形似 B 型中心孔，里端有一个比圆柱孔还要小的内螺纹，它用于工件之间的紧固连接。

(4)R 型中心孔是将 A 型中心孔的圆锥母线改为圆弧线，以减少中心孔与顶尖的接触面积，减少摩擦力，提高定位精度。

中心孔的圆柱部分作用是储存油脂，保护顶尖与锥孔 60°配合贴切。圆柱部分的直径，也就是选取中心钻的基本尺寸。

3. 中心钻

中心孔通常用中心钻钻出，常用的中心钻有 A 型和 B 型两种。制造中心钻的材料一般为高速钢，如图 2.8.2 所示。

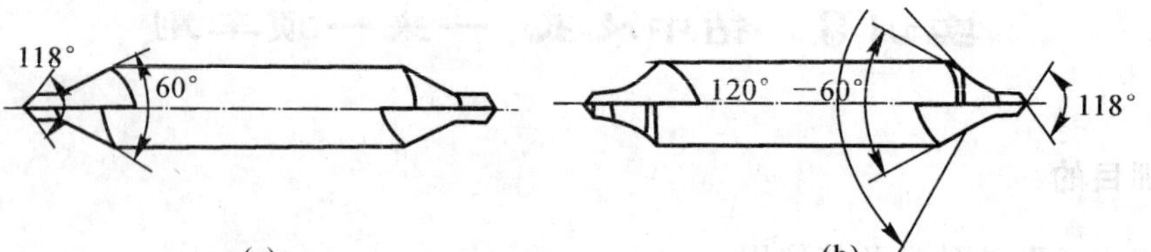

图 2.8.2　中心钻

(a)A 型；(b)B 型

4. 钻中心孔的方法

(1)中心钻在钻夹头上装夹。按逆时针方向旋转钻夹头的外套，使钻夹头的三爪张开，把中心钻插入，然后用钻夹头扳手以顺时针方向转动钻夹头的外套，把中心钻夹紧。

(2)钻夹头在尾座锥孔中装夹。先擦净钻夹头柄部和尾座锥孔，然后用轴向力把钻夹头装紧。

(3)找正尾座中心。工件装夹在卡盘上开车转动，移动尾座使中心钻接近工件平面，观察中心钻头部是否与工件旋转中心一致，并找正，然后紧固尾座。

(4)转速的选择和钻削。由于中心孔直径小，钻削时应取较高的转速。进给量应小而均匀。当中心钻钻入工件时，加切削液，钻毕时应稍停留中心钻，然后退出，使中心孔光、圆、准确。

5. 钻中心孔的注意事项

(1)工件平面留有小凸头，使中心钻偏斜。

(2)中心钻未对准工件旋转中心。

(3)移动尾座不小心碰断。

(4)转速太低，进给太大。

(5)铁屑阻塞，中心钻磨损。

(6)工件弯曲未找正，使中心孔与外圆产生偏差。

(7)紧固力不足，工件移位造成中心孔不圆。

(8)工件太长，旋转时在离心力的作用下，易造成中心孔不圆。

(9)中心孔钻得太深，顶尖不能与 60°锥孔接触，影响加工质量。

(10)车端面时,车刀没有对准工件旋转中心,使刀尖碎裂。

(11)中心钻圆柱部分修磨后变短,造成顶尖跟中心孔底部相碰,从而影响质量。

6. 两顶尖装夹工件和车削工件

在两顶尖上车削工件的优点是定心正确可靠,装夹方便,车削的各挡外圆之间同轴度好,因此它是车工广泛采用的方法之一。

(1)顶尖。顶尖的作用是定中心,承受工件的重力和切削时的切削力。顶尖分前顶尖和后顶尖两类。

1)前顶尖。前顶尖随同工件一起旋转,与中心孔无相对运动,因而不产生摩擦。前顶尖的类型有两种,一种是插入主轴锥孔内的前顶尖,如图 2.8.3(a)所示。这种顶尖装夹牢靠,适宜于批量生产。另一种是夹在卡盘上的前顶尖,如图 2.8.3(b)所示,它用一般钢材,车一个台阶与卡爪平面贴平夹紧,一端车 60°作顶尖即可。这种顶尖的优点是制造装夹方便,定心准确;缺点是顶尖硬度不够,容易磨损;车削过程中如受冲击,易发生移位,只适宜于小批量生产。

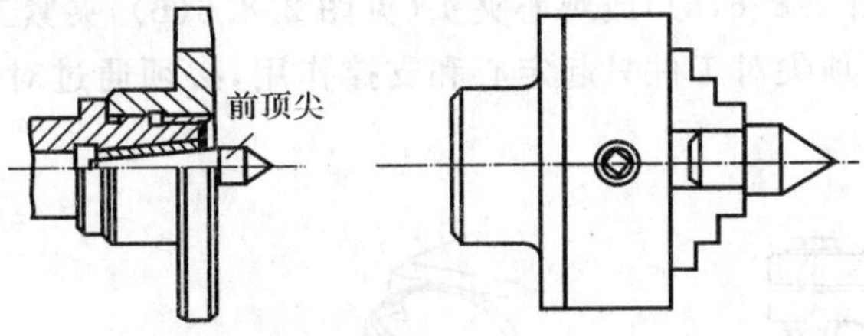

图 2.8.3　前顶尖

2)后顶尖。插入尾座套筒锥孔中的顶尖叫后顶尖。后顶尖又分固定顶尖和回转顶尖两种。①固定顶尖。在切削中,固定顶尖的优点是,定心正确,刚性好,切削时不易产生振动;缺点是,中心孔与顶尖要产生滑动摩擦,易发生高热,常会把中心孔或顶尖烧坏。一般适宜于低速精车。目前固定顶尖大都用硬质合金制做,如图 2.8.4(b)所示。这种顶尖在高速旋转下不易损坏,但磨损后产生高热的情况仍然存在,会使工件发生热变形。②回转顶尖。为了避免后顶尖与工件之间的摩擦,目前大都采用回转顶尖支顶,如图 2.8.4(c)所示。以回转顶尖内部的滚动摩擦代替顶尖与工件中心孔的滑动摩擦。这样既能承受高速,又可消除滑动摩擦产生的高热,是目前比较理想的顶尖。缺点是定心精度和刚性稍差。

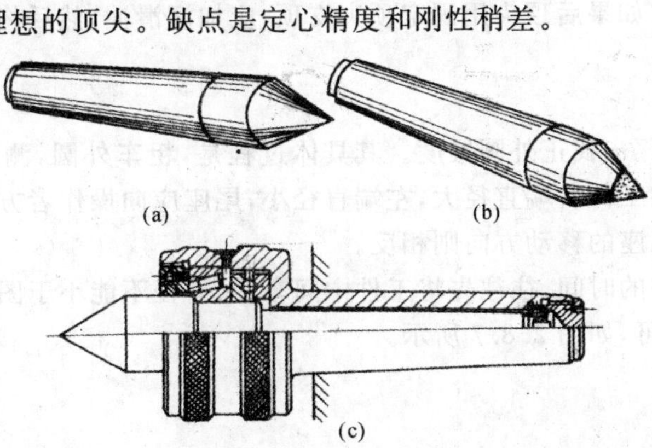

图 2.8.4　后顶尖

(a)普通固定顶尖;　(b)硬质合金固定顶尖;　(c)回转顶尖

(2)工件的装夹和车削：

1)后顶尖的装夹和对准中心，先擦净顶尖和尾座锥孔，然后用轴向力把顶尖装紧。接着向车头方向移动尾座，对准前顶尖中心，如图 2.8.5 所示。

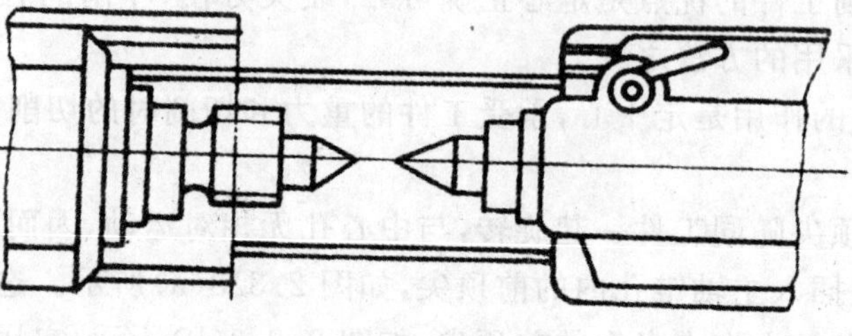

图 2.8.5 尾座与主轴对中心

2)根据工件长度，调整尾座距离，并紧固。

3)用对分夹头(见图 2.8.6(a))或鸡心夹头(见图 2.8.6(b))夹紧工件一端，拨杠伸出端外(见图 2.8.6(c))。因两顶尖对工件只起定心和支撑作用，必须通过对分夹头或鸡心夹头的拨杠来带动工件旋转。

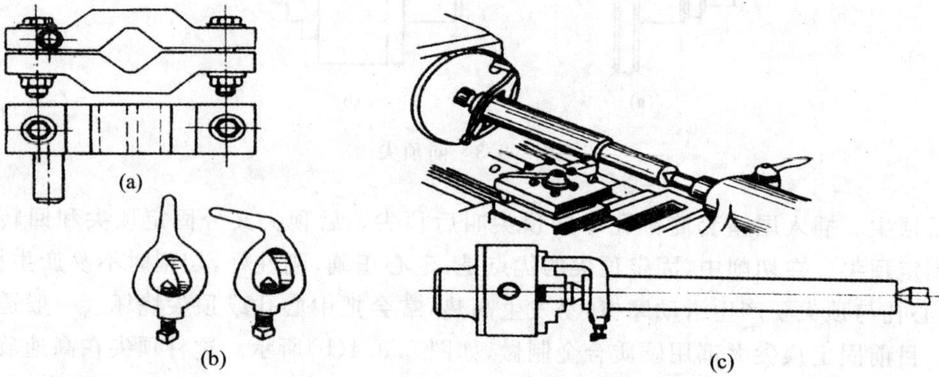

图 2.8.6 用鸡心夹头装夹工件

4)将夹有对分夹头的一端中心孔放置在前顶尖上，另一端中心孔用后顶尖支顶，松紧程度以没有轴向窜动为宜。如果后顶尖用固定顶尖支顶，应加润滑油，然后将尾座套筒的紧固螺钉压紧。

7.尾座的调整

粗车外圆、测量并逐步找正外圆锥度。其具体过程是，粗车外圆，测量工件两端的直径来调整尾座的偏移量。如工件右端直径大，左端直径小，尾座应向操作者方向移动。如工件右端直径小，左端直径大，尾座的移动方向则相反。

为了节省找正工件的时间，往往先将工件中间车凹(外径不能小于图样要求)，然后车削两端外圆，并测量找正即可，如图 2.8.7 所示。

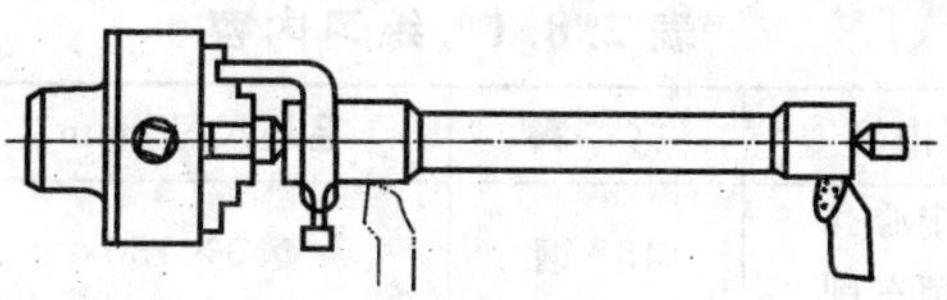

图 2.8.7　车两端外圆、找正尾座中心

8. 一夹一顶装夹车削工件

用两顶尖车轴类零件的优点虽多，但刚性较差，对粗大笨重工件，装夹时稳定性不够，切削用量难以提高。因此通常选用一夹一顶的装夹方法，它的定位是一端外圆表面和另一端的中心孔。为了防止工件轴向窜动，通常在卡盘内装一个轴向支撑或在工件的被夹部位车一个 10 mm长的台阶，作为轴向限位支撑，如图 2.8.8 所示。这种方法比较安全、可靠，能承受较大的轴向切削力，是常用的装夹方法之一。

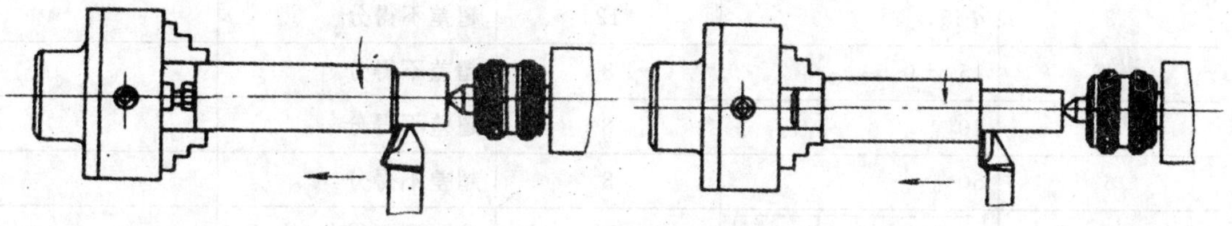

(a)　　(b)

图 2.8.8　一夹一顶装夹工件

三、实训实例

1. 工、量具

游标卡尺、外径千分尺、钢直尺、万能角尺、活动扳手、外圆车刀。

2. 练习加工

练习内容如图 2.8.9 和表 2.8.1 所示。

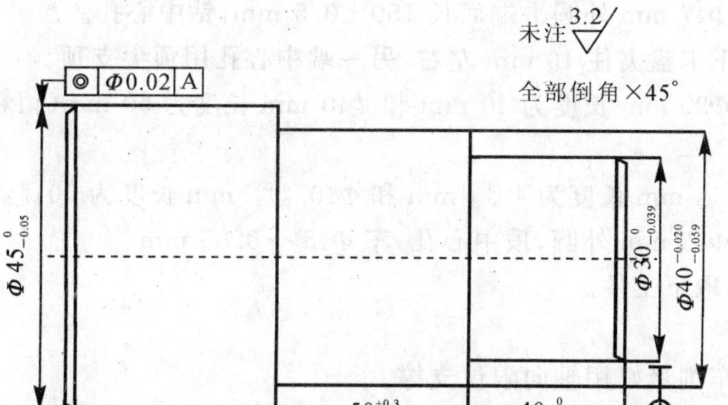

图 2.8.9　台阶轴

表 2.8.1 练习内容

课题名称	练习内容	材 料	毛坯尺寸/mm	数量/件	时间/min
夹顶车削	1.钻中心孔 2.夹顶车削	45#钢	$\Phi50\times150$	1	120

3.评分标准

评分标准如表 2.8.2 所示。

表 2.8.2 评分标准

序 号	检测项目	配 分	评分标准	得 分
1	$\Phi40_{-0.02}^{-0.059}$	14	超差不得分	
2	$\Phi30_{0.039}^{0}$	14	超差不得分	
3	$\Phi45_{-0.05}^{0}$	12	超差不得分	
4	150±0.5	8	超差不得分	
5	$40_{0.1}^{0}$	8	超差不得分	
6	$50_{+0.3}^{0}$	8	超差不得分	
7	◎ | 0.016 | A	14	达不到不得分	
8	$R_a3.2$(4 处)	12	一处达不到扣 4 分	
9	安全操作	10	不合格不得分	
合 计		100		

4.加工步骤

(1)车平面和钻中心孔。

(2)一夹一顶车外圆至 $\Phi47\pm0.2$ mm 至卡盘根部。

(3)调头夹持 $\Phi47$ mm 外圆平端面长 150±0.5 mm,钻中心孔。

(4)一端用三爪卡盘夹住 10 mm 左右,另一端中心孔用顶尖支顶。

(5)粗车外圆 $\Phi30$ mm 长度为 40 mm 和 $\Phi40$ mm 长度为 50 mm(留精车余量并把产生的锥度找正)。

(6)精车 $\Phi30_{0.039}^{0}$ mm 长度为 $40_{0.1}^{0}$ mm 和 $\Phi40_{-0.02}^{-0.059}$ mm 长度为 $50_{+0.3}^{0}$ mm 倒角 $1\times45°$。

(7)调头夹住 $\Phi30$ mm 外圆,顶中心孔,车 $\Phi45°-0.05$ mm。

(8)检查尺寸,取下工件。

5.注意事项

(1)一夹一顶车削最好用轴向限位支撑。

(2)夹顶车削时应随时注意后顶尖的支顶松紧情况并及时给予调整,以防发生事故:①过紧易产生摩擦热,烧坏固定顶尖和工件中心孔;②过松工件产生跳动,外圆变形。

(3)不准用手拉铁屑,以防割破手指。

(4)台阶处应保持垂直,清角,并防止产生凹坑和小台阶。

(5)注意工件锥度的方向性。

四、思考题

(1)钻中心孔时怎样防止中心钻折断?

(2)车削轴类工件常用哪几种方法?各有什么特点?分别适用于什么场合?

(3)车削轴类工件时产生锥度的原因?怎样预防?

实训 9　车三角螺纹

一、实训目的

(1)了解螺纹的种类、作用和技术要求。

(2)掌握三角螺纹相关工艺知识。

(3)掌握三角螺纹的车刀角度并刃磨。

(4)熟练掌握三角螺纹的车削方法。

(5)掌握三角螺纹的测量方法。

二、相关工艺知识

在机器制造业中,三角螺纹应用很广泛,常用于连接、紧固;在工具和仪器中还往往用于调节。三角螺纹的特点是螺距小,螺纹长度通常较短。要求螺纹轴向剖面牙型角必须正确,两侧表面粗糙度值小;中径尺寸符合精度要求;螺纹与工件轴线保持同轴。

普通螺纹分粗牙普通螺纹和细牙普通螺纹。粗牙普通螺纹用代号字母“M”及公称直径表示,如 M16,M18 等。细牙普通螺纹代号用字母“M”及公称直径×螺距表示,如 M16×1.5 等,左旋螺纹在末尾加上“左”字。

1. 螺纹的形成

螺旋线的简单形成原理如图 2.9.1 所示。直角三角形 ABC 围绕圆柱 d 旋转一周,斜边 AC 在圆柱表面所形成的曲线,就是螺旋线。

沿着螺旋线形成,具有相同剖面的连续凸起和沟槽称为螺纹。当工件旋转时,车刀沿工件轴心线方向作等速移动形成螺旋线,经多次进给后形成具有牙型角的工件称为螺纹工件。

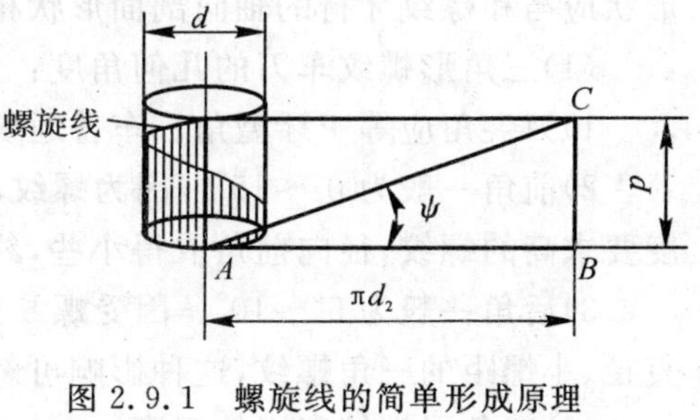

图 2.9.1　螺旋线的简单形成原理

2. 普通螺纹的基本尺寸

普通螺纹的基本尺寸如图 2.9.2 所示。

(1)牙型角(α)是在螺纹牙型上,相邻两牙侧间的夹角 。普通螺纹是应用最广泛的一种基本牙型三角形螺纹,牙型角为 60°。

(2)牙型高度(h)是在螺纹牙型上,牙顶到牙底之间,垂直于螺纹轴线的距离。

$$h=0.54125p$$

(3)螺距(p)是相邻两牙在中径上对应两点间的轴向距离。

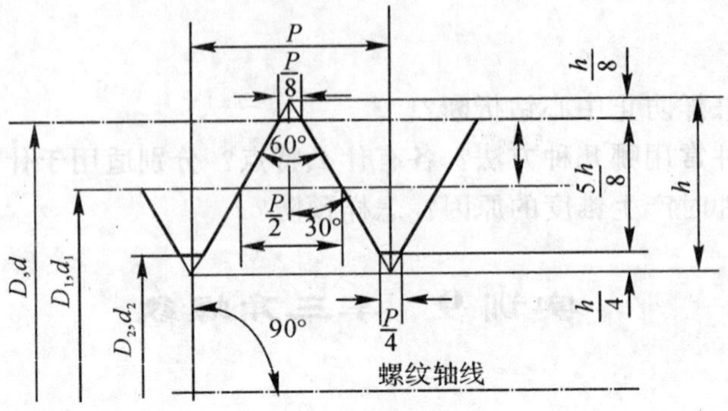

图 2.9.2　普通螺纹的基本牙型

(4)螺纹直径：

公称直径：代表螺纹尺寸的直径。

外螺纹大径(d)：亦称外螺纹顶径。

外螺纹小径(d_2)：亦称外螺纹底径。

内螺纹大径(D)：亦称内螺纹底径。

内螺纹小径(D_2)：亦称内螺纹孔径。

中径(d_1,D_1)：中径是一个假想圆柱的直径，该圆柱的母线通过牙型上凸起和沟槽宽度相等的地方，外螺纹中径 d_1 与内螺纹中径 D_1 相等。

(5)螺旋升角(ψ)：螺旋线的切线与垂直于螺纹轴线的平面之间的夹角。

$$\tan\psi=\frac{p}{\pi d_2}$$

3．螺纹车刀的刃磨

要车好螺纹，必须正确刃磨螺纹车刀，螺纹车刀按加工性质属于成行刀具，其切削部分的形状应当和螺纹牙行的轴向剖面形状相符合，即车刀的刀尖角应当等于牙型角。

(1)三角形螺纹车刀的几何角度：

1)刀尖角应等于牙型角。车普通螺纹时为 60°，车英制螺纹时为 55°。

2)前角一般为 0°～15°。因为螺纹车刀的纵向前角对牙型角有很大影响，所以精车时或精度要求高的螺纹，径向前角取得小些，约 0°～5°。

3)后角一般为 5°～10°。因受螺纹升角的影响，进刀方向一面的后角应磨得稍大些。但大直径、小螺距的三角螺纹，这种影响可忽略不计。

(2)三角形螺纹车刀的刃磨：

1)刃磨要求：①根据粗、精车的要求，刃磨出合理的前、后角。粗车刀前角大、后角小，精车刀则相反；②车刀的左右刀刃必须是直线，无崩刃；③刀头不歪斜，牙型半角相等；④内螺纹车刀刀尖角平分线必须与刀杆垂直；⑤内螺纹车刀后角应适当大些，一般磨有两个后角。

2)刀尖角的刃磨和检查。由于螺纹车刀刀尖角要求高，刀头体积又小，因此刃磨起来比一般车刀困难。在刃磨高速钢螺纹车刀时，若感到发热烫手，必须及时用水冷却，否则容易引起刀尖退火；刃磨硬质合金螺纹车刀时，应注意刃磨顺序，一般是先将刀头后面适当粗磨，随后再刃磨两侧面，以免产生刀尖爆裂。在精磨时，应注意防止压力过大而震碎刀片，同时要防止刀具在刃磨时骤冷骤热而损坏刀片。

为了保证磨出准确的刀尖角，在刃磨时可用螺纹角度样板测量。测量时把刀尖角与样板贴合，对准光源，仔细观察两边贴合的间隙，并进行修磨，如图 2.9.3 所示。对于具有纵向前角的螺纹车刀可用一种厚度较厚的特制螺纹样板来测量刀尖角，测量时样板应与车刀底面平行，用透光法检查，这样量出的角度近似于牙型角，如图 2.9.4 所示。

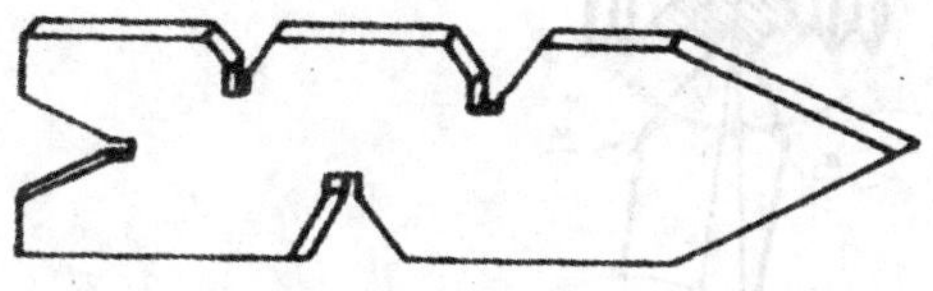

图 2.9.3　三角形螺纹样板

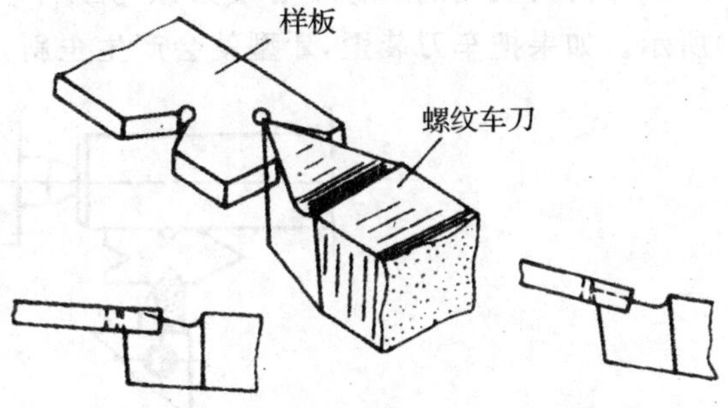

图 2.9.4　用特制样板测量修整法

(a)正确测量；(b)错误测量

3)操作步骤(见图 2.9.5)：①粗磨主、副后面(刀尖角初步形成)；②粗、精磨前面或前角；③精磨主、副后面，刀尖角用样板检查修正；④车刀刀尖倒棱宽度一般为 0.1×螺距。

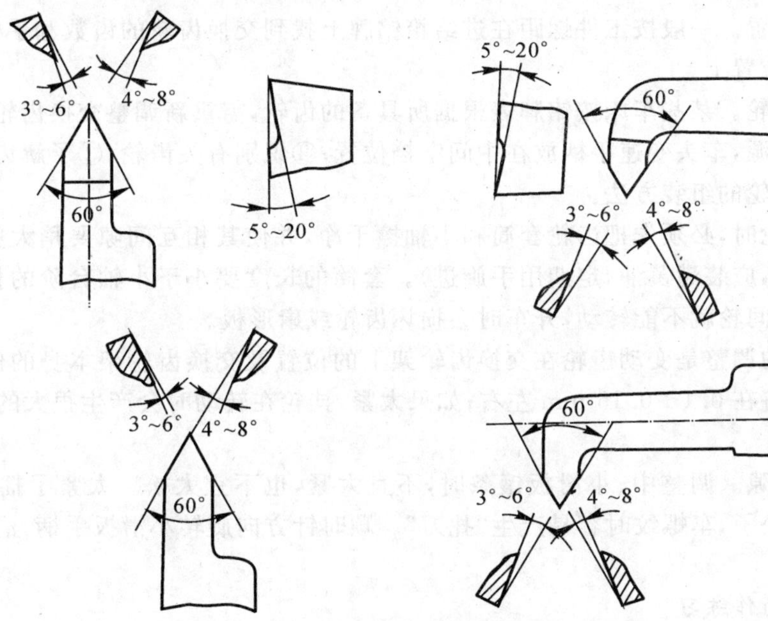

图 2.9.5　刃磨三角形螺纹车刀

(3)车刀刃磨时容易产生的问题和注意事项：

1)磨刀时，人的站立位置要正确，特别在刃磨整体式内螺纹车刀内侧刀刃时，不小心就会使刀尖角磨歪。

2)刃磨高速钢车刀时，宜选用 80# 氧化铝砂轮，磨刀时压力应小于一般车刀，并及时冷却，以免过热而失去刀刃硬度。

3)刃磨螺纹车刀的刀刃时要稍带水平移动,这样容易使刀刃平直。

4)车刀刃磨时应严格遵守砂轮机安全操作规程。

4.螺纹车刀的装夹

(1)装夹车刀时,尖刀位置一般应对准工件中心(可根据尾座顶尖高度检查)。

(2)车刀刀尖角的对称中心线必须与工件轴线垂直,装刀时可用样板来对刀,如图 2.9.6(a)所示。如果把车刀装歪,牙型就会产生歪斜,如图 2.9.6(b)所示。

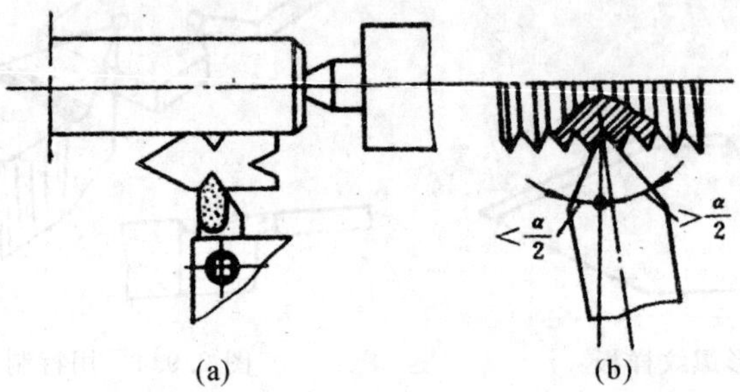

图 2.9.6 外螺纹车刀的位置

(3)刀头伸出不要过长,一般为 20~25 mm(约为刀杆厚度的 1.5 倍)。

5.车螺纹时车床的调整

(1)变换手柄位置。一般按工件螺距在进给箱铭牌上找到交换齿轮的齿数和手柄位置,并把手柄拨到所需的位置上。

(2)调整交换齿轮。某些车床按铭牌表根据所具备的齿轮,需重新调整交换齿轮。其方法如下:①切断机床电源,车头变速手柄放在中间空挡位置;②识别有关齿轮;③了解齿轮的程序及单式、复式交换齿轮的组装方法。

在调整交换齿轮时,必须先把齿轮套筒和小轴擦干净,并使其相互间隙要稍大些,然后涂上润滑油(有油杯的,应装满黄油,定期用手旋进)。套筒的长度要小于小轴台阶的长度,否则螺母压紧套筒后,中间轮就不能转动,开车时会损坏齿轮或扇形板。

交换齿轮间隙的调整是变动齿轮在交换齿轮架上的位置及交换齿轮架本身的位置,使各齿轮的切合间隙保持在 0.1~0.15 mm 左右;如果太紧,挂轮在转动时会产生很大的噪声并损坏齿轮。

(3)调整滑板间隙。调整中、小滑板镶条时,不宜太紧,也不宜太松。太紧了摇动滑板费力,操作不灵活;太松了,车螺纹时容易产生“扎刀”。顺时针方向旋转小滑扳手柄,消除小滑板丝杆与螺母的间隙。

6.车螺纹时的动作练习

(1)选择主轴转速为 200 r/min 左右,开动车床,将主轴倒顺转数次,然后合上开合螺母,检查丝杆与开合螺母的工作情况是否正常,若有跳动和自动抬闸现象,必须消除。

(2)空刀练习车螺纹的动作,选螺距为 2 mm,长度为 25 mm,转速为 165~200 r/min。开车练习开合螺母的分合动作,先退刀,后提开合螺母(间隔瞬时),动作协调。

(3)试切螺纹,在外圆上根据螺纹长度,用尖刀对准,开车并径向进给,使车刀与工件轻微接触,车出一条刻线作为螺纹终止退刀标记,如图 2.9.7 所示。并记住中滑板刻度盘读数,退刀到将床鞍摇至离工件端面 8~10 牙处,径向进给 0.05 mm 左右,调整刻度盘“0”位(以便车螺纹时掌握切削深度），合下开合螺母，在工件表面上车出一条有痕螺旋线，到螺纹终止线时迅速退刀，提起开合螺母（注意螺纹收尾在 2/3 圈之内），用钢直尺或螺距规检查螺距，如图2.9.8所示。

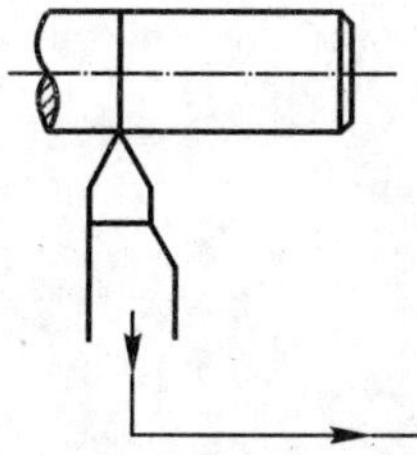

图 2.9.7　螺纹终止退刀标记

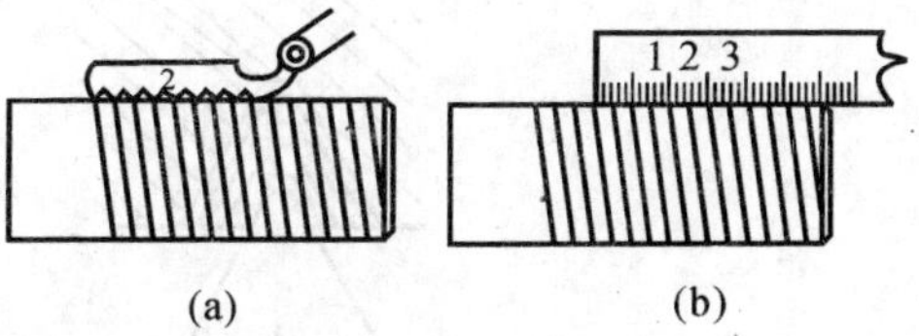

图 2.9.8　检查螺距

(a) 螺距规；(b)钢直尺

7. 车无退刀槽的铸铁螺纹

(1)车螺纹前工件的工艺要求：①螺纹大径一般应车得比基本尺寸小 0.20～0.4 mm（约 0.13p）。保证车好螺纹后牙顶处有 0.125p 的宽度（p 是工件螺距）。②在车螺纹前先用车刀在工件平面上倒角至略小于螺纹小径。③铸铁（脆性材料）工件外圆表面粗糙度要小，以免车螺纹时牙尖崩裂。

(2)车削方法。一般用直进法车削。车螺纹时，螺纹车刀刀尖及左右两侧刀刃都参加切削工作。每次车刀由中滑板作径向进给，随着螺纹深度的加深，切削深度相应减少。这种切削方法操作简单，可以得到比较正确的牙型，适用于螺距小于 2 mm 和脆性材料的螺纹车削。如图 2.9.9 所示。

(3)中途对刀的方法。中途换刀或车刀刃磨后须重新对刀，即车刀不切入工件而按下开合螺母，待车刀移到工件表面处，立即正转停车。摇动中、小滑板，使车刀刀尖对准螺旋槽，然后再开车，观察车刀刀尖是否在槽内，直至对准再开始车削。

(4)车铸铁螺纹应注意事项。①一般选用 YG6 或 YG8 硬质合金螺纹车刀；②第一刀进刀要少，以后也不能太大，否则螺纹表面容易产生崩裂；③车削时一般不使用切削液，切屑呈碎粒状，要防止飞入眼睛；④为了保持刀尖和刀刃锋利，刀尖应稍倒圆，后角可磨得大些。

8. 车无退刀槽的钢件螺纹（见图 2.9.10）

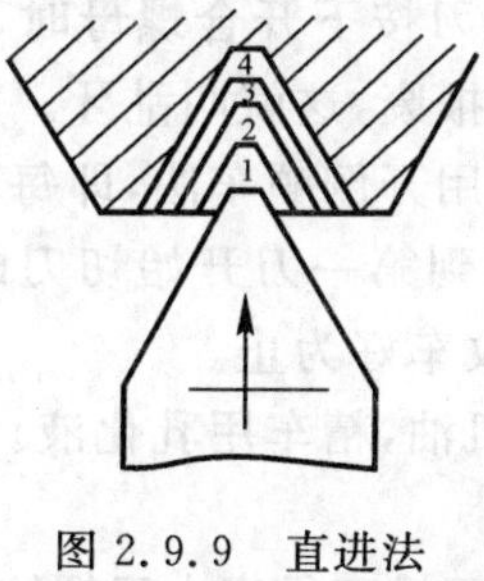

图 2.9.9　直进法

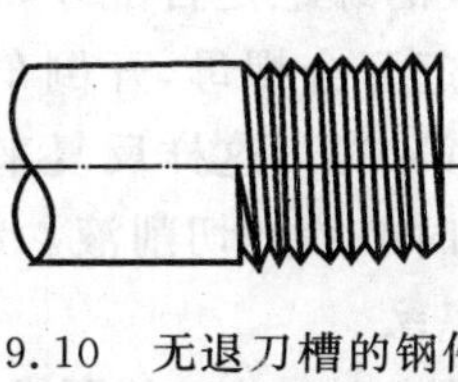

图 2.9.10　无退刀槽的钢件螺纹

(1)车钢件螺纹的车刀，一般选用高速钢螺纹车刀。为了排屑顺利，磨有纵向前角。

(2)车削方法。采用左右切削法或斜进法。车螺纹时，除了用中滑板刻度控制车刀的径向进给外，同时使用小滑板的刻度，使车刀左、右微量进给，如图 2.9.11(a)所示。采用左右切削法时，要合理分配切削余量。粗车时亦可采用斜进法，顺走刀一个方向偏移。一般每边留精车余量0.2～0.3 mm。精车时，为了使螺纹两侧面都比较光滑，当一侧面车光后，再将车刀偏移至另侧面车削。两侧面均车光后，将车刀移到中间，把牙底部车光或用直进法，以保证牙底清晰。精车时采用低的切削速度和浅的切削深度，如图 2.9.11(b)所示。

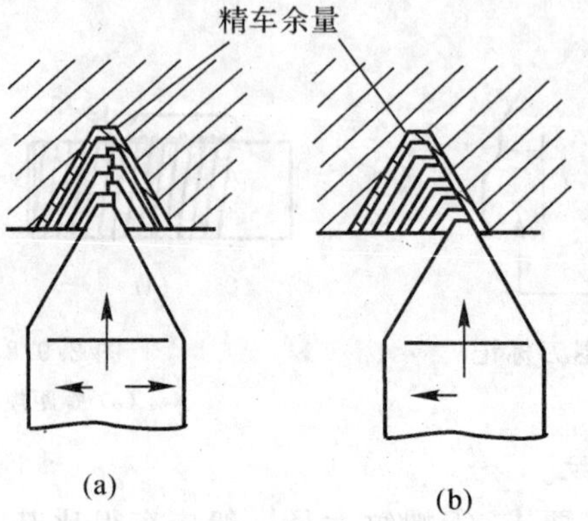

图 2.9.11　进给方法

(a)左右切削方法；(b)斜进法

这种切削方法操作较复杂，偏移的赶刀量要适当，否则会将螺纹车乱或牙顶车尖。它适用于低速切削螺距大于 2 mm 的塑性材料。由于车刀用单面切削，所以不容易产生扎刀现象。在车削过程中亦可用观察法控制左右微量进给量。当排出的切屑很薄时(像锡箔一样)，车出的螺纹表面粗糙度值小，如图 2.9.12 所示。

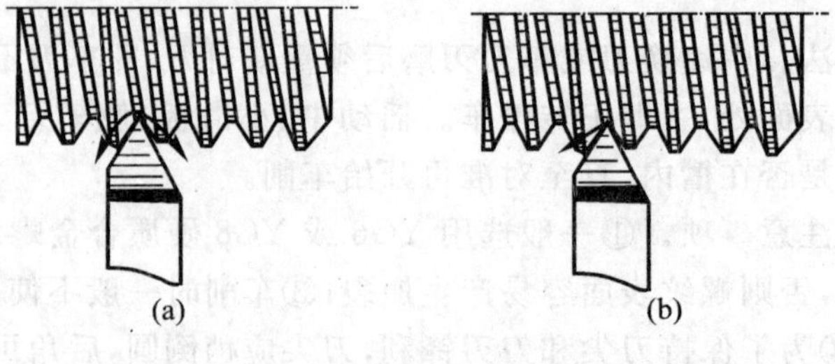

图 2.9.12　切屑排出情况

(3)乱牙及其避免方法。在第一次进刀完毕以后，第二刀按下开合螺母时，车刀刀尖已不在第一刀的螺旋槽里，而是偏左或偏右，结果把螺纹车乱而报废，这就叫乱牙。因此在加工前，应首先确定被加工螺纹的螺距是否乱牙，如果是乱牙的，采用开倒顺车法，即每车一刀后，立即将车刀径向退出，不提起开合螺母，开倒车使车刀纵向退回到第一刀开始切刀的位置，然后中滑板进给，再开顺车走第二刀，这样反复来回，一直到把螺纹车好为止。

(4)切削液。车削时必须加切削液。粗车用切削油或机油，精车用乳化液。

9. 车有退刀槽的螺纹

有很多螺纹，由于技术和工艺上的要求，须切退刀槽。退刀槽直径应小于螺纹小径(便于螺母拧过槽)。槽宽约等于 2～3 个螺距。螺纹车刀移至退刀槽中即退刀，并提起开合螺母或开倒车。

10. 车左螺纹

(1)要正确刃磨左螺纹车刀，使右侧刀刃后角(进刀方向)稍大于左侧刀刃后角，左刀刃比右刀刃短一些，牙型半角仍相等。便于进刀时不碰伤左面肩部。左螺纹车刀也适用于右旋高台阶螺纹车削，如图 2.9.13 所示。

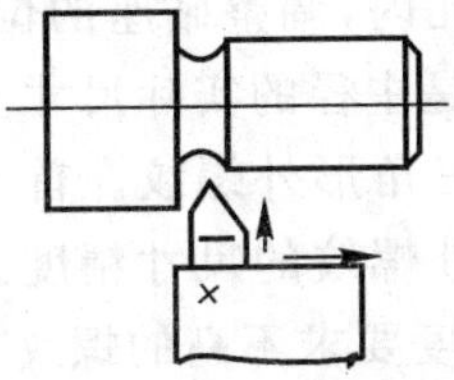

图 2.9.13　车削高台阶螺纹车刀

图 2.9.14　弹性刀杆螺纹车刀

(2)拨动三星齿轮手柄，变换丝杆旋转方向；车刀由退刀槽处进给，从车头向尾座方向进给车螺纹。

11. 低速车螺纹时切削用量的选择

低速车螺纹时，要合理选择粗、精车切削用量；在实际操作中一般都采用弹性刀杆，如图 2.9.14 所示。这种刀杆的特点是，当切削力超过一定的值时，车刀能自动让刀，使切削保持适当的厚度，可避免扎刀现象。

12. 螺纹的测量和检查

(1)大径的测量。螺纹大径的公差较大，一般可用游标卡尺或千分尺测量。

(2)螺距的测量。螺距一般可用钢直尺测量。因为普通螺纹的螺距一般较小，在测量时，最好量 10 个螺距的长度，然后把长度除以 10，就得出一个螺距的尺寸。如果螺距较大，那么可以量 2～4 个螺距的长度，细牙螺纹的螺距较小，用钢直尺测量比较困难，这时可用螺距规来测量。测量时把钢片平行轴线方向嵌入牙形中，如果完全符合，则说明被测的螺距是正确的。

(3)中径的测量。精度较高的三角形螺纹，可用螺纹千分尺测量，所测得的千分尺读数 d_1 就是该螺纹的中径实际尺寸。

$$d_1 = d - 0.6495p$$

1)螺纹千分尺的测量原理。螺纹千分尺的测量原理和读数方法与千分尺相同，所不同的是螺纹千分尺有两个可调换的测量触头，如图 2.9.15(a)所示。测量时两个和螺纹牙型角相同的测量触头正好卡在螺纹的牙型面上，如图 2.9.15(c)所示，$ABCD$ 形成一个平行四边形，因此测量的尺寸 AD 就是中径的实际尺寸。

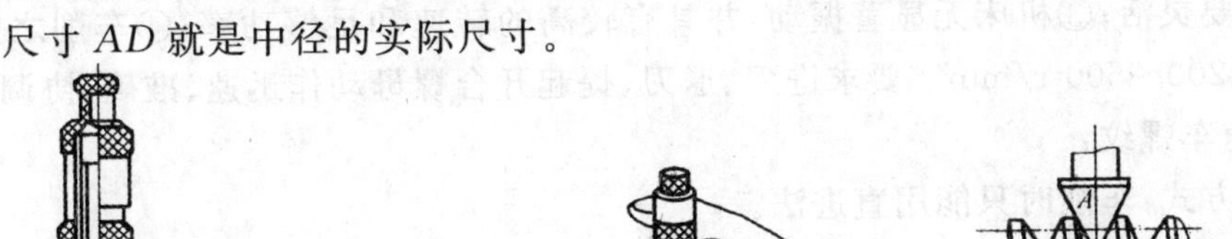

图 2.9.15　三角形螺纹中径的测量

(a) 螺纹千分尺；(b)测量方法；(c) 测量原理

1—尺架；2—砧座；3—下测量头；4—上测量头；5—测微螺杆

2)螺纹千分尺的测量方法。螺纹千分尺具有一系列不同牙型角的测量触头，测量时可根据需要选择合适的测量头，然后插入千分尺的测杆和砧座的孔内，调整砧座的位置，使千分尺对准零位后即可测量，如图 2.9.15(b)所示，千分尺的读数就是中径的实际尺寸。

(4)综合测量。用螺纹环规(见图 2.9.16(b))综合检查三角形外螺纹。首先应对螺纹的直径、螺距、牙型和粗糙度进行检查，然后再用螺纹环规测量外螺纹的尺寸精度。如果环规通端正好拧进去，而止端拧不进，说明螺纹精度符合要求。对精度要求不高的螺纹也可用标准螺母检查(生产中常用)，以拧上工件时是否顺利和松动的感觉来确定。检查有退刀槽的螺纹时，环规应通过退刀槽与台阶平面靠平。

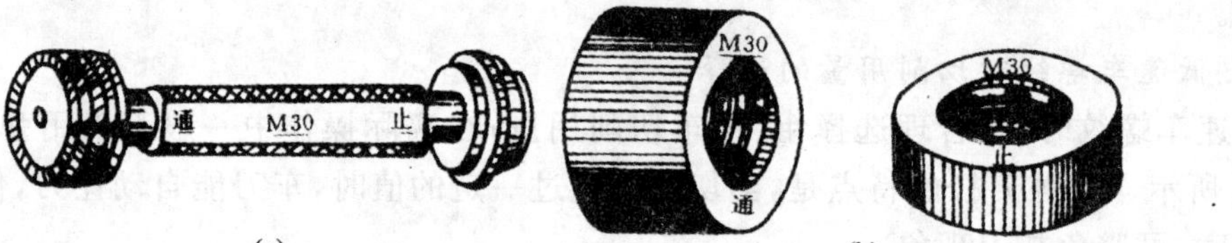

(a) (b)

图 2.9.16 螺纹量规

(a)塞规； (b)环规

13. 高速车三角螺纹

工厂中普遍采用硬质合金螺纹车刀进行高速车钢件螺纹，其切削速度比高速钢车刀高 15～20 倍，而且进刀次数可减少 2/3 以上，生产效率可大大提高，并且螺纹两侧表面质量好。

(1)车刀的选择与装夹：

1)车刀的选择。通常选用镶有 YT15 刀片的硬质合金螺纹车刀，其刀尖角小于螺纹牙型角 30′～1°；后角一般 3°～6°，车刀前面和后面要经过精细研磨。

2)车刀的装夹。除了要符合螺纹车刀的装刀要求，为了防止振动和“扎刀”，刀尖应略高于工件中心，一般约高 0.1～0.3 mm。

(2)机床的调整和动作练习：①调整床鞍和中、小滑板，使之无松动现象，小滑板应紧一些；②开合螺母要灵活；③机床无显著振动，并具有较高的转速和足够功率；④车削之前作空刀练习，选择 n=200～500 r/min。要求进刀、退刀、提起开合螺母动作迅速、准确、协调。

(3)高速车螺纹：

1)进刀方式：车削时只能用直进法。

2)切削用量的选择：切削速度一般取 50～100 m/min；切削深度开始大些(大部分余量在第一、第二刀车去)，以后逐步减少，但最后一刀应不小于 0.1 mm。一般高速切削螺距为 1.5～3 mm、材料为中碳钢的螺纹时，只需 3～7 次进刀即可完成。切削过程中一般不需加切削液。

例 螺距为 1.5 mm，2 mm。其切削深度分配情况。

p=1.5 mm　　其切削深度为 0.541 25p=0.81 mm

第一刀切深　　a_p1=0.5 mm

第二刀切深　　a_p2=0.2 mm

第三刀切深　　a_p3=0.11 mm

$p=2$ mm　　　　　　　　　总切削深度 0.541 25p=1.082 5 mm

第一刀切深　　　　　　　　$a_p1=0.5$ mm

第二刀切深　　　　　　　　$a_p2=0.4$ mm

第三刀切深　　　　　　　　$a_p3=0.18$ mm

三、实训实例

1. 工、量具

游标卡尺、外径千分尺、钢直尺、螺距规、螺纹千分尺、活动扳手、外圆车刀、螺纹车刀、钻夹头、中心钻。

2. 练习加工

练习内容如图 2.9.17 和表 2.9.1 所示。

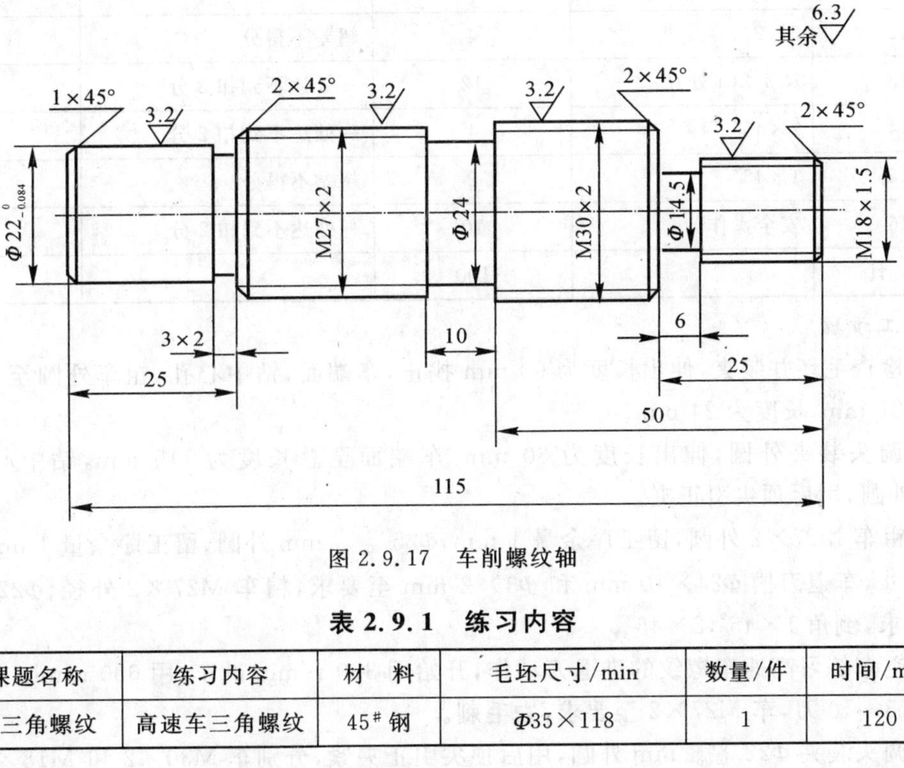

图 2.9.17　车削螺纹轴

表 2.9.1　练习内容

课题名称	练习内容	材　料	毛坯尺寸/min	数量/件	时间/min
车三角螺纹	高速车三角螺纹	45# 钢	Φ35×118	1	120

3. 评分标准

评分标准如表 2.9.2 所示。

表 2.9.2　评分标准

序　号	检测项目	配　分	评分标准	得　分
1	M30×2	10	超差不得分	
2	M18×1.5	10	超差不得分	
3	M18×1.5	10	超差不得分	

续表

序号	检测项目	配分	评分标准	得分
4	$\Phi22_{-0.084}^{0}$	8	超差不得分	
5	$\Phi24$	5	超差不得分	
6	$\Phi14.5$	5	超差不得分	
7	115	5	超差不得分	
8	50	3	超差不得分	
9	25	6	一处达不到扣 3 分	
10	10	3	超差不得分	
11	6	3	超差不得分	
12	3×2	4	超差不得分	
13	$R_a3.2$(4 处)	12	一处达不到扣 3 分	
14	2×45°	4	一处达不到扣 2 分	
15	1×45°	2	超差不得分	
16	安全操作	10	一处达不到扣 2 分	
合计		100		

4.加工步骤

(1) 检查毛坯并装夹,伸出长度为 60 mm 找正,车端面,钻中心孔,粗车外圆至 $\Phi32$ mm,车外圆 $\Phi21$ mm,长度为 24 mm。

(2) 调头装夹外圆,伸出长度为 60 mm,车端面至总长度为 115 mm,钻中心孔,装夹 $\Phi21$ mm外圆,用后顶尖引正夹。

(3) 粗车 M27×2 外圆,留工序余量 1 mm,$\Phi25_{-0.084}^{0}$ mm 外圆,留工序余量 1 mm,同时车准长度尺寸,车退刀槽 $\Phi24$×10 mm 和 $\Phi3$×2 mm 至要求,精车 M27×2 外径、$\Phi22_{-0.084}^{0}$ mm 外圆至要求,倒角 1×45°,2×45°。

(4) 空车练习高速车螺纹的进退刀动作,开始用 360 r/min 试车,用 600 r/min 车削,采用直进法用 5～10 刀,车 M27×2 至要求,去毛刺。

(5) 调头装夹 $\Phi22_{-0.084}^{0}$ mm 外圆,用后顶尖引正夹紧,分别车 M30×2 和 M18×1.5 外径至要求,车退刀槽 $\Phi14.5$×6 mm,倒角 2×45°。

(6) 高速车削 M30×2 和 M18×1.5 螺纹,去毛刺。

(7) 检查。

5.注意事项

(1)车螺纹前要检查组装交换齿轮的间隙是否适当。把主轴变速手柄放在空挡位置,用于旋转主轴(正、反),看是否有过重或空转量过大现象。

(2)由于初学车螺纹,操作不熟练,一般宜采用较低的切削速度,并特别注意在练习操作过程中思想要集中。

(3)车螺纹时,开合螺母必须闸到位,如感到未闸好,应立即起闸,重新进行。

(4)车铸铁螺纹时，径向进刀不宜太大，否则会使螺纹牙尖爆裂，造成废品。在最后几刀车削时，可用趟刀方法把螺纹车光。

(5)车无退刀槽的螺纹时，特别注意螺纹的收尾在1/2圈左右。要达到这个要求，必须先退刀，后起开合螺母。且每次退刀要均匀一致，否则会撞掉刀尖。

(6)车螺纹应始终保持刀刃锋利。如中途换刀或磨刀后，必须对刀以防破牙，并重新调整中滑板刻度。

(7)粗车螺纹时，要留适当的精车余量。

(8)车削时应防止螺纹小径不清，侧面不光，牙型线不直等不良现象出现。

(9)使用环规检查时，不能用力过大或用扳手强拧，以免环规严重磨损或使工件发生移位。

(10)调整交换齿轮时，必须切断电源，停车后进行，交换齿轮装好后要装上防护罩。

(11)倒顺车换向不能过快，否则机床将受到瞬间冲击，容易损坏机件。在卡盘与主轴连接处必须安装保险装置，以防因卡盘在反转时从主轴上脱落。

(12)高速车螺纹前，要先作空刀练习，转速可以逐步提高，要有一个适应过程。

(13)在高速车螺纹时，由于工件材料受车刀挤压使外径胀大，因此，工件外径应比螺纹大径的基本尺寸小0.2～0.4 mm。

(14)用螺纹环规检查前，应修去牙顶毛刺。

(15)在高速车螺纹时操作比较紧张，加工时必须思想集中，胆大心细、眼准手快。特别是在进刀时，要注意中滑板不要多摇一圈。否则会造成刀尖崩刃、工件顶弯或工件飞出等事故。

四、思考题

(1)车削螺纹时，车刀左右侧后角会产生什么变化？怎样确定两侧后角刃磨时的角度值？

(2)螺纹车刀的纵向前角对螺纹的牙型会产生哪些影响？

(3)低速车削三角螺纹有哪几种车削方法？各有什么优缺点？

实训10 车梯形螺纹

一、实训目的

(1)了解梯形螺纹的作用和技术要求。

(2)了解梯形螺纹的尺寸计算。

(3)掌握梯形螺纹车刀的几何角度和梯形螺纹车刀刃磨。

(4)掌握梯形螺纹的车削方法。

(5)掌握梯形螺纹的测量方法。

二、相关工艺知识

梯形螺纹的轴向剖面形状是一个等腰梯形，一般作传动用，精度高，如车床上的长丝杠和中、小滑板的丝杆等都是梯形螺纹。国家标准规定梯形螺纹的牙型角为30°。英制梯形螺纹(其牙型角为29°)较少采用。因此只介绍30°牙型角梯形螺纹。

30°梯形螺纹的代号用字母“Tr”及公称直径×导程(螺距)表示，左旋螺纹需在尺寸规格之后加注“LH”，右旋不标注。例如 Tr40×14，Tr42×10LH 等。

梯形螺纹的牙型，如图 2.10.1 所示。

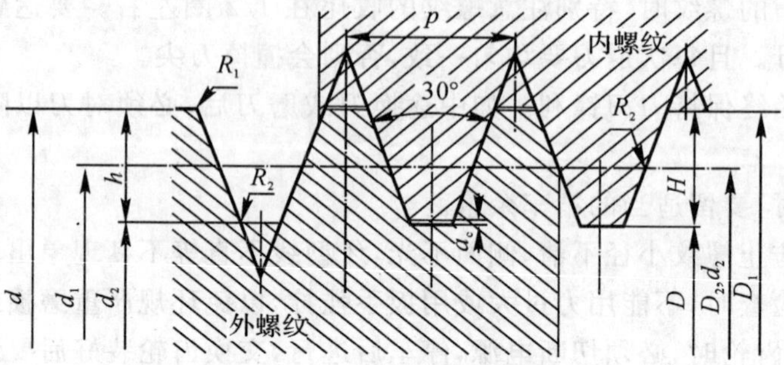

图 2.10.1 梯形螺纹的牙型

1. 梯形螺纹的尺寸计算

例 试计算 Tr28×5 内、外螺纹的各基本尺寸和螺纹升角 ψ。

解 已知 $d=28$ mm，$p=5$ mm，根据表 2.10.1 得 $\alpha_c=0.25$ mm

$$h=0.5p+a_c=2.5+0.25=2.75\ \text{mm}$$

$$H=h=2.75\ \text{mm}$$

$$d_2=D_2=d-0.5p=28-0.5\times5=25.5\ \text{mm}$$

$$D=d-p=28-5=23\ \text{mm}$$

$$D_1=d+2=28+2\times0.25\ \text{mm}=28.5\ \text{mm}$$

$$f=0.366p=0.366\times5=1.83\ \text{mm}$$

$$W=0.366p-0.536a_c=0.366\times5-0.536\times0.25=1.7\ \text{mm}$$

$$\tan\psi=\frac{p}{\pi d_2}=\frac{5}{3.14\times25.5}=0.062$$

$$\psi=3°33'$$

表 2.10.1 梯形螺纹各部分名称、代号及计算公式

<table>
<tr><th colspan="2">名 称</th><th>代 号</th><th colspan="4">计算公式</th></tr>
<tr><td colspan="2">牙型角</td><td>α</td><td colspan="4">$\alpha=30°$</td></tr>
<tr><td colspan="2">螺 距</td><td>p</td><td colspan="4">由螺纹标准确定</td></tr>
<tr><td colspan="2" rowspan="2">牙顶间隙</td><td rowspan="2">a_c</td><td>p</td><td>1.5～5</td><td>6～12</td><td>14～44</td></tr>
<tr><td>a_c</td><td>0.25</td><td>0.5</td><td>1</td></tr>
<tr><td rowspan="4">外螺纹</td><td>大径</td><td>d</td><td colspan="4">公称直径</td></tr>
<tr><td>中径</td><td>d_2</td><td colspan="4">$d_2=d-0.5p$</td></tr>
<tr><td>小径</td><td>d_1</td><td colspan="4">$d_1=d-2h$</td></tr>
<tr><td>牙高</td><td>h</td><td colspan="4">$h=0.5p+a_c$</td></tr>
<tr><td rowspan="4">内螺纹</td><td>大径</td><td>D_1</td><td colspan="4">$D_1=d+2a_c$</td></tr>
<tr><td>中径</td><td>D_2</td><td colspan="4">$D_2=d_2$</td></tr>
<tr><td>小径</td><td>D</td><td colspan="4">$D=d-p$</td></tr>
<tr><td>牙高</td><td>H</td><td colspan="4">$H=h$</td></tr>
<tr><td colspan="2">牙顶宽</td><td>f,f'</td><td colspan="4">$f=f'=0.366p$</td></tr>
<tr><td colspan="2">牙槽底宽</td><td>W,W'</td><td colspan="4">$W=W'=0.366p-0.536a_c$</td></tr>
</table>

2.梯形螺纹车刀的几何角度和刃磨要求

梯形螺纹有米制和英制两类，米制牙型角为 30°，英制为 29°，一般常用的是米制梯形螺纹。梯形螺纹车刀分粗车刀和精车刀两种。

(1)梯形螺纹车刀的角度(见图 2.10.2)：

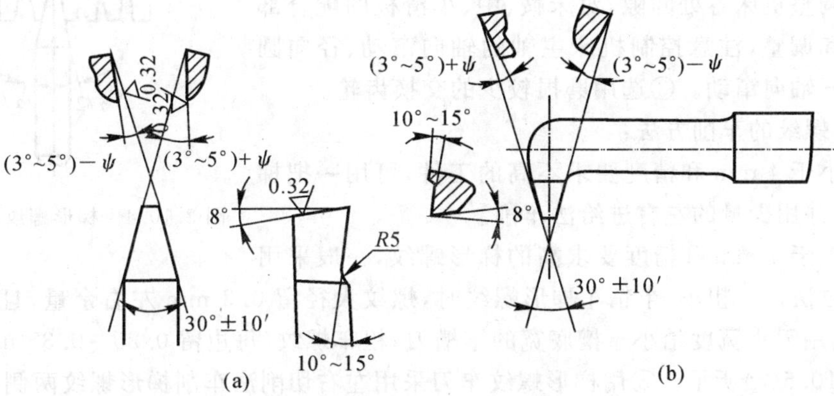

图 2.10.2　梯形螺纹车刀几何角度

(a)外螺纹车刀；(b)内螺纹车刀

1)两刃夹角：粗车刀应小于螺纹牙型角，精车刀应等于螺纹牙型角。

2)刀头宽度：粗车刀的刀头宽度为 1/3 螺距宽，精车刀的刀头宽度应等于牙底槽宽减0.1 mm。

3)纵向前角：粗车刀一般为 15°左右，精车刀为了保证牙型角正确，前角应等于 0°，但实际生产时取 5°～10°。

4)纵向后角：一般为 6°～8°。

5)两侧刀刃后角：进给方向为(3°～5°)＋ψ，非进给方向后角为(3°～5°)－ψ。

(2)梯形螺纹车刀的刃磨要求：①用样板(见图 2.10.3)校对刃磨两刀刃夹角；②有纵向前角的两刃夹角应进行修正；③车刀刃光滑、平直、无爆口(虚刃)，两侧副刀刃必须对称，刀头不歪斜；④用油石研磨去各刀刃的毛刺。

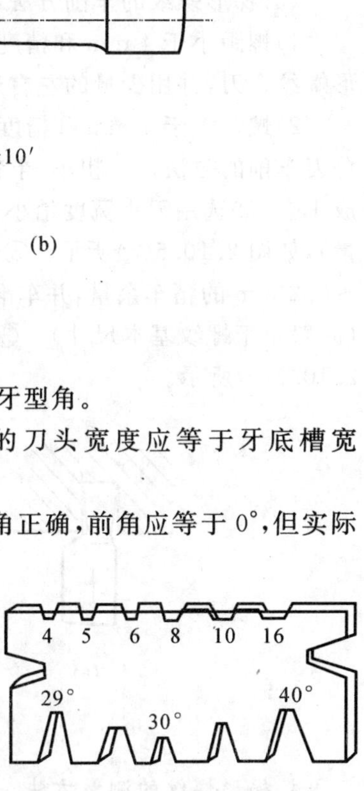

图 2.10.3　梯形螺纹车刀样板

3.梯形螺纹车削

(1)梯形螺纹的一般技术要求：①螺纹中径必须与基准轴颈同轴，其大径尺寸应小于基本尺寸。②车梯形螺纹必须保证中径尺寸公差(梯形螺纹以中径配合定心)。③螺纹的牙型角要正确。④螺纹两侧面表面粗糙度值较小。

(2)梯形螺纹车刀的选择和装夹：

1)车刀的选择：梯形螺纹在加工中通常采用低速切削，一般选用高速钢材料。

2)车刀的装夹：①车刀主切削刃必须与工件轴线等高(用弹性刀杆应高于轴线约0.2 mm)，同时应和工件轴线平行。②刀头的角平分线要垂直于工件轴线。用样板找正装夹，以避免产生螺纹半角误差，如图 2.10.4 所示。

(3)工件的装夹。工件的装夹一般采用两顶尖或一夹一顶装夹。粗车较大螺距时，可采用四爪单动卡盘一夹一顶，以保证装夹牢固，同时使工件的一个台阶靠住卡抓平面（或用轴向撞头限位），固定工件的轴向位置，以防止因切削力过大，使工件移位而车坏螺纹。

(4)车床的选择和调整：①挑选精度较高、磨损较少的机床。②正确调整机床各处间隙，对床鞍、中、小滑板的配合部分进行检查和调整，注意控制机床主轴的轴向窜动、径向圆跳动以及丝杆轴向窜动。③选用磨损较少的交换齿轮。

(5)梯形螺纹的车削方法：

1)螺距小于 4 mm 和精度要求不高的工件，可用一把梯形螺纹车刀，并用少量的左右进给法车削。

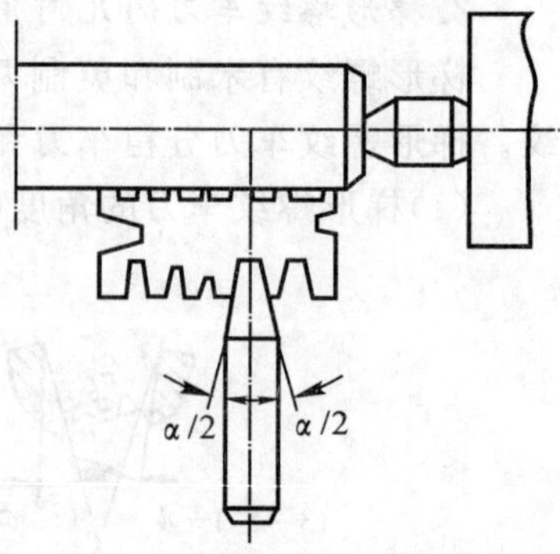

图 2.10.4 梯形螺纹车刀的装夹

2)螺距大于 4 mm 和精度要求高的梯形螺纹，一般采用分刀车削的方法。①粗车、半精车梯形螺纹时，螺纹大径留 0.3 mm 左右余量，且倒角与端面成 15°。②选用刀头宽度稍小于槽底宽的车槽刀，粗车螺纹（每边留 0.25～0.35 mm 左右的余量），如图 2.10.5(a)所示。③用梯形螺纹车刀采用左右切削法车削梯形螺纹两侧，每边留 0.1～0.2 mm 的精车余量，并车准螺纹小径尺寸，如图 2.10.5(b)所示。④精车大径至图样要求（一般小于螺纹基本尺寸）。⑤选用精车梯形螺纹车刀，采用左右切削法完成螺纹加工，如图 2.10.5(c)所示。

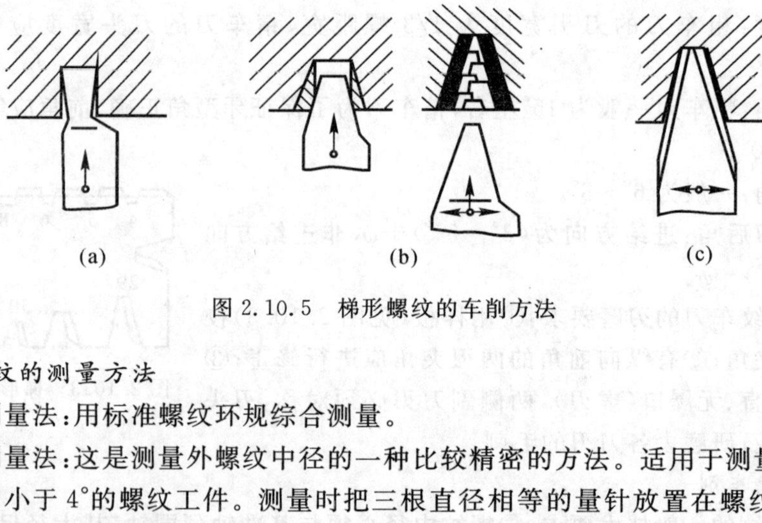

图 2.10.5 梯形螺纹的车削方法

4. 梯形螺纹的测量方法

(1)综合测量法：用标准螺纹环规综合测量。

(2)三针测量法：这是测量外螺纹中径的一种比较精密的方法。适用于测量一些精度要求较高，螺纹升角小于 4°的螺纹工件。测量时把三根直径相等的量针放置在螺纹相对应的螺旋槽中，用千分尺量出两边针顶点之间的距离 M，计算公式如表 2.10.2 所示。

表 2.10.2 三针测量螺纹时的计算公式

螺纹牙型角	M 值计算公式	量针直径(d_D)		
		最大值	最佳值	最小值
60°(普通螺纹)	$M=d_2+3d_D-0.866p$	$1.01p$	$0.577p$	$0.505p$
55°(英制螺纹)	$M=d_2+3.166d_D-0.961p$	$0.894p$	$0.564p$	$0.481p$
30°(梯形螺纹)	$M=d_2+4.864d_D-1.866p$	$0.656p$	$0.518p$	$0.486p$

例　车削 Tr32×6－7e 梯形螺纹，用三针测量螺纹中径，求量针直径和千分尺读数值 M。

解　查表 Tr32×6－7e 梯形螺纹的螺纹中径基本尺寸和极限偏差为 $\Phi 29^{-0.118}_{-0.453}$ mm。

量针直径　　$d_D=0.518p=3.1$ mm

千分尺读数值　$M=d_2+4.864d_D-1.866p=29+4.864\times3.1-1.866\times6=$

$$29+15.08-11.20=32.88 \text{ mm}$$

测量时需考虑公差，则 $M=32.88^{-0.118}_{-0.453}$ mm 为合格。

三针测量法采用的量针一般是专门制造的，在实际应用中，有时也用优质钢丝或新钻头的柄部来代替，但与计算出的量针直径尺寸往往不相符合，这就需要认真选择。要求所代用的钢丝或钻柄直径尺寸，最大不能在放入螺旋槽时被顶在螺纹牙尖上，最小不能在放入螺旋槽时和牙底相碰，可在表 2.10.2 所示的范围内进行选用。

(3)单针测量法：这种方法的特点是只需使用一根量针，放置在螺旋槽中，用千分尺量出螺纹大径与量针顶点之间的距离 A，如图 2.10.7 所示。

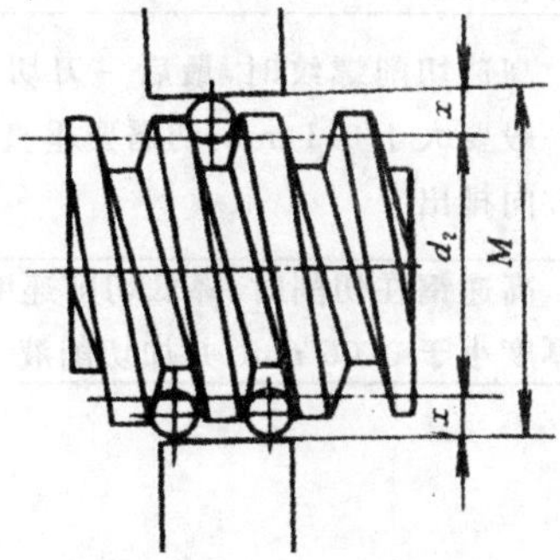

图 2.10.6　三针测量法图

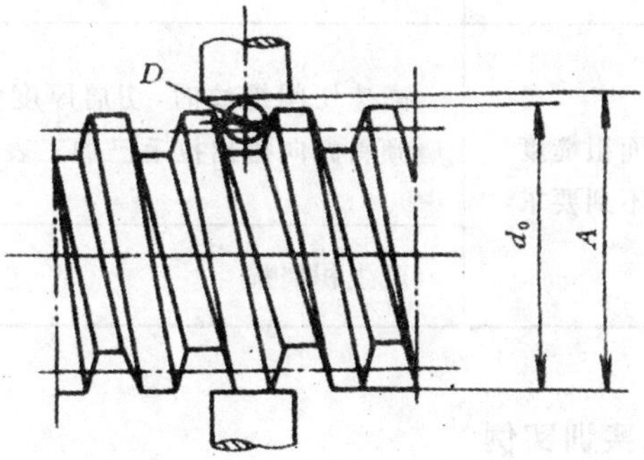

图 2.10.7　单针测量法

例　用单针测量 Tr32×6－Fe 梯形螺纹，如量得工件实际外径 $d_0=31.80$ mm，求单针测量值 A。

解
$$A=\frac{M+d_0}{2}=\frac{32.88+31.80}{2}=32.34 \text{ mm}$$

测量时需考虑公差，$A=32.34^{-0.059}_{-0.227}$ mm 为合格。

表 2.10.3 列出了螺纹车削中产生误差的因素和消减方法。

表 2.10.3　螺纹车削中产生误差的因素和消减方法

误差因素	产生原因	消减方法
尺寸不正确	车削外螺纹前的直径尺寸不对	根据计算尺寸车削外圆，注意认真测量
	车削内螺纹前的孔径尺寸不对	根据计算尺寸认真测量，车削内孔
	车刀刀尖磨损	经常检查车刀并及时修磨或选用合金刀具
	螺纹车刀背吃刀量过大或过小	严格掌握螺纹背吃刀量
螺纹不正确	交换齿轮计算或搭配错误和进给箱手柄位置放错	在车削第一个工件时，先车出一条很浅的螺旋线，停车测量螺纹是否正确，然后调整车床

续 表

误差因素	产生原因	消减方法
螺纹不正确	局部螺距不正确： 1. 车床丝杠和主轴的窜动较大； 2. 溜板箱手轮转动时轻重不均匀	加工螺纹之前，将主轴与丝杠轴向窜动和开合螺母的间隙进行调整，并将大滑板的手轮与传动齿条脱开，使大滑板能匀速运动
	开倒顺车车螺纹时，开合螺母抬起	调整开合螺母的塞铁，用重物挂在开合螺母的手柄上
牙型不正确	切削用量选择不当	用样板对刀，正确选用切削用量
	车刀刀尖角度不正确	正确修磨和测量刀尖角
	车刀磨损	合理选用切削量和及时修磨车刀或用合金刀
表面粗糙度达不到要求	高速切削螺纹时，切屑厚度太小或切屑倾斜方向排出拉毛已加工表面	高速切削螺纹时，最后一刀切削厚度一般要大于 0.1 mm，切屑要垂直轴心线方向排出
	产生积屑瘤	高速钢在切削时，降低切削速度，切削厚度小于 0.05 mm，并加切削液

三、实训实例

1. 工、量具

游标卡尺、外径千分尺、钢直尺、量针、中心钻、钻夹头、活动扳手、外圆车刀、切槽刀、三角螺纹车刀、梯形螺纹车刀。

2. 练习加工

练习内容如图 2.10.8 和表 2.10.4 所示。

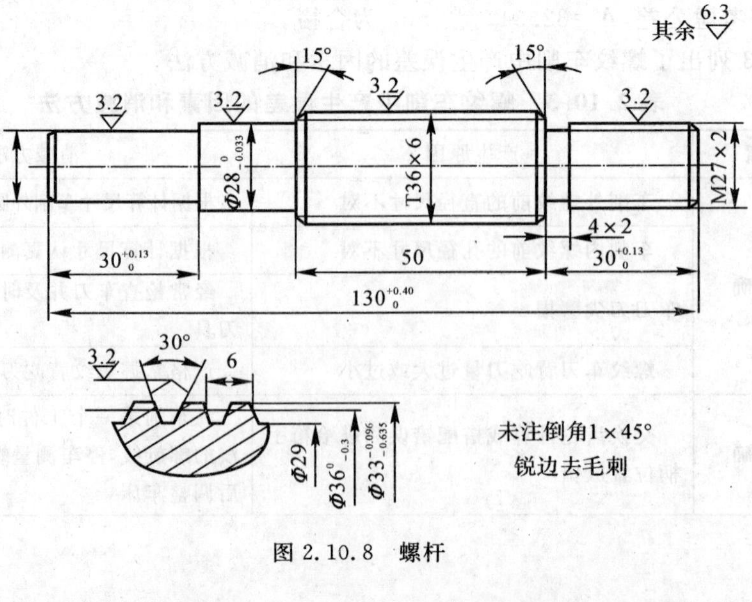

图 2.10.8 螺杆

表 2.10.4　练习内容

课题名称	练习内容	材　料	毛坯尺寸	数量/件	时间/min
梯形螺纹车削	车梯形螺杆	45# 钢	$\Phi40\times135$mm	1	120

3. 评分标准

评分标准如表 2.10.5 所示。

表 2.10.5　评分标准

序　号	检测项目	配　分	评分标准	得　分
1	M27×2	10	超差不得分	
2	Tr36×6	16	超差不得分	
3	$24_{-0.035}^{\ 0}$	12	超差不得分	
4	$\Phi28_{-0.033}^{\ 0}$	12	超差不得分	
5	$\Phi27_{-0.3}^{\ 0}$	6	超差不得分	
6	$130_{\ 0}^{+0.4}$	6	超差不得分	
7	$30_{\ 0}^{+0.13}$	8	超差不得分	
8	4×2	4	超差不得分	
9	$R_a1.6$(2 处)	10	一处达不到扣 5 分	
10	$R_a3.2$(4 处)	12	一处达不到扣 3 分	
11	15°倒角	4	一处达不到扣 2 分	
合　计		100		

4. 加工步骤

(1)工件伸出 50 mm 左右,找正夹紧。平端面,钻中心孔,一夹一顶车外圆至 $\Phi38$ mm。

(2)调头,夹 $\Phi38$ mm 外圆,平端面,控制总长 $130_{\ 0}^{+0.4}$mm,车 $\Phi28$ mm 长 10 mm。

(3)调头,夹 $\Phi28$ mm 长度为 10 mm 台阶,顶中心孔。车 $\Phi29$ mm 外圆长度为 $30_{\ 0}^{+0.13}$mm。

(4)调头,夹 $\Phi29$ mm 外圆顶中心孔。精车 $\Phi24_{-0.035}^{\ 0}$ mm 外圆长 $30_{\ 0}^{+0.13}$ mm,车 $\Phi28_{-0.033}^{\ 0}$ mm 外圆,长度为 20 mm;

(5)调头,夹 $\Phi24$ mm 外圆(用铜皮包裹)。车 Tr36×6 的外圆至 $\Phi36_{-0.30}^{\ 0}$,倒角。车 Tr36×6 螺纹,车 $\Phi27$ mm 外圆至 $\Phi27_{-0.3}^{\ 0}$ mm,并保证 Tr36×6 的外圆长 50 mm,切槽 4×2,倒角,车 M27×2螺纹。

(6)检查尺寸。

5. 注意事项

(1)梯形螺纹车刀两侧副刃应平直,否则工件牙型角不正,精车时刀刃应保持锋利,要求螺纹两侧表面粗糙度小。

(2)调整小滑板的松紧,以防车削时车刀移位。

(3)鸡心夹头或对分夹应夹紧工件,否则车梯形螺纹时工件容易产生移位而损坏。

(4)车梯形螺纹中途复装工件时,应注意保持拨杆原位,以防乱牙。

(5)工件在精车前,最好重新修正顶尖孔,以保证同轴度。

(6)在外圆上去毛刺时,最好把纱布垫在锉刀下面进行。

(7)不准在开车时用棉纱揩擦工件,以防出现危险。

(8)车削时，为了防止因溜板箱手轮回转时的不平衡，使床鞍移动时产生窜动，可在手轮上装平衡块，最好采用手轮脱离装置。

(9)车梯形螺纹时为防“扎刀”，建议采用弹性刀杆。

四、思考题

(1)试计算 Tr36×6 梯形螺纹的螺旋升角。

(2)车削梯形螺纹有哪几种方法？当螺距较大时应采用哪种方法？

(3)梯形螺纹的牙型角误差成半角误差如何测量？

实训11　车偏心工件

一、实训目的

(1)了解偏心工件的应用。

(2)掌握三爪卡盘车偏心工件中偏心垫片的计算。

(3)掌握偏心工件的切削方法。

(4)掌握偏心工件的测量及找正方法。

二、相关工艺知识

在机械传动中，把主动件的回转运动变为从动件的往复直线运动或直线运动变为回转运动，一般都是用偏心轴或曲轴来完成的。外圆和外圆或内孔和外圆的轴线平行而不重合的零件，叫做偏心工件。外圆与外圆偏心的零件叫做偏心轴，内孔与外圆偏心的零件叫做偏心套。两轴线之间的距离叫做偏心距。

偏心轴、偏心套一般都在车床上加工。它们的加工原理基本相同，主要是在装夹方面采取措施，即把需要加工偏心部分的轴线找正到与车床主轴旋转轴线相重合。

1. 偏心垫片的计算方法

长度较短且偏心距较小的工件，可以在三爪自定心卡盘上进行车削，先把偏心工件中不是偏心的外圆车好，随后在三爪中任意一个卡爪与工件接触面之间，垫上一块预先选好厚度的垫片，在相应的卡爪上做好记号，并把工件夹紧即可车削。

垫片的厚度可用以下近似公式计算：

$$X=1.5e+k$$

$$k\approx 1.5\Delta e$$

$$\Delta e=e-e_{测}$$

式中，e 为工件偏心距；k 为偏心距修正值，正负值按实测结果确定；Δe 为试切后，实测偏心距误差；$e_{测}$ 为试切后，实测偏心距。

例　在三爪卡盘上车削偏心距 $e=2$ 的工件，试用近似公式计算垫片 X 的厚度。

解

$$X=1.5e=1.5\times 2=3\ \text{mm}$$

先垫入 3 mm 的垫片进行试测量，测量后检查其实际偏心距。如实测偏心距为 2.04 mm，则偏心距误差为

$$\Delta e = e - e_{测} = 2 - 2.04 = -0.04\ \text{mm}$$

$$k = 1.5\Delta e = 1.5 \times (-0.04) = -0.06\ \text{mm}$$

则垫片厚度的正确值为 $X = 1.5e + k = 3 - 0.06 = 2.94$ mm。

2. 工件装夹

用三爪自定心卡盘进行车削偏心工件的方法适用于加工数量较多，长度短，偏心距较小，精度要求不高的偏心工件。装夹时在三爪卡盘上的任意一个卡爪上加上计算过的偏心垫片即可。垫片必须水平、均匀放置。如图 2.11.1 所示。

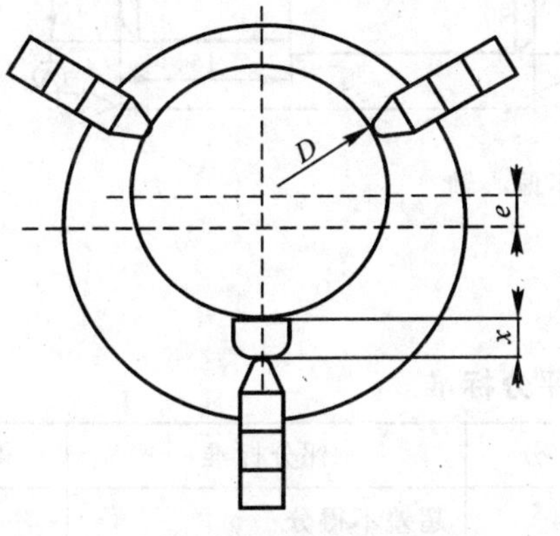

图 2.11.1　在三爪卡盘上车偏心工件

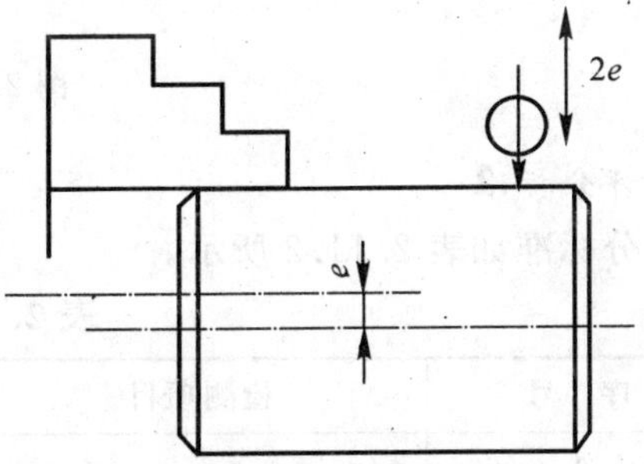

图 2.11.2　校正偏心距

3. 偏心距的校正

工件装夹完毕后将磁力表座吸附在机床床身上，使用百分表先校正外圆上的平行度，反复校正到符合要求。在转动工件，检测工件的偏心距时，其外圆跳动量等于偏心距的两倍。如图 2.11.2 所示。

4. 偏心工件的车削

校正后要夹紧工件，这时由于工件回转不圆整，车刀在切削中由于切削深度不一而产生断续切削，造成切削振动，因此车刀必须从最高处开始车削，否则会把车刀损坏。

在切削中控制切削用量，降低切削速度，减小走刀量，增加背吃刀量。

三、实训实例

1. 工、量具

游标卡尺、外径千分尺、钢直尺、百分表、磁力表座、外圆车刀。

2. 练习加工

练习内容如表 2.11.1 和图 2.11.3 所示。

表 2.11.1　练习内容

课题名称	练习内容	材　料	毛坯尺寸/mm	数量/件	时间/min
车偏心工件	车偏心轴	45# 钢	Φ45×40	1	120

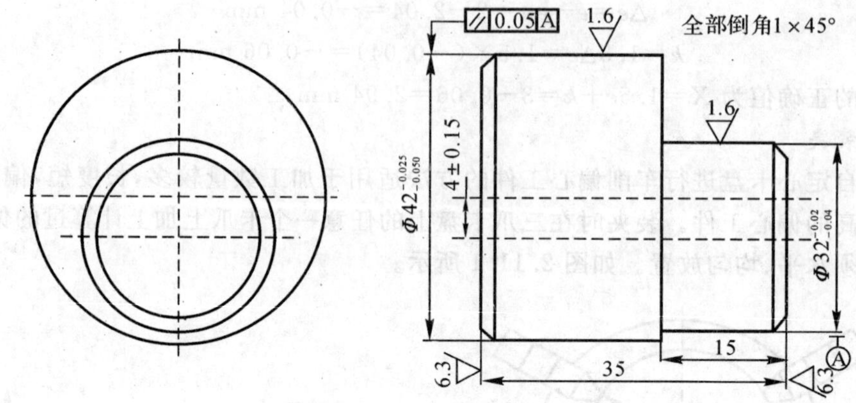

图 2.11.3　车偏心轴

3.评分标准

评分标准如表 2.11.2 所示。

表 2.11.2　评分标准

序　号	检测项目	配　分	评分标准	得　分
1	Φ42$^{-0.025}_{-0.050}$	14	超差不得分	
2	4±0.15	16	超差不得分	
3	Φ32$^{-0.02}_{-0.04}$	14	超差不得分	
4	35	10	超差不得分	
5	15	10	超差不得分	
6	// 0.05 A	14	达不到不得分	
7	R_a1.6 二处	10	一处达不到扣 5 分	
8	R_a6.3	6	一处达不到扣 3 分	
9	1×45°	6	一处达不到扣 3 分	
合　计		100		

4.加工步骤

(1)在三爪自定心卡盘上夹住工件外圆,伸出长度为 25 mm 左右,平端面粗车外圆Φ43 mm长度为 20 mm。

(2)调头伸出长度为 25 mm 平端面,粗、精车外圆尺寸至 Φ42$^{-0.025}_{-0.050}$ mm,长至卡盘根部,倒角 1×45°。

(3)调头在三爪自定心卡盘上垫垫片装夹、校正、夹紧(垫片厚度为 5.62mm),夹 Φ42 mm 外圆,伸出长度为 20 mm,平端面控制总长为 35 mm。

(4)粗、精车外圆尺寸至 Φ32$^{-0.02}_{-0.04}$ mm,长度为 15 mm。外圆倒角 1×45°。

(5)检查尺寸。

5. 注意事项

(1)选择垫片的材料,应有一定的硬度,以防止装夹时发生变形。垫片上与爪脚接触的一面应做成圆弧面,其圆弧大小等于或小于爪脚圆弧,如果做成平的,则在垫片与爪脚之间将会产生间隙,造成误差。

(2)为了防止硬质合金刀头碎裂,车刀应有一定的刃倾角,切削深度深一些,进给量小一些。

(3)由于工件偏心,在开车前车刀不能靠近工件,以防工件碰击车刀。

(4)为了保证偏心轴两轴线的平行度,装夹时应用百分表校正工件外圆,使外圆侧母线与车床主轴轴线平行。

(5)装夹后为了校验偏心距,可用百分表(量程大于 8 mm)在圆周上测量,缓慢转动,观察其跳动量是否是 8 mm。如偏差超出允许范围,应调整垫片厚度,然后才可正式车削。

四、思考题

(1)用三爪卡盘车偏心工件应注意哪些问题?

(2)如在三爪卡盘上车削偏心距为 $e=3$ mm 的工件,用近似法计算垫片厚度为 X。如试切削后,其实际偏心距为 3.06 mm,求垫片厚度的正确值。

第3章　技能考核考证篇

考核1　台阶轴工件

一、实训目的

(1)通过复合作业的练习,要进一步巩固、熟练、提高车端面、台阶、圆锥、成形面、沟槽的操作技能。

(2)熟练掌握包括三爪卡盘,一夹一顶,两顶尖装夹车削的操作技能。

(3)正确掌握识图知识,了解全图尺寸及技术要求,以形成合理的加工工艺。

(4)能根据零件精度的不同要求,正确选择和使用不同的量具。

(5)能合理地选择切削用量,达到粗车、精车,并提高加工效率,提高加工质量。

(6)熟练掌握硬质合金车刀和高速钢车刀的刃磨和使用能力。

(7)了解零件产生废品的原因及其防止方法。

二、考核练习件

1. 考核练习件1

练习件1为如图3.1.1所示的台阶轴。

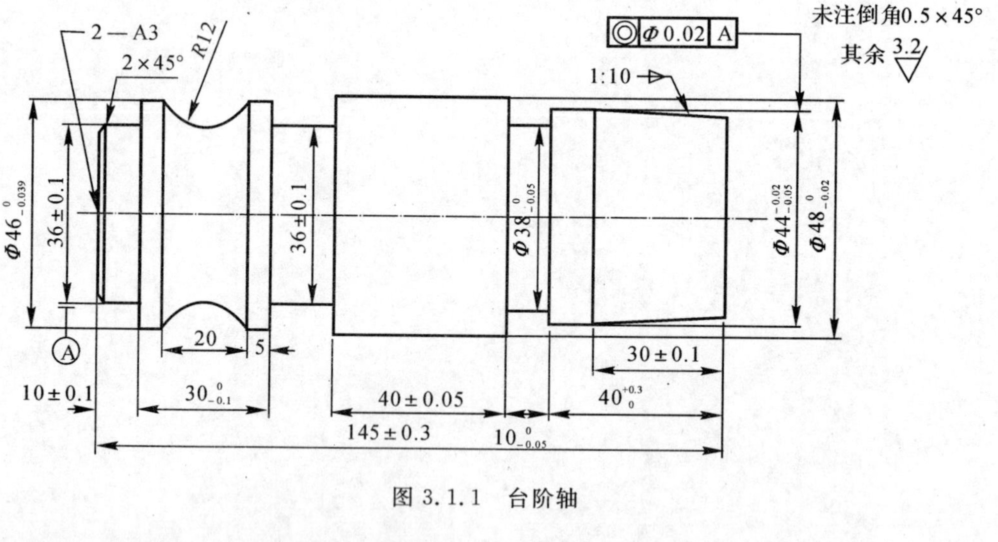

图3.1.1　台阶轴

(1)准备。材料为45[#]钢;规格Φ50×147mm;数量1件;时间120 min。

(2)设备、工具、刀具准备表如表3.1.1所示。

表 3.1.1　设备、工具、刀具准备表

序　号	名　称	型号与规格	数量单位	序　号	名　称	型号与规格	数量单位
1	卧式车床	C6140	1 台	2	机床附件	卡盘、刀架扳手	1 套
3	扳　手	活动扳手	1 把	4	活动顶尖	标准	1 件
5	中心钻	A3	1 只	6	钻夹头	标准	1 把
7	游标卡尺	0～150	1 把	8	万能角度尺	0°～320°	1 把
9	R　规	R7.5～R15	1 把	10	千分尺	25～50	1 把
11	活动顶尖	标准	1 只	12	90°外圆车刀	硬质合金	1 把
13	45°车刀	硬质合金	1 把	14	切槽车刀	硬质合金	1 把
15	圆弧车刀	硬质合金	1 把				

(3)评分标准如表 3.1.2 所示。

表 3.1.2　评分标准

序　号	检测内容	配　分	评分标准	得　分
1	$\Phi 44_{-0.05}^{-0.02}$	8	超差不得分	
2	$\Phi 48_{-0.02}^{0}$	8	超差不得分	
3	$\Phi 46_{-0.039}^{0}$	8	超差不得分	
4	$\Phi 36\pm 0.1$	8	超差一处扣 4 分	
5	$\Phi 38_{-0.05}^{0}$	5	超差不得分	
6	10 ± 0.1	3	超差不得分	
7	$10_{-0.05}^{0}$	5	超差不得分	
8	锥度 1∶10	8	超差不得分	
9	145 ± 0.3	3	超差不得分	
10	40 ± 0.05	4	超差不得分	
11	30 ± 0.1	4	超差不得分	
12	$30_{-0.1}^{0}$	4	超差不得分	
13	$40_{0}^{+0.3}$	4	超差不得分	
14	◎ 0.02 A	8	超差不得分	
15	$R_a 3.2$	10	每一处超差扣 1 分	
16	安全文明操作	10	每违章一次扣 2 分	
合计		100		

(4)加工步骤：

1)夹持外圆，伸出长度为 90 mm，车平右端面，粗车外圆 $\Phi 44_{-0.05}^{-0.02}$ mm 为 $\Phi 45$ mm，长度为

48 mm,钻中心孔 A3。

2)夹持 $\Phi45$ mm 外圆,车左端面控制总长为 145±0.3 mm,粗车 $\Phi46_{-0.039}^{\ 0}$ mm 为 $\Phi47$ mm,$\Phi36\pm0.1$ mm 为 $\Phi37$ mm,长度为 9 mm,钻中心孔。

3)双顶尖装夹工件,车外圆 $\Phi48_{-0.02}^{\ 0}$ mm,$\Phi44_{-0.05}^{-0.02}$ mm,锥度 1∶10,长度为 30±0.1 mm,$\Phi46_{-0.039}^{\ 0}$ mm,$\Phi36\pm0.1$ mm,长度为 10±×0.1 mm,倒角 0.5×45°。

4)三爪夹持 $\Phi36\pm0.1$ mm 外圆,车槽 $\Phi38_{-0.05}^{\ 0}$ mm,控制尺寸为 $\Phi40_{\ 0}^{+0.3}$ mm,$10_{-0.05}^{\ 0}$ mm,车槽 $\Phi36\pm0.1$ mm,控制尺寸为 40±0.05 mm,$30_{-0.1}^{\ 0}$ mm,车 $R12$,控制尺寸为 5 mm,倒角 0.5×45°,Ra3.2。

5)检查尺寸。

2.考核练习件 2

考核练习件 2 为如图 3.1.2 所示的螺纹轴。

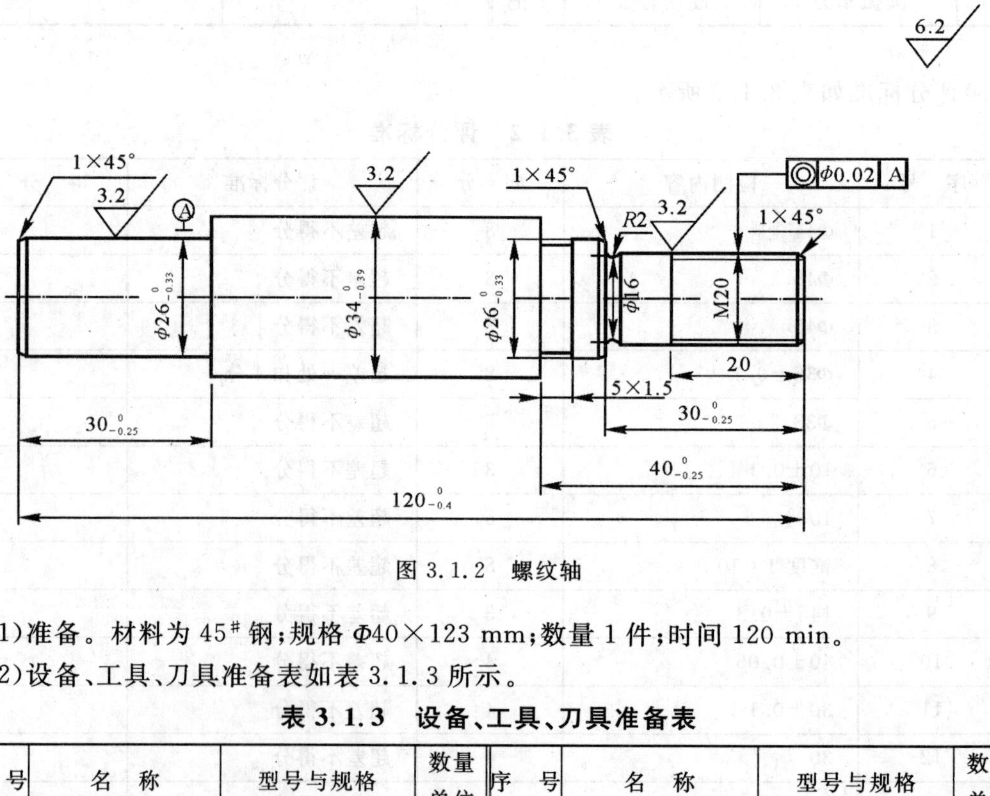

图 3.1.2 螺纹轴

(1)准备。材料为 45# 钢;规格 $\Phi40\times123$ mm;数量 1 件;时间 120 min。

(2)设备、工具、刀具准备表如表 3.1.3 所示。

表 3.1.3 设备、工具、刀具准备表

序 号	名 称	型号与规格	数量单位	序 号	名 称	型号与规格	数量单位
1	中心钻	A3	1 只	2	钻夹头	标 准	1 把
3	活动顶尖	标 准	1 只	4	鸡心夹头		1 只
5	游标卡尺	0～150	1 把	6	千分尺	25～50	1 把
7	三角螺纹车刀	硬质合金	1 把	8	90°外圆车刀	硬质合金	1 把
9	45°车刀	硬质合金	1 把	10	切槽车刀	硬质合金	1 把
11	圆弧车刀	硬质合金	1 把				

(3)评分标准如表 3.1.4 所示。

表 3.1.4　评分标准

序　号	检测内容	配　分	评分标准	得　分
1	M20	15	超差不得分	
2	$\Phi 34_{-0.39}^{0}$	8	超差不得分	
3	$\Phi 26_{-0.33}^{0}$	8	每一处超差扣 4 分	
4	$\Phi 16$	4	超差不得分	
5	20	3	超差不得分	
6	$30_{-0.25}^{0}$	6	每一处超差扣 3 分	
7	$40_{-0.35}^{0}$	3	超差不得分	
8	5×1.5	5	超差不得分	
9	$120_{-0.4}^{0}$	10	超差不得分	
10	$R2$	3	超差不得分	
11	1×45°	3	每一处超差扣 1 分	
12	◎ | $\Phi 0.02$ | A	10	超差不得分	
13	$R_a 3.2$	12	每一处超差扣 4 分	
14	安全文明操作	10	每违章一次扣 2 分	
合　计		100		

(4)加工步骤：

1) 夹持工件外圆，伸出长度为 50 mm，车平端面，钻中心孔。

2) 调头夹持外圆，伸出长度为 50 mm，车工件总长度为 $120_{-0.4}^{0}$ mm，粗车右端 $\Phi 26_{-0.33}^{0}$ mm 为 $\Phi 27$ mm，长度为 39 mm，粗车 M20 的外径为 $\Phi 21$ mm，长度为 29 mm，钻中心孔。

3) 调头夹持 M20 外径，顶尖顶起左端中心孔，粗车 $\Phi 34_{-0.39}^{0}$ 外圆为 $\Phi 35$，粗车 $\Phi 26_{-0.33}^{0}$ 外圆为 $\Phi 27$ mm，长度为 29 mm。

4) 双顶尖装夹工件，精车外圆 $\Phi 34_{-0.39}^{0}$ mm，$\Phi 26_{-0.33}^{0}$ mm，长度为 $30_{-0.25}^{0}$ mm，倒角 1×45°，$R_a 3.2$。

5) 调头双顶尖装夹工件，精车 $\Phi 26_{-0.33}^{0}$ mm，长度为 $40_{-0.35}^{0}$ mm，精车 M20，外圆 $\Phi 19.85$ mm，长度 $30_{-0.25}^{0}$ mm，倒角 1×45°，$R_a 3.2$。

6) 三爪夹持左端 $\Phi 26_{-0.33}^{0}$ mm 外圆，右端顶起车槽 5×1.5 mm，车槽 $R2$，控制尺寸为 $\Phi 16$ mm，车 M20，锐边倒钝 $R_a 3.2$。

7) 检查尺寸，取下工件。

三、注意事项

(1)在切削前识图并制订合理加工工艺。

(2)对未达到教学要求的内容进行个别补缺、补差。

(3)锐角倒钝。

(4)场地干净整齐。

(5)提高加工效率，区分粗车、精车，保证工件的尺寸精度、表面粗糙度、形状和位置精度的要求。

(6)一夹一顶车削中注意主轴中心线与尾座中心线是否重合并调整。

考核2 锥套工件

一、实训目的

(1)能根据车削的需要刃磨各种刀具。
(2)能合理使用精密量具。
(3)能进行各类组合零件的切削,完成中级技术等级要求的工件加工。
(4)能按工作图的要求根据生产实际条件确定车削加工步骤。了解各道工序之间的关系。
(5)能自制简单心轴来达到工件的同轴度和垂直度要求。
(6)能对产生废品的原因进行分析,并能独立调整机床,找出和排除机床的一般故障。
(7)培养独立操作能力,按时间定额完成车削。

二、考核练习件

1. 考核练习件1

考核练习件1如图3.2.1所示。

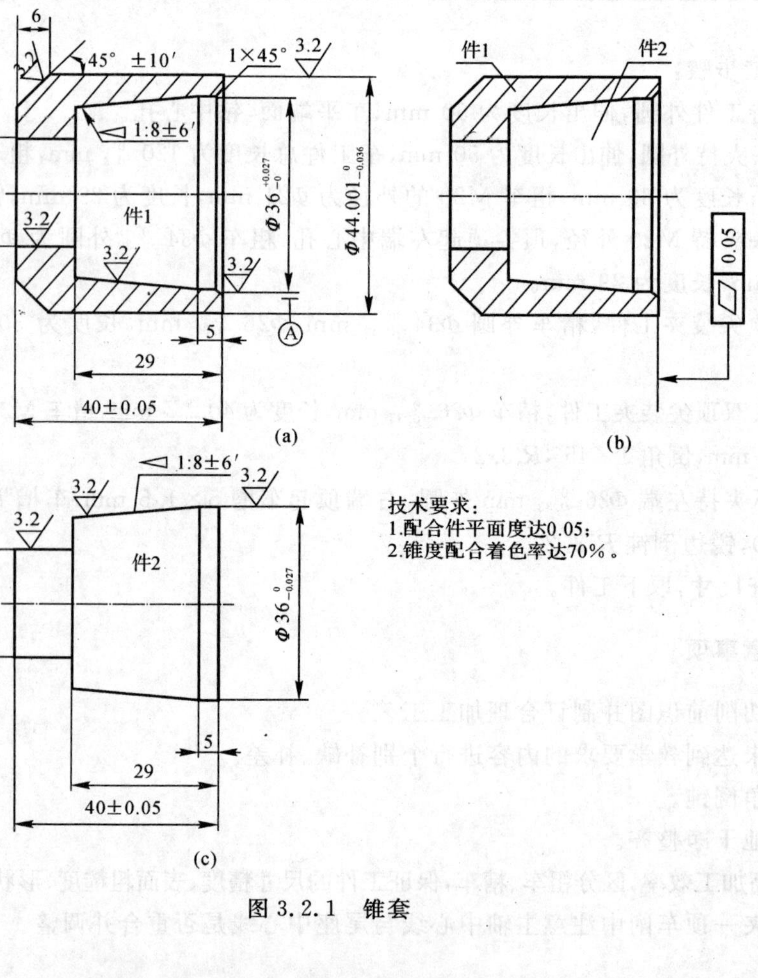

图3.2.1 锥套

(1)准备。材料为 45# 钢;规格 $\Phi 50 \times 100$ mm;数量 1 件;时间 120 min。

(2)设备、工具、刀具准备表如表 3.2.1 所示。

表 3.2.1　设备、工具、刀具准备表

序　号	名　称	型号与规格	数量单位	序　号	名　称	型号与规格	数量单位
1	卧式车床	C6140	1 台	2	机床附件	卡盘、刀架扳手	1 套
3	扳　手	活动扳手	1 把	4	麻花钻	$\Phi 18$	1 把
5	游标卡尺	0～150	1 把	6	万能角度尺	0°～320°	1 把
7	内径百分表	15～40	1 把	8	千分尺	25～50	1 把
9	千分尺	0～25	1 把	10	90°外圆车刀	硬质合金	1 把
11	45°车刀	硬质合金	1 把	12	切槽车刀	硬质合金	1 把
13	内孔车刀	硬质合金	1 把				

(3)评分标准如表 3.2.2 所示。

表 3.2.2　评分标准

序　号	检测内容	配　分	评分标准	得　分
1	$\Phi 44_{-0.036}^{\ 0}$	8	超差不得分	
2	$\Phi 36_{\ 0}^{+0.027}$	8	超差不得分	
3	$\Phi 36_{-0.027}^{\ 0}$	8	超差不得分	
4	$\Phi 20_{\ 0}^{+0.021}$	8	超差不得分	
5	$\Phi 20_{-0.021}^{\ 0}$	8	超差不得分	
6	29	4	超差一处扣 2 分	
7	锥度 1∶8	10	超差一处扣 4 分	
8	45±0.05	5	超差不得分	
9	45±0.05	5	超差不得分	
10	⏥ 0.05	8	超差不得分	
11	$R_a 3.2$	8	每一处超差扣 1 分	
12	配合间隙	10	超差不得分	
13	安全文明操作	10	每违章一次扣 2 分	
合　计		100		

(4)加工步骤:

1) 夹持毛坯外圆,伸出长度为 60 mm,找正夹紧。

2）车平端面，粗、精车外圆 $\Phi44_{-0.036}^{0}$ mm，长度为 55 mm。

3）调头夹持外圆 $\Phi44_{-0.036}^{0}$ mm，夹持长度为 35 mm。

4）车平端面，粗、精车外圆 $\Phi36_{-0.027}^{0}$ mm，长度为 45 mm，粗、精车台阶外圆 $\Phi20_{-0.021}^{0}$ mm，长度为 11 mm，粗、精车锥度 1∶8±6′，控制长度尺寸为 29 mm。$R_a3.2$，锐角倒锥，切下工件，长度为 41 mm。

5）车件 1 总长为 45±0.05 mm，钻内孔 $\Phi18$ mm，车内孔 $\Phi20_{0}^{+0.021}$ mm，精车内孔 $\Phi36_{0}^{+0.027}$ mm，长度为 5 mm，车锥度 1∶8 与工件锥度配作，长度为 29 mm，倒角 1×45°，Ra3.2。

6）调头夹持 $\Phi44_{-0.036}^{0}$ mm 外圆，找正，车 45°±10′，控制尺寸为 6 mm。

7）夹持件 1（外圆 $\Phi20_{-0.021}^{0}$），总长为 40±0.05 mm。

8）检查尺寸，取下工件。

2. 考核练习件 2

考核练习件 2 为如图 3.2.2 所示的锥度量器。

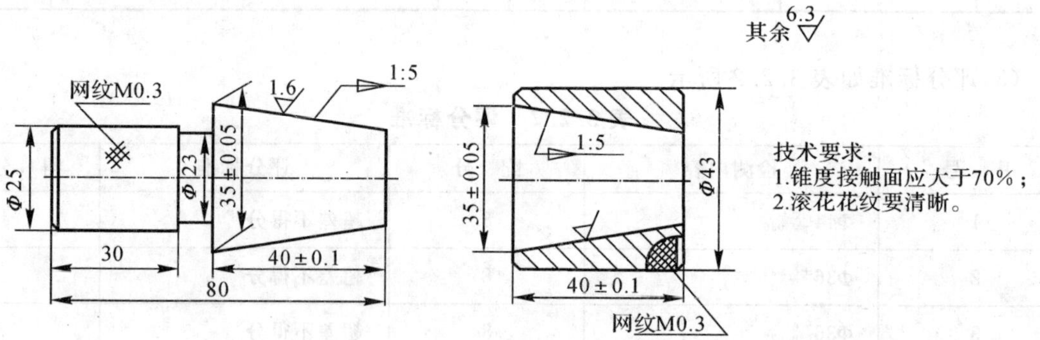

图 3.2.2 锥度量器

(1)准备。材料为 45# 钢；规格 $\Phi45\times130$ mm；数量 1 件；时间 120 min。

(2)设备、工具、刀具准备表如表 3.2.3 所示。

表 3.2.3 设备、工具、刀具准备表

序号	名称	型号与规格	数量单位	序号	名称	型号与规格	数量单位
1	扳手	活动扳手	1 把	2	麻花钻	Φ25	1 把
3	游标卡尺	0～150	1 把	4	万能角度尺	0°～320°	1 把
5	中心钻	A3	1 只	6	钻夹头	标准	1 只
7	滚花刀	两轮	1 把	8	千分尺	25～50	1 把
9	活动顶尖	标准	1 只	10	90°外圆车刀	硬质合金	1 把
11	45°车刀	硬质合金	1 把	12	切槽车刀	硬质合金	1 把
13	内孔车刀	硬质合金	1 把				

(3) 评分标准如表 3.2.4 所示。

表 3.2.4　评分标准

序　号	检测内容	配　分	评分标准	得　分
1	锥度 1∶5	16	超差一处扣 8 分	
2	$\Phi35\pm0.05$	12	超差一处扣 6 分	
3	$\Phi25^{-0.2}_{-0.5}$	5	超差不得分	
4	$\Phi43$ 滚花花纹	10	花纹不清晰扣 5 分	
5	$\Phi25$ 滚花花纹	10	花纹不清晰扣 5 分	
6	$\Phi23$	3	超差不得分	
7	40 ± 0.1	6	超差一处扣 3 分	
8	30	3	超差不得分	
9	80	3	超差不得分	
10	$R_a1.6$	10	每一处超差扣 5 分	
11	配合接触面大于 70%	12	每小于 10%扣 4 分	
12	安全文明操作	10	每违章一次扣 2 分	
合　计		100		

(4) 加工步骤：

1) 夹住外圆，伸出长度为 45 mm，车端面，钻中心孔，顶上工件，车外径 $\Phi43$ mm，装滚花刀滚花，外圆倒角 $C2$ mm，钻孔 $\Phi21$ mm，深度为 43 mm，切断。

2) 夹住外圆，伸出长度为 50 mm，车端面，钻中心孔，顶上工件，车外径 $\Phi25^{-0.2}_{-0.5}$ mm，长度为 40 mm，切外沟槽 $\Phi23$ mm×10 mm，滚花，倒角 $C2$ mm。

3) 夹住 $\Phi25$ mm 外圆，伸出长度为 50 mm，车端面，控制总长 80 mm，转动小滑板车削外锥体，控制 $\Phi35\pm0.05$ mm 及 1∶5 的锥度。

4) 夹住 $\Phi43$ mm 外圆，车端面，控制在 40 ± 0.1 mm，转动小滑板车削内锥孔，用塞规配车，控制 $\Phi35\pm0.05$ mm。

5) 检查。

三、注意事项

(1)培养成按图样和工艺卡进行加工的习惯。

(2)提高内孔车刀的刚性，内圆锥在车削时刀具应严格与主轴中心线等高。

(3)为了保证工件精度和提高效率，要逐步使用专用、快速工装夹具。

(4)重视安全操作。

考核 3　综合工件

一、实训目的

(1)能根据车削的需要刃磨各种刀具。

(2)能合理使用精密量具。

(3)能进行各类组合零件的切削，完成中级技术等级要求的工件加工。

(4)能按工作图，根据生产实际条件确定车削加工步骤。了解各道工序之间的关系，并制订加工工艺。

(5)能达到工件的同轴度和垂直度满足形位公差要求。

二、考核练习件

1.考核练习件1

考核练习件1为如图3.3.1所示的梯形螺杆轴。

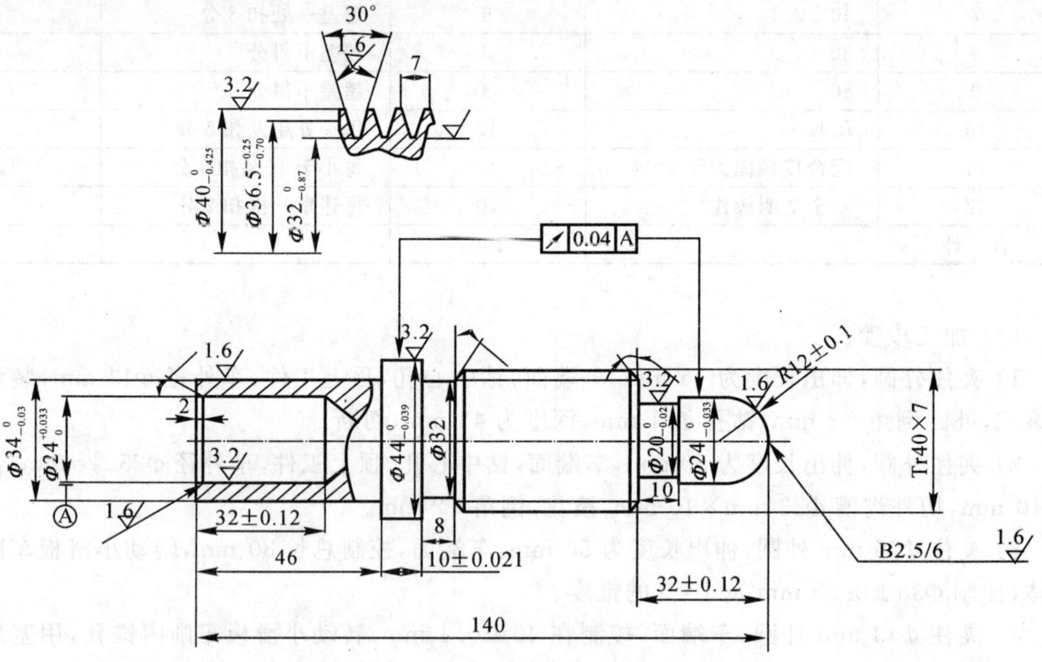

图3.3.1 梯形螺杆轴

(1)准备。材料为45#钢；规格Φ50×145 mm；数量1件；时间120 min。

(2)设备、工具、刀具准备表如表3.3.1所示。

表3.3.1 设备、工具、刀具准备表

序号	名称	型号与规格	数量单位	序号	名称	型号与规格	数量单位
1	卧式车床	C6140	1台	2	机床附件	卡盘、刀架扳手	1套
3	扳手	活动扳手	1把	4	麻花钻	Φ22	1把
5	游标卡尺	0～150	1把	6	万能角度尺	0°～320°	1把
7	内径百分表	15～25	1把	8	千分尺	25～50	1把
9	千分尺	0～25	1把	10	量针	Φ3.6	1只
11	90°外圆车刀	硬质合金	1把	12	45°车刀	硬质合金	1把
13	切槽车刀	硬质合金	1把	14	内孔车刀	硬质合金	1把
15	圆弧车刀	硬质合金	1把	16	梯形螺纹车刀	高速钢	1把

(3) 评分标准如表 3.3.2 所示。

表 3.3.2　评分标准

序　号	检测内容	配　分	评分标准	得　分
1	Tr40×7	15	超差不得分	
3	$\Phi 44_{-0.039}^{\ 0}$	6	超差不得分	
5	$\Phi 24_{-0.033}^{\ 0}$	6	超差不得分	
6	$\Phi 24_{\ 0}^{+0.033}$	6	超差不得分	
7	$\Phi 32$	2	超差不得分	
8	$\Phi 20_{-0.021}^{\ 0}$	6	超差不得分	
9	$\Phi 34_{-0.02}^{\ 0}$	5	超差不得分	
11	140	3	超差不得分	
12	32±0.12	4	超差一处扣 2 分	
13	10±0.021	4	超差不得分	
14	46	2	超差不得分	
15	8	2	超差不得分	
16	10	2	超差不得分	
17	↗ | 0.04 | A	8	超差不得分	
18	$R12$	6	超差不得分	
19	$R_a 1.6$	8	每一处超差扣 2 分	
20	$R_a 3.2$	5	每一处超差扣 1 分	
21	安全文明操作	10	每违章一次扣 2 分	
合　计		100		

(4) 加工步骤：

1)夹持工件外圆，伸出长度为 100 mm，车右端面，钻中心孔，车 $\Phi 42$ mm 长度为 84 mm，车 $\Phi 24_{-0.033}^{\ 0}$ mm 外圆至 $\Phi 26$ mm，长度为 31 mm。

2)调头伸出长 70 mm，车左端平面，控制工件总长 140 mm，粗车 $\Phi 34_{-0.02}^{\ 0}$ mm 至 $\Phi 36$ mm，长为 46 mm。

3)调头夹持 $\Phi 36$ mm，顶中心孔，精车 $\Phi 24_{-0.033}^{\ 0}$ mm，车 $\Phi 44_{-0.039}^{\ 0}$ mm，车 $\Phi 40_{-0.425}^{\ 0}$ mm，切槽 $\Phi 20_{-0.021}^{\ 0}$ mm 保证长 32±0.12 mm，槽宽 10 mm，切槽 $\Phi 32$ mm 保证长 10±0.021 mm，槽宽 8 mm，倒角，车 Tr40×7，取下顶尖车 $R12$，去毛刺。

4)调头夹持 Tr40，钻孔精车 $\Phi 24_{\ 0}^{+0.033}$ mm，长为 32±0.12 mm，精车 $\Phi 34_{-0.02}^{\ 0}$ mm，倒角 2

×30°,去毛刺。

5)检查尺寸。

2. 考核练习件 2

考核练习件 2 为如图 3.3.2 所示的螺杆轴。

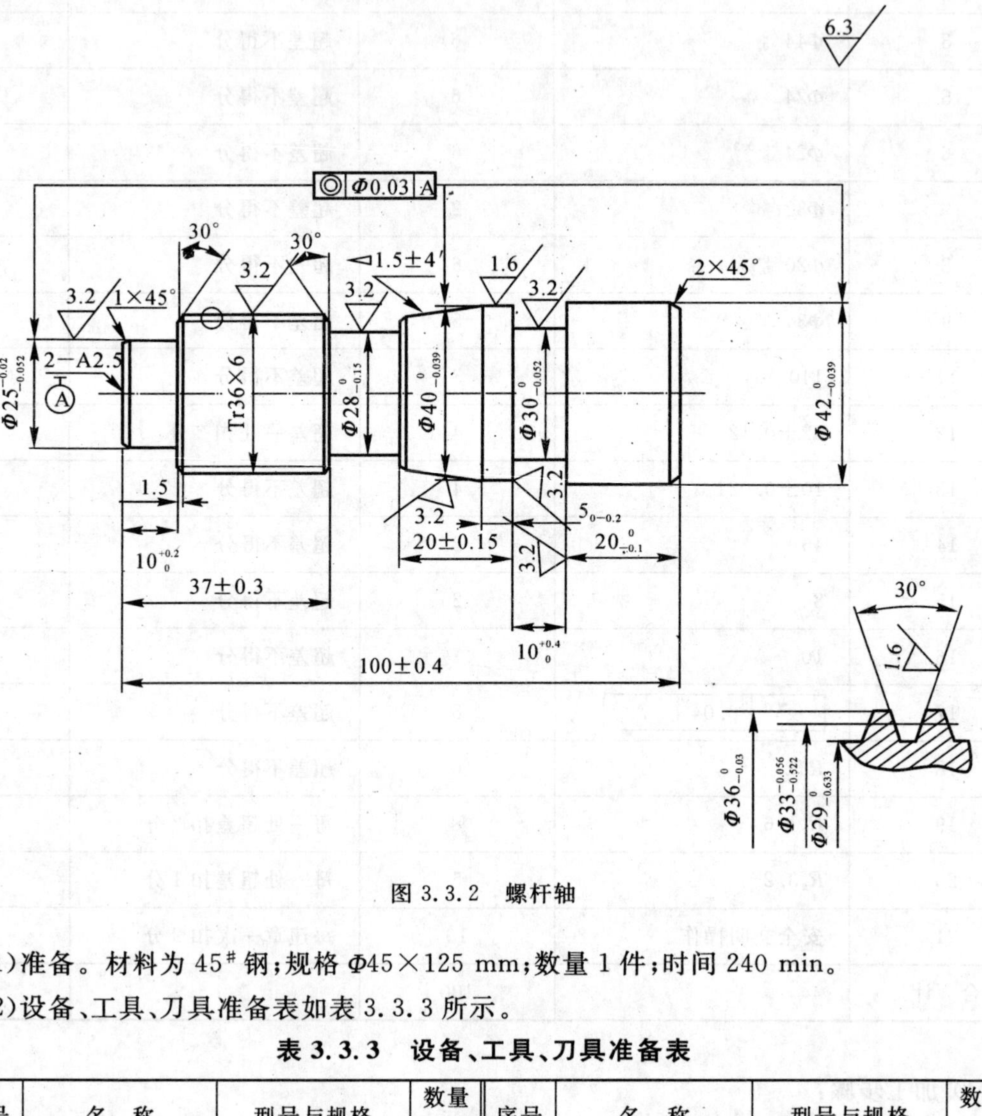

图 3.3.2 螺杆轴

(1)准备。材料为 45# 钢;规格 Φ45×125 mm;数量 1 件;时间 240 min。

(2)设备、工具、刀具准备表如表 3.3.3 所示。

表 3.3.3 设备、工具、刀具准备表

序号	名 称	型号与规格	数量单位	序号	名 称	型号与规格	数量单位
1	扳手	活动扳手	1把	2	游标卡尺	0～150	1把
3	钻夹头	标 准	1只	4	中心钻	A2.5	1只
5	活动顶尖	标 准	1只	6	万能角度尺	0°～320°	1把
7	千分尺	25～50	1把	8	量 针	Φ3.1	1只
9	90°外圆车刀	硬质合金	1把	10	45°车刀	硬质合金	1把
11	切槽车刀	硬质合金	1把	12	梯形螺纹车刀	高速钢	1把

(3)评分标准如表 3.3.4 所示。

表 3.3.4　评分标准

序　号	检测内容	配　分	评分标准	得　分
1	Tr36×6	15	超差不得分	
2	$\Phi 42_{-0.039}^{\ 0}$	6	超差不得分	
3	$\Phi 40_{-0.039}^{\ 0}$	6	超差不得分	
4	$\Phi 30_{-0.052}^{\ 0}$	6	超差不得分	
5	$\Phi 25_{-0.052}^{-0.02}$	6	超差不得分	
6	$\Phi 28_{-0.15}^{\ 0}$	4	超差不得分	
7	$10_{\ 0}^{+0.04}$	4	超差不得分	
8	100±0.4	3	超差不得分	
9	$10_{\ 0}^{+0.2}$	2	超差不得分	
10	20±0.15	2	超差不得分	
11	$20_{-0.1}^{\ 0}$	2	超差不得分	
12	37±0.3	2	超差不得分	
13	$5_{-0.2}^{\ 0}$	2	超差不得分	
14	锥度 1∶5±4′	8	超差不得分	
15	2×45°	1	超差不得分	
16	1×45°	1	超差不得分	
17	◎ | Φ0.03 | A	10	超差不得分	
18	R_a1.6	6	每一处超差扣 2 分	
19	R_a3.2	4	每一处超差扣 1 分	
20	安全文明操作	10	每违章一次扣 2 分	
合　计		100		

(4)加工步骤：

1)夹持工件外圆，伸长 80 mm 车平右端面，粗车 $\Phi 42_{-0.039}^{\ 0}$ mm 外圆为 Φ44 mm，车工艺夹持台阶 Φ35 mm，长度为 15 mm。

2) 调头夹持 Φ44 mm 外圆，车平左端面，钻中心孔 A2.5，粗车 Tr36 mm 外径为 Φ38 mm，长度为 48 mm。

3)夹持直径 Φ35 mm，左端顶尖顶起，精车外圆 $\Phi 42_{-0.039}^{\ 0}$ mm，$\Phi 40_{-0.039}^{\ 0}$ mm，Tr36 mm 外径，$\Phi 25_{-0.052}^{-0.02}$ mm，长度为 $10_{\ 0}^{+0.2}$ mm，切槽 $\Phi 28_{-0.15}^{\ 0}$ mm 宽度为 13 mm，控制长度为 $37_{-0.3}^{\pm}$ mm，切槽 $\Phi 30_{-0.052}^{\ 0}$ mm 控制尺寸在 20±0.15 mm，槽宽 $10_{\ 0}^{+0.04}$ mm，车圆锥 1∶5 ±4′，控制尺寸在 $5_{-0.2}^{\ 0}$ mm，倒角，车 Tr36×6，Ra3.2 去毛刺。

4)夹持 $\Phi 42_{-0.039}^{\ 0}$ mm 外圆，车去右端工艺夹持位，控制尺寸在 $20_{-0.1}^{\ 0}$ mm，100±0.4 mm，倒角 2×45°。

5)检查尺寸。

三、注意事项

(1)制订合理的加工工艺。
(2)重视零件质量。
(3)正确使用专用的装夹具。
(4)在梯形螺纹车削中,螺纹车刀的刃磨与安装角度要正确。
(5)培养学生合理组织工作位置的能力。
(6)重视安全操作技术。

考核 4　组合工件车削

一、实训目的

(1)能制订组合工件的加工工艺方案。
(2)能按组合工件的技术要求,正确选择车削方法,并能正确选择保证技术要求的装夹方法。
(3)可以根据工件的几何形状,材料,合理选择切削用量。
(4)可以分析和解决组合工件车削中产生的质量问题。
(5)掌握车削组合工件的技能。
(6)提高运用综合知识和技能的能力。

二、相关工艺知识

组合工件是由多个不同的零件经加工后,按图样组合(装配),并达到一定的尺寸精度。通常组合工件的件数越多,组合程度越复杂,加工难度越大,需要每个组件都符合加工精度,一次组装后达到工艺要求。

1. 车削组合工件的技术要点

车削组合工件是技能的综合运用,技术要点是加工工艺方案的编制、基准零件(即直接影响组合工件装配后各零件相互位置精度的主要零件)的选择以及切削过程中的配作。合理安排组合工件的加工顺序和加工工艺,才能保证组合工件的加工精度和装配精度,各零件的加工精度影响着组合工件的装配精度,其中基准零件加工精度对配合精度的影响尤为突出。应认真分析组合工件的装配关系,正确确定基准零件。

2. 制订组合工件加工工艺方案的要点

先车削基准零件,接着按装配关系的顺序依次车削组合工件中的其余零件,然后还需要根据各零件的技术要求和结构特点,以及组合工件装配的技术要求,分别制订各零件的加工工艺及各主要表面的加工次数和加工顺序(粗车、半精车及精车的选择)。通常应先加工基准表面,后加工零件上的其他表面。

3. 车削组合工件中各零件的技术要点

(1)对于影响组合工件配合精度的各个尺寸,应尽量加工至两极限尺寸的中间值,且加工误差应控制在图样允许误差的 1/2;各表面的形状和位置误差应尽可能小。

(2)有偏心配合时,偏心部分的偏心方向应一致,加工误差应控制在图样允许误差的 1/2,且偏心部分的轴线应平行于零件轴线。

(3)有螺纹配合时,螺纹应采用车削的方法进行加工,一般不允许使用圆板牙、丝锥进行加工,以防工件位移面影响工件的位置精度。对于螺纹中径尺寸,外螺纹应将其控制在最小极限尺寸范围内,内螺纹则应将其控制在最大极限尺寸范围内,使配合间隙尽量大些。

(4)零件各表面应倒钝锐边,清除毛刺。

(5)按图样的要求进行零件车削的同时,应根据已加工的基准零件及其他零件的实测结果相应调整,充分使用配车、配研、组装等加工手段,以保证组合件的装配精度要求。

三、考核练习件

(1)考核练习件为如图 3.4.1 所示的组合件。

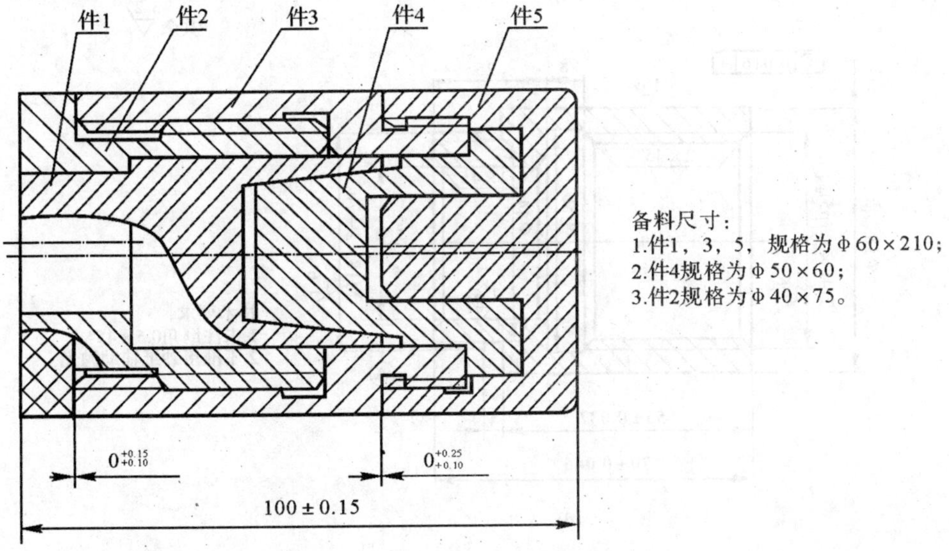

(a)

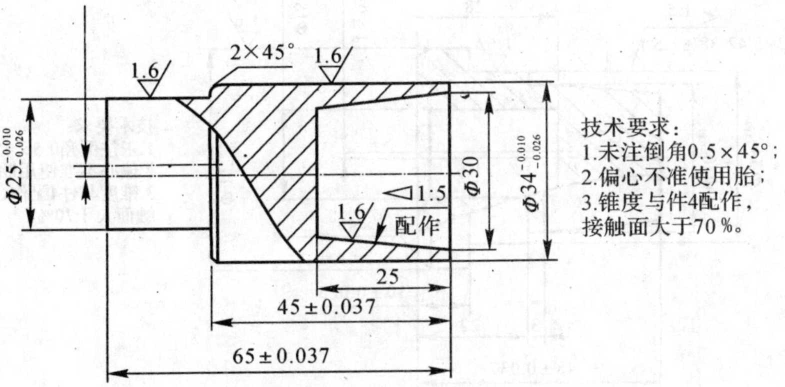

(b)

图 3.4.1　组合体

(a)组合件;　(b)件 1

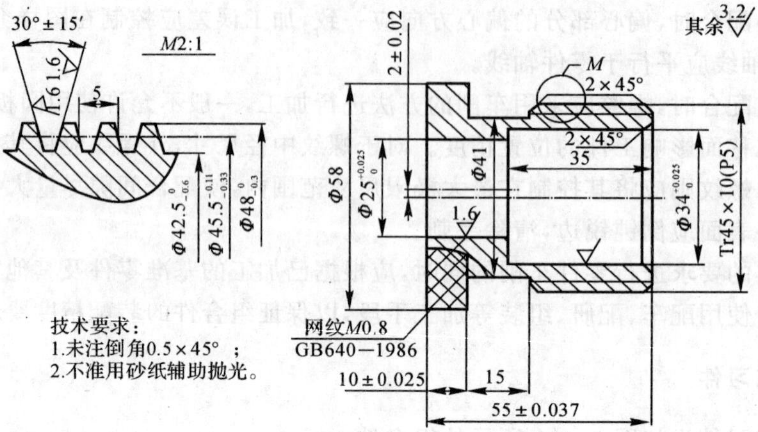

(c)

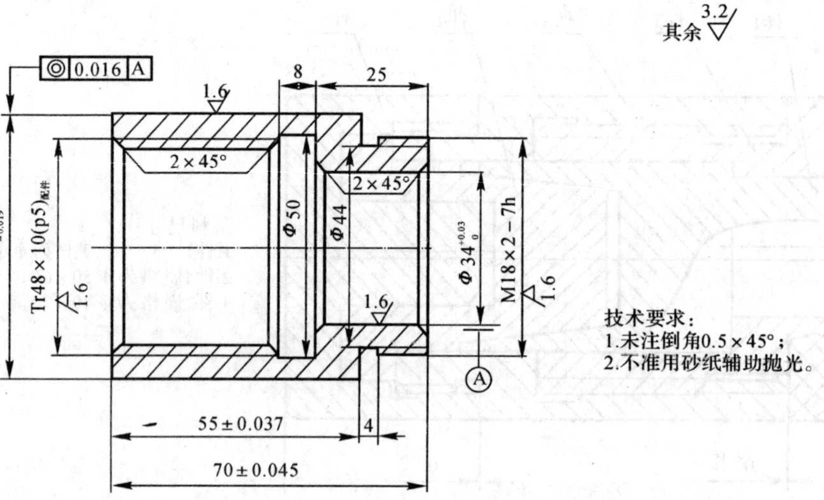

(d)

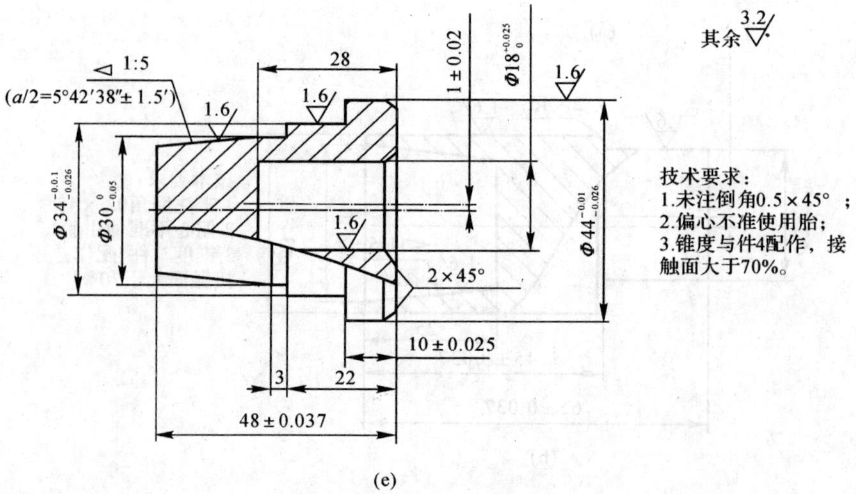

(e)

图 3.4.1续 组合体

(c)件 2； (d)件 3； (e)件 4

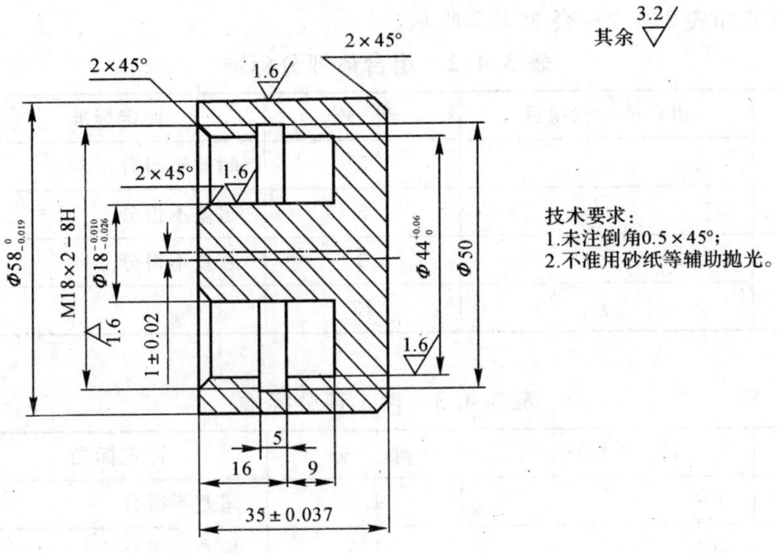

(f)

图 3.4.1续　组合体

(f)件 5

(2)准备。材料为 45# 钢;规格 Φ60×300 mm;数量 1 组;时间 120 min。

(3)设备、工具、刀具准备如表 3.4.1 所示。

表 3.4.1　设备、工具、刀具准备表

名　称	规　格	数　量	名　称	规　格	数　量
外圆车刀		1 把	外径千分尺	0～25	1 把
内孔车刀		1 把	外径千分尺	2～550	1 把
内梯形螺纹车刀		1 把	外径千分尺	50～75	1 把
外梯形螺纹车刀		1 把	内径量表	18～35	1 个
内三角螺纹车刀		1 把	游标卡尺	0～200	1 把
外三角螺纹车刀		1 把	百分表	0～10	1 个
外圆切槽刀		1 把	杠杆百分表	0～1	1 个
内孔切槽刀		1 把	公法线千分尺	25～50	1 把
端面切槽刀		1 把	磁性表架		1 个
滚花刀	M0.8	1 把	深度尺	0～200	1 把
钻　头	Φ32,Φ40,Φ20,Φ16	各 1 把	万能角度尺	0°～320°	1 把
中心钻		1 只	钢直尺	0～300	1 把
钻夹头		1 把	塞　尺	0.02～1	1 把
活动顶尖		1 只	对刀样板		1 个
活动扳手		1 个	测量三针	2.595	
偏心垫片		1 个	测量三针	1.154	

(4)评分标准如表3.4.2～表3.4.7所示。

表3.4.2　组合体评分标准

序　号	组合体检测项目	配　分	评定标准	得　分
1	$0^{+0.15}_{+0.10}$	5	超差不得分	
2	$0^{+0.25}_{+0.10}$	5	超差不得分	
3	100±0.015	3	超差不得分	
合　计		13		

表3.4.3　件1评分标准

序　号	件1检测项目	配　分	评定标准	得　分
1	$\Phi34^{-0.010}_{-0.026}$	1.5	超差不得分	
2	$\Phi25^{-0.010}_{-0.026}$	1.5	超差不得分	
3	2±0.02	4	超差不得分	
4	45±0.037	1	超差不得分	
5	65±0.037	1	超差不得分	
6	锥度＜1∶5	4	接触面＜70％不得分	
7	R_a1.6(3处)	1.5	达不到不得分	
合　计		14.5		

表3.4.4　件2评分标准

序　号	件2检测项目	配　分	评定标准	得　分
1	$\Phi24^{+0.025}_{-0}$	1.5	超差不得分	
2	$\Phi34^{+0.025}_{-0}$	1.5	超差不得分	
3	2±0.02	4	不合格不得分	
4	55±0.037	1	不合格不得分	
5	10±0.025	1	超差不得分	
6	Tr48×10(P5)	6	超差不得分	
7	内孔R_a1.6(2处)	1	达不到不得分	
8	Tr48×10(P5)Ra1.6	2	达不到不得分	
9	网纹0.8	1	达不到要求不得分	
合　计		19		

注：P5指牙距5 mm，双线螺纹。

表 3.4.5 件 3 评分标准

序 号	件 3 检测项目	配 分	评定标准	得 分
1	$\Phi58_{-0.019}^{0}$	1.5	超差不得分	
2	$\Phi34_{0}^{-0.03}$	1.5	超差不得分	
3	M48×2－7 h	3	不合格不得分	
4	Tr48×10(P5)	6	不合格不得分	
5	70±0.045	1	超差不得分	
6	55±0.037	1	超差不得分	
7	R_a1.6(2 处)	1	达不到不得分	
8	Tr48 Ra1.6	4	达不到不得分	
9	◎ | 0.016 | A	1	超差不得分	
10	M48×2 牙侧 Ra1.6	1	达不到要求不得分	
合 计		21		

表 3.4.6 件 4 评分标准

序 号	件 4 检测项目	配 分	评定标准	得 分
1	$\Phi44_{-0.026}^{-0.010}$	1.5	超差不得分	
2	$\Phi34_{-0.026}^{-0.010}$	1.5	超差不得分	
3	$\Phi18_{-0}^{+0.025}$	1.5	超差不得分	
4	$\Phi30_{-0.05}^{+0}$	1.5	超差不得分	
5	1±0.02	4	超差不得分	
6	锥度<1∶5	4	配合<70%不得分	
7	10±0.025	1	超差不得分	
8	48±0.037	1	超差不得分	
9	R_a1.6(4 处)	2	达不到不得分	
合 计		18		

表 3.4.7 件 5 评分标准

序 号	件 5 检测项目	配 分	评定标准	得 分
1	$\Phi58_{-0.019}^{+0}$	1.5	超差不得分	
2	$\Phi18_{-0.026}^{-0.010}$	1.5	超差不得分	
3	$\Phi44_{-0}^{-0.06}$	1.5	超差不得分	
4	35±0.037	1	超差不得分	
5	1±0.02	4	超差不得分	
6	M48×2－8h	3	超差不得分	
7	R_a1.6(4 处)	2	达不到不得分	
合 计		14.5		

(5)加工步骤：

(Ⅰ)件 1 加工步骤。

1)夹毛坯外圆,伸出长度为 65 mm,找正,车平端面,粗车外圆 $\Phi34_{-0.026}^{-0.01}$ mm 为 $\Phi35\times52$ mm,钻孔 $\Phi24\times24.5$ mm。

2)精车平面,$\Phi34_{-0.026}^{-0.01}$ mm 外圆,精车锥度为 1∶5 内圆锥,与件 4 配作,倒角,$R_a1.6$。

3)调头垫铜皮和偏心垫片,夹持 $\Phi34_{-0.026}^{-0.01}$ mm 外径,百分表找正偏心距为 2±0.02,粗、精车平面,车总长为 65±0.037 mm,粗、精车外圆 $\Phi25_{-0.026}^{-0.01}$ mm,保证长度为 45±0.037 mm,倒角 0.5×45°。

4)去掉偏心垫片,垫铜皮夹持 $\Phi34_{-0.026}^{-0.01}$ mm 外径,找正,倒角 2×45°。

(Ⅱ)件 2 加工步骤。

1)夹毛坯外圆,伸出长度为 65 mm,车平端面,钻孔 $\Phi32\times35$ mm,车外圆 $\Phi57.6\times60$ mm,车螺纹外径 $\Phi48_{-0.015}^{-0.05}\times45\pm0.02$ mm(工艺要求),车退刀槽 $\Phi41\times15$,倒角,车螺纹 Tr48×10(P5),车内孔 $\Phi34_{0}^{+0.025}\times35$ mm,倒角,滚网纹 0.8,倒角,切下工件,保留长度为 56 mm。

2)调头垫铜皮和偏心垫块,夹持 Tr48 外径,百分表找正偏心距为 2±0.02 mm,车平面,总长度为 55±0.037 mm,网纹长度为 10±0.025 mm,钻孔 $\Phi24$ mm,车内孔 $\Phi25_{0}^{+0.025}$ mm,倒角。

(Ⅲ)件 3 加工步骤。

1)夹持毛坯外圆,伸出长度为 60 mm,车平端面钻孔 $\Phi33\times75$ mm,车梯形螺纹内孔 $\Phi43_{-0.05}^{+0.15}\times45$ mm,车内孔 $\Phi34_{0}^{+0.03}$ mm,车退刀槽 $\Phi50\times8$ mm,倒角 2×45°,配车内螺纹 Tr48×10(P5),车外圆 $\Phi58_{-0.019}^{0}\times56$ mm,倒角 0.5×45°,$R_a1.6$。

2)调头垫铜片平 $\Phi58_{-0.019}^{0}$ mm 外圆,夹持长度为 45 mm,切断工件,保证长度为 71 mm,车平面,控制工件总长度为 70±0.045 mm,车螺纹外径 $\Phi48_{-0.015}^{-0.05}$ mm,保持长度为 55±0.037 mm,车退刀槽 44×4 mm,倒角,车螺纹 M48×2,倒角 2×45°,$R_a1.6$。

(Ⅳ)件 4 加工步骤。

1)夹外圆,伸出长度 50 mm,找正,车平端面,粗车外圆 $\Phi44_{-0.026}^{-0.01}$ mm 为 45 mm,$\Phi34_{-0.026}^{-0.01}$ mm 为 35 mm,$\Phi30_{-0.05}^{0}$ mm 为 31 mm,控制长度尺寸。

2)精车外圆 $\Phi44_{-0.026}^{-0.01}\times49$ mm,$\Phi34_{-0.026}^{-0.01}\times38\pm0.01$ mm(工艺要求),$\Phi30_{-0.05}^{0}\times26$ mm,精车 1∶5±1.5′,控制长度尺寸 3,倒角 0.5×45°,$R_a1.6$。

3)调头垫铜皮夹持 $\Phi34_{-0.026}^{-0.01}$ mm 外圆,找正,车平面,控制长度尺寸为 48±0.037 mm,10±0.025 mm,22 mm,倒角。

4)垫铜皮与偏心垫片,夹持 $\Phi34_{-0.026}^{-0.01}$ mm 外圆,百分表找正偏心距为 1±0.02 mm,钻孔 $\Phi17\times27.5$ mm,粗、精车内孔 $\Phi18_{0}^{+0.025}\times28$ mm,倒角 2×45°,$R_a1.6$。

(Ⅴ)件 5 加工步骤。

1)夹持毛坯外圆,伸出长度为 45 mm,车平端面,车外圆 $\Phi58_{-0.019}^{0}\times40$ mm,车端面凹槽,控制小圆外径 $\Phi22$ mm(工艺要求),凹槽内径 $\Phi44_{0}^{+0.06}\times25$ mm,螺纹内径 $\Phi46_{+0.05}^{+0.15}\times16$ mm,车内沟槽 $\Phi50\times5$ mm,保证长度尺寸为 16 mm,9 mm,倒角 2×45°,车螺纹 M42×2,Ra1.6。切断工件,长度为 36 mm。

2)垫铜皮和偏心垫片,夹持 $\Phi58_{-0.019}^{0}$ 外圆,用百分表找正偏心距 1±0.02,车 $\Phi18_{-0.026}^{-0.01}\times25$ mm,倒角 2×45°,$R_a1.6$。

3)调头垫铜皮夹持 $\Phi58_{-0.019}^{0}$ mm 外圆,找正,车平面控制总长度为 35±0.037 mm,倒角 2×45°,$R_a3.2$。

(Ⅵ)车削组合工件时容易产生的问题。

1)各零件组装不上:①零件没擦拭干净或毛刺没去除干净;②个别零件配合尺寸不合格,产生过盈配合;③零件形位误差较大;④零件有磕伤、拉毛、夹扁等。

2)组装精度误差的原因:①个别零件直径尺寸不合格,配合间隙过大;②没有进行形位尺寸链计算,配合后使长度尺寸误差较大。

三、注意事项

(1)车 Tr48 螺纹时,两条螺旋槽应统一进行粗、精车。

(2)内螺纹需由外螺纹配作。

(3)内圆锥需由外圆锥配作。

(4)偏心部分粗车后,在精车前应对偏心距进行复测。

考核 5　轴套工件车削

一、实训目的

(1)能对复杂件进行包括装夹、工序、工步等在内的简单的工艺编制。

(2)可以自制简单夹具进行工件的加工。

(3)加工中能够充分利用工艺基准,防止工件变形。

二、考核练习件

(1)考核练习件为如图 3.5.1 所示的轴套。

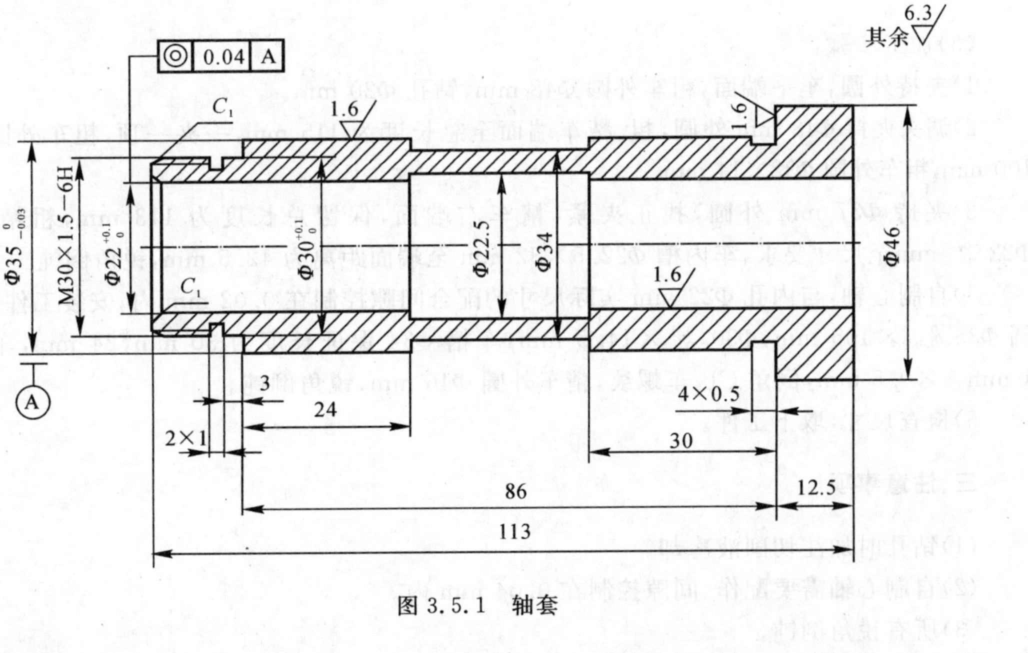

图 3.5.1　轴套

(2)准备。材料为 45# 钢;规格 Φ50×120 mm;数量 1 件;时间为 180 min。

(3)设备、工具、刀具准备如下：游标卡尺、外径千分尺、内径量表、钢直尺、万能角尺、螺纹千分尺、活动扳手、外圆车刀、三角外螺纹车刀、切槽刀、$\Phi20$ 钻头、内孔车刀。

(4)评分标准如表 3.5.1 所示。

表 3.5.1 评分标准

序号	检测内容	配分	评分标准	得分
1	$\Phi46$	5	超差不得分	
2	$\Phi35_{-0.03}^{0}$	12	超差不得分	
3	$\Phi22_{0}^{+0.1}$	15	超差不得分	
4	$\Phi30_{0}^{+0.1}$	10	超差不得分	
5	$\Phi34$	3	超差不得分	
6	$\Phi22.5$	6	超差不得分	
7	M30×1.5－6h	12	超差不得分	
8	113	4	超差不得分	
9	86	5	超差不得分	
10	12.5	4	超差不得分	
11	30	3	超差不得分	
12	24	3	超差不得分	
13	3	2	超差不得分	
14	4×0.5	2	超差不得分	
15	2×1	2	达不到不得分	
16	◎ | 0.04 | A	10	达不到不得分	
17	C1	2	达不到不得分	
合计		100		

(5)加工步骤：

1)夹持外圆，车平端面，粗车外圆 $\Phi48$ mm，钻孔 $\Phi20$ mm。

2)调头夹持 $\Phi48$ mm 外圆，粗、精车端面至总长度为 115 mm，一夹一顶，粗车外圆 $\Phi37\times100$ mm，粗车外圆 $\Phi32\times14$ mm。

3)夹持 $\Phi37$ mm 外圆，找正夹紧，精车右端面，保留总长度为 113 mm，粗精车内孔 $\Phi22_{0}^{+0.1}$ mm至尺寸要求，车内槽 $\Phi22.5\times32$ mm 至端面距离为 42.5 mm，锐角倒钝。

4)自制心轴，与内孔 $\Phi22$ mm 实际尺寸的配合间隙控制在 0.02 mm 内，安装工件，精车外圆 $\Phi35_{-0.03}^{0}\times105$ mm，$\Phi30_{0}^{+0.1}\times14.5$ mm，车槽 $\Phi34$ 保证长度为 30 mm，24 mm，车槽 2×1 mm，4×0.5 mm，倒角 C1，车螺纹，精车外圆 $\Phi46$ mm，锐角倒钝。

5)检查尺寸，取下工件。

三、注意事项

(1)钻孔时加注切削液冷却。

(2)自制心轴需要配作，间隙控制在 0.04 mm 内。

(3)所有锐角倒钝。

考核 6　立轴工件车削

一、实训目的

(1)熟练掌握使用四爪单动卡盘装夹工件的找正技巧。

(2)熟练掌握使用花盘、角铁装夹工件的找正技巧。

二、考核练习件

(1)考核练习件为如图 3.6.1 所示的立轴。

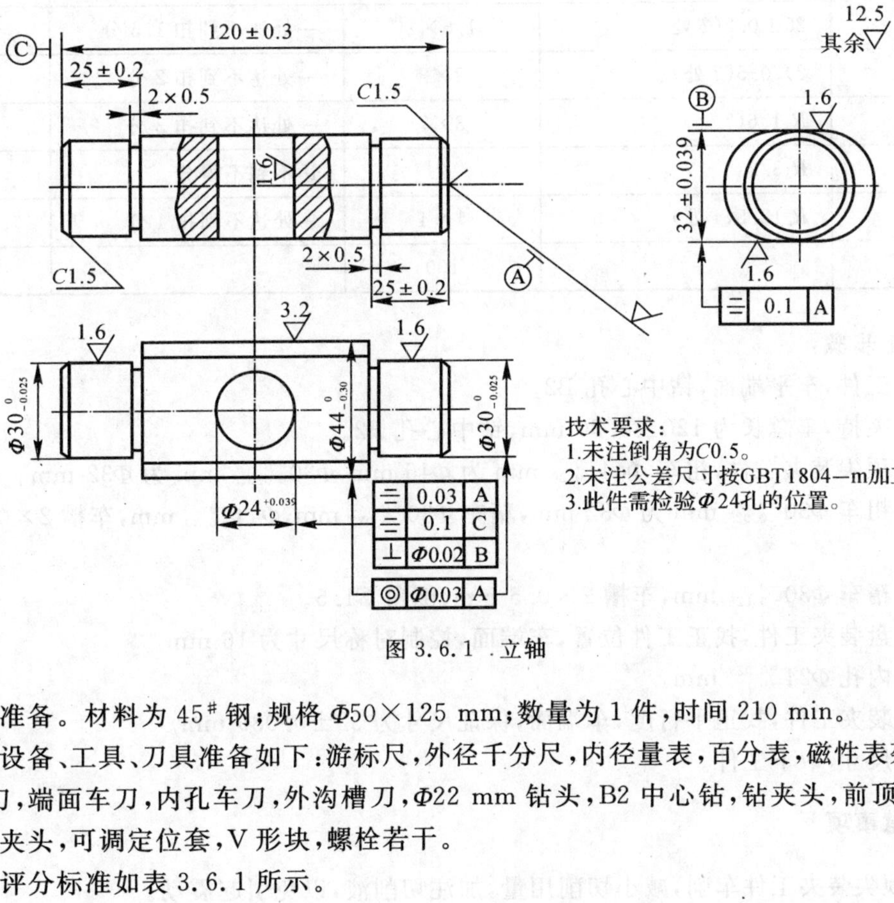

图 3.6.1　立轴

(2)准备。材料为 45[#] 钢;规格 $\Phi50\times125$ mm;数量为 1 件,时间 210 min。

(3)设备、工具、刀具准备如下:游标尺,外径千分尺,内径量表,百分表,磁性表架,划针盘,外圆车刀,端面车刀,内孔车刀,外沟槽刀,$\Phi22$ mm 钻头,B2 中心钻,钻夹头,前顶尖,回转顶尖,鸡心夹头,可调定位套,V 形块,螺栓若干。

(4)评分标准如表 3.6.1 所示。

表 3.6.1　评分标准

序　号	检测项目	配　分	评分标准	得　分
1	$\Phi30^{+0}_{-0.025}$(2 处)	7×2	超差不得分	
2	$\Phi44^{+0}_{-0.30}$	5	超差不得分	
3	$\Phi24^{+0.039}_{-0}$	8	超差不得分	

续表

序　号	检测项目	配　分	评分标准	得　分
4	◎ | 0.03 | A	2×2	超差一处扣 2 分	
5	≡ | 0.03 | A	4	超差不得分	
6	≡ | 0.10 | C	4	不合格不得分	
7	⊥ | 0.02 | C	4	达不到不得分	
8	≡ | 0.10 | A	4	达不到不处分	
9	32±0.039	8	超差不得分	
10	120±0.30	3	超差不得分	
11	25±0.2(2 处)	1.5×2	一处达不到扣 1.5 分	
12	2×0.5(2 处)	2×2	一处达不到扣 2 分	
13	R_a1.6(7 处)	3×7	一处达不到扣 3 分	
14	R_a3.2	2	达不到不得分	
15	R_a12.5(4 处)	1×4	一处达不到扣 1 分	
合　计		100		

(5)加工步骤：

1)夹持工件，车平端面，钻中心孔 B2。

2)调头夹持，车总长为 120±0.20 mm，钻中心孔 B2。

3)用两顶尖装夹工件，粗车 $\Phi44^{+0}_{-0.30}$ mm 为 $\Phi46$ mm，$\Phi30^{+0}_{-0.025}$ mm 为 $\Phi32$ mm。

4)调头粗车 $\Phi30^{+0}_{-0.025}$ mm 为 $\Phi32$ mm，精车 $\Phi30^{+0}_{-0.025}$ mm，$\Phi44^{+0}_{-0.30}$ mm，车槽 2×0.5 mm，倒角 C1.5。

5)调头精车 $\Phi30^{+0}_{-0.025}$ mm，车槽 2×0.5 mm，倒角 C1.5。

6)用花盘装夹工件，找正工件位置，车端面，控制对称尺寸为 16 mm。

7)钻车内孔 $\Phi24^{+0.039}_{-0}$ mm。

8)调头装夹工件，找正平行度，车端面，保证尺寸为 32±0.039 mm。

9)检查尺寸，取下工件。

三、注意事项

(1)两顶尖装夹工件车削，减小切削用量，加注切削液，以免引起震动。

(2)将 V 形块在花盘上用螺栓固定紧，防止因松动甩出伤人。

(3)应使用百分表反复校正工件的对称度。

考核 7　理论考核

一 、选择题

1.用 1∶2 的比例画具有 30°斜角的楔块时，应将该角画成(　　)。

(A)15° (B)30° (C)60° (D)45°

2. 物体三视图的投影规律是：主俯视图(　　)。

(A)长对正 (B)高平齐 (C)宽相等 (D)上下对齐

3. (　　)仅画出机件断面的图形。

(A)半剖视图 (B)三视图 (C)剖面图 (D)剖视图

4. 用视图表示球体形状，在尺寸标注时，注有(　　)，只需用一个视图就足以表达清晰。

(A)R (B)Φ (C)$S\Phi$ (D)0

5. 外螺纹的规定画法是牙顶(大径)及螺纹终止线用(　　)表示。

(A)细实线 (B)细点划线 (C)粗实线 (D)波浪线

6. 机械制图新标准规定：在垂直螺纹线方向的视图中，螺纹牙底用(　　)表示。

(A)虚线 (B)细实线 (C)3/4细实线 (D)点画线

7. 退刀槽和越程槽的尺寸可标注成(　　)。

(A)槽深×直径 (B)槽宽×槽深 (C)槽深×槽宽 (D)直径×槽深

8. 标注形位公差时箭头(　　)。

(A)要指向被测要素 (B)要指向基准要素

(C)必须与尺寸线错开 (D)都要与尺寸线对齐

9. 标注表面粗糙度时，代号的尖端不应(　　)。

(A)从材料内指向该表面可见轮廓 (B)从材料外指向该表面可见轮廓

(C)从材料外指向尺寸线 (D)从材料外指向尺寸界线或引出线上

10. 表面粗糙度代号中数字的书写方向与尺寸数字书写方向(　　)。

(A)没规定 (B)成一定角度 (C)必须一致 (D)相反

11. "①选择比例和图幅；②布置图面，完成底稿；③检查底稿，标注尺寸和技术要求后，描深图形；④填写标题栏"是绘制(　　)的步骤。

(A)装配图 (B)零件草图 (C)零件工作图 (D)标准件图

12. 零件的(　　)包括尺寸精度、几何形状精度和相互位置精度。

(A)加工精度 (B)经济精度 (C)表面精度 (D)精度

13. 零件加工后的实际几何参数与理想几何参数的(　　)称为加工精度。

(A)误差大小 (B)偏离程度 (C)符合程度 (D)差别

14. 本身尺寸增大能使封闭环尺寸增大的组成环为(　　)。

(A)增环 (B)减环 (C)封闭环 (D)组成环

15. 操作者应熟练掌握使用设备技能，达到"四会"，即(　　)。

(A)会使用、会修理、会保养、会检查 (B)会使用、会保养、会检查、会排除故障

(C)会使用、会修理、会检查、会排除故障 (D)会使用、会修理、会检查、会管理

16. 定位基准应从与(　　)有相对位置精度要求的表面中选择。

(A)加工表面 (B)被加工表面 (C)已加工表面 (D)切削表面

17. 为以后的工序提供定位基准的阶段是(　　)。

(A)粗加工阶段 (B)半精加工阶段 (C)精加工阶段 (D)三个阶段均可

18. 工序集中的优点是减少了(　　)的辅助时间。

(A)测量工件 (B)调整刀具 (C)安装工件 (D)刃磨刀具

19. 总余量是(　　)之和。

(A)各工步余量　(B)各工序余量　(C)工序和工步余量　(D)工序和加工余量

20. 把零件按误差大小分为几组,使每组的误差范围缩小的方法是(　　)。

(A)直接减小误差法　(B)误差转移法

(C)误差分组法　(D)误差平均法

21. 在精车花盘的平面中,属于减小误差的是(　　)。

(A)直接减小误差法　(B)就地加工法

(C)误差分组法　(D)误差平均法

22. 退火、正火一般安排在(　　)之后。

(A)毛坯制造　(B)粗加工　(C)半精加工　(D)精加工

23. 正火工序用于改善(　　)的切削性能。

(A)低碳钢与中碳钢　(B)高速钢

(C)铸、锻件　(D)高碳钢

24. 螺纹的顶径是指(　　)。

(A)外螺纹大径　(B)外螺纹小径　(C)内螺纹大径　(D)内螺纹中径

25. 普通螺纹的牙顶应为(　　)形。

(A)圆弧　(B)尖　(C)削平　(D)凹面

26. 已知米制梯形螺纹的公称直径为 36 mm,螺距 $P=6$ mm,牙顶间隙 $a_c=0.5$ mm,则牙槽底宽为(　　)mm。

(A)2.196　(B)1.928　(C)0.268　(D)3

27. 已知米制梯形螺纹的公称直径为 40 mm,螺距 $P=8$ mm,牙顶间隙 $a_c=0.5$ mm,则外螺纹牙高为(　　)mm。

(A)4.33　(B)3.5　(C)4.5　(D)4

28. 用硬质合金螺纹车刀高速车梯形螺纹时,刀尖角应为(　　)。

(A)30°　(B)29°　(C)29°30′　(D)30°30′

29. 用较厚的螺纹样板检测具有纵向前角的车刀的刀尖角时,样板应(　　)放置。

(A)平行于工件轴线　(B)平行于车刀底平面

(C)水平　(D)平行于车刀切削刃

30. 车螺纹时,在每次往复行程后,除中滑板横向进给外,小滑板只向一个方向作微量进给,这种车削方法是(　　)。

(A)直进　(B)左右切削　(C)斜进　(D)车直槽

31. (　　)属于综合测量方法。

(A)三针测量　(B)螺纹千分尺　(C)螺纹量规　(D)游标卡尺

32. 测量外螺纹中径精确的方法是(　　)。

(A)用三针测量　(B)用螺纹千分尺测量

(C)用螺纹量规测量　(D)用游标卡尺测量

33. 梯形螺纹的螺纹升角是按螺纹的(　　)计算的。

(A)外径　(B)中径　(C)内径　(D)小径

34. 梯形螺纹粗车刀与精车刀相比,其纵向前角应取得(　　)。

(A)较大　(B)零值　(C)较小　(D)一样

35. 粗车螺纹时,硬质合金螺纹车刀的刀尖角应(　　)螺纹的牙型角。

(A)大于　(B)等于　(C)小于　(D)小于或等于

36. 轴向直廓蜗杆在垂直于轴线的截面内的齿形是(　　)。

(A)延长渐开线　(B)渐开线　(C)螺旋线　(D)阿基米德螺旋线

37. 法向直廓蜗杆又称为(　　)。

(A)延长渐开线蜗杆　(B)渐开线蜗杆

(C)ZA 蜗杆　(D)阿基米德蜗杆

38. 车削外径为 100 mm、模数为 10 mm 的模数螺纹,其分度圆直径为(　　)mm。

(A)95　(B)56　(C)80　(D)90

39. 车削外径为 100 mm、模数为 10 mm 的模数螺纹,其轴向齿根槽宽应为(　　)mm。

(A)6.97　(B)5　(C)15.7　(D)8.43

40. 当精车延长渐开线蜗杆时,车刀左右两刀刃组成的平面应(　　)装刀。

(A)与轴线平行　(B)与齿面垂直　(C)与轴线倾斜　(D)与轴线等高

41. 当精车阿基米德蜗杆时,车刀左右两刃组成的平面应(　　)装刀。

(A)与轴线平行　(B)与齿面垂直　(C)与轴线倾斜　(D)与轴线等高

42. 用齿轮卡尺测量蜗杆的(　　)齿厚时,应把齿高卡尺的读数调整到齿顶高尺寸。

(A)周向　(B)径向　(C)法向　(D)轴向

43. 用三针法测量模数 $m=5$、外径为 80 mm 的公制蜗杆时,测得 M 值应为(　　)。

(A)70　(B)92.125　(C)82.125　(D)80

44. 沿两条或两条以上在(　　)等距分布的螺旋线所形成的螺纹称为多线螺纹。

(A)径向　(B)法向　(C)轴向　(D)圆周

45. 同一条螺旋线相邻两牙在中径线上对应点之间的轴向距离称为(　　)。

(A)螺距　(B)导程　(C)节距　(D)周节

46. 车多线螺纹时,应按(　　)来计算挂轮。

(A)螺距　(B)导程　(C)螺旋升角　(D)线数

47. M20×3/2 的螺距为(　　)mm。

(A)3　(B)2.5　(C)2　(D)1.5

48. 在粗车多线螺纹分头时比较简便的方法是(　　)。

(A)小滑板刻度分线法　(B)交换齿轮分线法

(C)利用百分表和量块分线法　(D)卡盘卡爪分线法

49. 在精车多线螺纹时,要多次循环分线,其目的主要是(　　)。

(A)减小表面粗糙度　(B)提高尺寸精度

(C)消除赶刀产生的误差　(D)提高分线精度

50. 车削多线螺纹时,(　　)。

(A)根据自己的经验,怎么车都行

(B)精车多次循环分线时,小滑板要向一个方向赶刀

(C)应把各条螺旋槽先粗车好后,再分别精车

(D)应将一条螺旋槽车好后,再车另一条螺旋槽

51. 用齿轮卡尺测量的是(　　)。
(A)螺距　(B)周节　(C)法向齿厚　(D)轴向齿厚
52. 在丝杆螺距为 12 mm 的车床上车削模数为 4 mm 的蜗杆,(　　)产生乱牙。
(A)不一定会　(B)一定会　(C)会　(D)不会
53. 多线螺纹在计算交换齿轮时,应根据(　　)进行计算。
(A)螺距　(B)导程　(C)线数　(D)螺纹升角
54. 在高温下能够保持刀具材料切削性能的是(　　)。
(A)硬度　(B)耐热性　(C)耐磨性　(D)强度
55. 刀具材料的硬度越高,耐磨性(　　)。
(A)越差　(B)越好　(C)不变　(D)消失
56. 加工塑性金属材料应选用(　　)硬质合金。
(A)P类　(B)K类　(C)M类　(D)以上均可
57. 在主截面内主后刀面与切削平面之间的夹角是(　　)。
(A)前角　(B)后角　(C)主偏角　(D)副偏角
58. 车刀装歪,对(　　)有影响。
(A)后角　(B)主副偏角　(C)刃倾角　(D)刀尖角
59. 成形车刀的前角取(　　)。
(A)较大　(B)较小　(C)0°　(D)20°
60. (　　)时应选用较小的前角。
(A) 车铸铁件　(B) 精加工　(C)车 45# 钢　(D)车铝合金
61. 切断刀的副后角应选(　　)。
(A)6°～8°　(B)1°～2°　(C)12°　(D)5°
62. 主偏角大,则(　　)。
(A)散热好　(B)进给抗力小　(C)易断屑　(D)表面粗糙度小
63. 控制切屑排屑方向的角度是(　　)。
(A)主偏角　(B)前角　(C)刃倾角　(D)后角
64. 在强力切削时应取(　　)。
(A)负值刃倾角　(B)正值刃倾角　(C)零度刃倾角　(D)大前角
65. 切屑的内表面光滑,外表面呈毛茸状,是(　　)。
(A)带状切屑　(B)挤裂切屑　(C)单元切屑　(D)粒状切屑
66. 切削塑性较大的金属材料时形成(　　)切屑。
(A)带状　(B)挤裂　(C)粒状　(D)崩碎
67. 影响积屑瘤产生的最主要因素是(　　)。
(A)工件材料　(B)切削速度　(C)刀具前角　(D)后角
68. 积屑瘤可以保护刀具,所以对(　　)有利。
(A)粗加工　(B)精加工　(C)所有加工都　(D)半精加工
69. 加工硬化层的硬度可达工件硬度的(　　)倍。
(A)1　(B)1.2～2　(C)3　(D)0.5
70. 在用硬质合金车刀加工时,为减轻加工硬化,不易取(　　)的进给量和切削深度。

(A)过小　　(B)过大　　(C)中等　　(D)较大

71. 消耗功率最多，且作用在切削速度方向上的分力是(　　)。

(A)主切削力　　(B)径向抗力　　(C)轴向抗力　　(D)总切削力

72. 消耗的功最大的切削力是(　　)。

(A)主切削力 F_z　　(B)切深抗力 F_y　　(C)进给抗力 F_x　　(D)反作用力

73. 对切削抗力影响最大的是(　　)。

(A)工件材料　　(B)切削深度　　(C)刀具角度　　(D)刀具材料

74. 刀具角度中对切削力影响最大的是(　　)。

(A)前角　　(B)后角　　(C)主偏角　　(D)刃倾角

75. 一台 CA6140 型卧式车床，$P_E = 7.5$ kW，$\eta = 0.8$，用 YT5 车刀将直径为 80 mm 的中碳钢毛坯在一次进给中车成直径为 70 mm 的半成品，若选进给量为 0.3 mm/r，车床主轴转速为 400 r/min，则主切削力为(　　)N。

(A)1 500　　(B)3 000　　(C)6 000　　(D)12 000

76. 如不用切削液，切削热的(　　)将传入工件。

(A)50%～86%　　(B)40%～10%　　(C)9%～3%　　(D)1%

77. 如不用切削液，切削热的(　　)将传入刀具。

(A)50%～86%　　(B)40%～10%　　(C)9%～3%　　(D)1%

78. 用中等速度和中等进给量切削中碳钢工件时，刀具的磨损形式是(　　)磨损。

(A)前刀面　　(B)后刀面　　(C)前、后刀面　　(D)切削平面

79. 在切削金属材料时，属于正常磨损中最常见的情况是(　　)磨损。

(A)急剧　　(B)前刀面　　(C)后刀面　　(D)前、后刀面

80. 刀具两次重磨之间(　　)时间的总和称为刀具寿命。

(A)使用　　(B)机动　　(C)纯切削　　(D)工作

81. 刀具两次重磨之间纯切削时间的总和称为(　　)。

(A)刀具磨损限度　　(B)刀具寿命　　(C)使用时间　　(D)机动时间

82. 刀具角度中对切削温度影响最大的是(　　)。

(A)前角　　(B)后角　　(C)主偏角　　(D)刃倾角

83. 使用(　　)可提高刀具寿命。

(A)润滑液　　(B)冷却液　　(C)清洗液　　(D)防锈液

84. 减小(　　)对提高刀具寿命的影响最大。

(A)切削厚度　　(B)进给量　　(C)切削速度　　(D)切削深度

85. 在刃磨刀具时对刀刃的要求是(　　)。

(A)刃口平直、光洁　　(B)刃口表面粗糙度小、锋利

(C)刃口平整、锋利　　(D)刃口平直、表面粗糙度小

86. (　　)砂轮适用于硬质合金车刀的刃磨。

(A)绿色碳化硅　　(B)黑色碳化硅　　(C)碳化硼　　(D)氧化铝

87. 在刃磨车刀时，刃磨主后刀面，同时磨出(　　)。

(A)主后角和刀尖角　　(B)主后角和副偏角

(C)主后角和主偏角　　(D)主后角和副后角

88. 在粗车时，选择切削用量的顺序是(　　)。

(A)$a_p \to V \to f$　(B) $f \to a_p \to V$　(C) $V \to f \to a_p$　(D)$a_p \to f \to V$

89. 在用高速钢车刀精车时，应选(　　)。

(A)较大的吃刀深度　(B)较高的转速

(C)较低的转速　(D)较大的进给量

90. 在用硬质合金车刀精车时，应选(　　)。

(A)较低的转速　(B)很小的切削深度

(C)较高的转速　(D)较大的进给量

91. 被加工材料的(　　)和金相组织对其表面粗糙度影响最大。

(A)强度　(B)硬度　(C)塑性　(D)韧性

92. 硬质合金可转位车刀的特点是(　　)。

(A)刀片耐用　(B)不易打刀　(C)夹紧力大　(D)节约刀杆

93. 硬质合金可转位车刀的特点是(　　)。

(A)不用磨刀　(B)不易打刀　(C)夹紧力大　(D)刀片耐用

94. 使用硬质合金可转位刀具，必须选择(　　)。

(A)合适的切削用量　(B)合适的刀片

(C)合适的加工材料　(D)合适的刀杆

95. 使用硬质合金可转位刀具，必须注意(　　)。

(A)选择合理的刀具角度　(B)刀片要用力夹紧

(C)刀片夹紧不需用力很大　(D)选择较大的切削用量

96. 普通麻花钻靠外缘处前角为(　　)。

(A)－54°(负前角)　(B)0°　(C)＋30°(正前角)　(D)45°

97. 修磨麻花钻横刃的目的是(　　)。

(A)缩短横刃，降低钻削力　(B)减小横刃处前角

(C)增大或减小横刃处前角　(D)增加横刃强度

98. 修磨麻花钻前刀面的目的是(　　)前角。

(A)增大　(B)减小　(C)增大或减小　(D)增大边缘处

99. 磨削加工的主运动是(　　)。

(A)砂轮圆周运动　(B)工件旋转运动　(C)工作台移动　(D)砂轮架运动

100. 磨削加工中砂轮的旋转是(　　)运动。

(A)工作　(B)磨削　(C)进给　(D)主

101. 修整砂轮一般用(　　)。

(A)油石　(B)金刚石　(C)硬质合金刀　(D)高速钢

102. 当工件材料软、塑性大时，应选用(　　) 砂轮。

(A)粗粒度　(B)细粒度　(C)硬粒度　(D)软粒度

103. 在机床上用以装夹工件的装置称为(　　)。

(A)车床夹具　(B)专用夹具　(C)机床夹具　(D)通用夹具

104. 专用夹具适用于(　　)。

(A)新品试制　(B)单件、小批生产　(C)大批、大量生产　(D)一般生产

105. 采用夹具后，工件上有关表面的(　　)由夹具保证。

(A)位置精度　(B)形状精度　(C)大轮廓尺寸　(D)表面粗糙度

106. 夹具中的(　　)装置能保证工件的正确位置。

(A)平衡　(B)辅助　(C)夹紧　(D)定位

107. 应尽可能选择(　　)基准作为精基准。

(A)定位　(B)设计　(C)测量　(D)工艺

108. 采用长圆柱孔定位，可以消除工件的(　　)自由度。

(A)两个平动　(B)两个平动、两个转动

(C)三个平动、一个转动　(D)两个平动、一个转动

109. 在用大平面定位时，把定位平面做成(　　)，以提高工件定位的稳定性。

(A)中凹的　(B)中凸的　(C)刚性的　(D)网纹面

110. 工件的六个自由度全部被限制，它在夹具中只有唯一的位置，属于(　　)定位。

(A)部分　(B)完全　(C)欠　(D)重复

111. 轴类零件用双中心孔定位，能消除(　　)个自由度。

(A)三　(B)四　(C)五　(D)六

112. 垫圈放在磁力工作台上磨平面，属于(　　)定位。

(A)部分　(B)完全　(C)欠　(D)重复

113. 采用一夹一顶安装阶台轴工件(夹持部分短)，中间部位用中心架支承，这种定位属于(　　)定位。

(A)重复　(B)完全　(C)欠　(D)部分

114. 采用一夹一顶安装工件(夹持部分长)，这种定位属于(　　)定位。

(A)重复　(B)完全　(C)欠　(D)部分

115. (　　)定位在加工过程中是不允许出现的。

(A)部分　(B)完全　(C)欠　(D)重复

116. 用自定心卡盘装夹工件，当夹持部分较短时，限制了(　　)个自由度。

(A)二　(B)三　(C)四　(D)五

117. V型铁是以(　　)为定位基面的定位元件。

(A)内圆柱面　(B)外圆锥面　(C)外圆柱面　(D)内圆锥面

118. 设计夹具时，定位元件的公差应不大于工件公差的(　　)。

(A)1/2　(B)1/3　(C)1/5　(D)1/10

119. 对夹紧装置的基本要求中"正"是指(　　)。

(A)夹紧后，应保证工件在加工过程中的位置不发生变化

(B)夹紧时，应不破坏工件的正确定位

(C)夹紧迅速　(D)结构简单

120. 夹紧元件施力方向应尽量与(　　)的方向一致，使小夹紧力起大夹紧力的作用。

(A)工件重力　(B)切削力　(C)反作用力　(D)进深抗力

121. 端面拨动顶尖是利用(　　)带动工件旋转，而工件仍以中心孔与顶尖定位。

(A)鸡心夹头　(B)梅花顶尖　(C)端面拨爪　(D)端面摩擦

122. 组合夹具元件、部件多，一次性投资大，适于(　　)生产。

(A)单件、小批　(B)大量　(C)成批　(D)大批量

123. 已加工表面质量是指(　　)。

(A)表面粗糙度　(B)尺寸精度

(C)形状精度　(D)表面粗糙度和表层材质变化

124. 花盘可直接装夹在车床的(　　)上。

(A)卡盘　(B)主轴　(C)尾座　(D)专用夹具

125. 被加工表面回转轴线与(　　)互相平行，外形复杂的工件可装夹在花盘上加工。

(A)基准轴线　(B)基准面　(C)底面　(D)平面

126. 在花盘角铁上加工工件时，转速如果太高，就会因(　　)的影响，使工件飞出而发生事故。

(A)切削力　(B)离心力　(C)夹紧力　(D)转矩

127. 花盘、角铁的定位基准面的形位公差，要小于工件形位公差的(　　)。

(A)2倍　(B)1/5　(C)1/3　(D)1/2

128. 对于花盘、角铁等加工形位公差要求较高的工件，花盘平面须经过(　　)。

(A)精车　(B)精铣　(C)精刨　(D)精锉

129. 外圆与外圆或内孔与外圆的轴线(　　)的零件，叫做偏心工件。

(A)重合　(B)垂直　(C)平行　(D)平行而不重合

130. 偏心距较大的工件，可用(　　)来装夹。

(A)两顶尖　(B)偏心套　(C)两顶尖和偏心套　(D)偏心卡盘

131. 偏心工件的加工原理是把需要加工的偏心部分的轴线找正到与车床主轴旋转轴线(　　)。

(A)重合　(B)垂直　(C)平行　(D)不重合

132. 在三爪卡盘上车偏心工件，已知 $D=50$ mm，偏心距 $e=2$ mm，试切后，用百分表测得最大值与最小值的差值为4.08，则正确的垫片厚度为(　　)mm。

(A)2.94　(B)3.06　(C)3　(D)6.12

133. 用百分表测得某偏心件最大与最小值的差为4.12 mm，则实际偏心距为(　　)mm。

(A)4.12　(B)8.24　(C)2.06　(D)2

134. 在用(　　)装夹方法加工曲轴时，每次安装都要找正，其加工精度受操作者技术水平影响较大。

(A)一夹一顶　(B)两顶尖　(C)偏心板　(D)专用夹具

135. 加工曲轴采用低速精车，以免由于(　　)使工件产生位移。

(A)径向力　(B)重力　(C)切削力　(D)离心力

136. 在下列方法中，(　　)方法对减少薄壁变形不起作用。

(A)使用扇形软卡爪　(B)使用切削液

(C)保持车刀锋利　(D)使用径向夹紧装置

137. 工件长度与直径之比(　　)25时，称为细长轴。

(A)小于　(B)等于　(C)大于　(D)不等于

138. 细长轴的主要特点是(　　)。

(A)强度差　(B)刚性差　(C)弹性好　(D)稳定性差

139. 在车削细长轴时，要使用中心架和跟刀架来增加工件的(　　)。
(A)刚性　(B)韧性　(C)强度　(D)硬度

140. 跟刀架可以跟随车刀移动，抵消(　　)切削力。
(A)切向　(B)径向　(C)轴向　(D)反方向

141. 在车细长轴时，为了减小切削力和切削热，应该选择(　　)。
(A)较大的前角　(B)较小的前角　(C)较小的主偏角　(D)较大的后角

142. 车细长轴时，车刀的前角应选择(　　)。
(A)$-5°\sim1°$　(B)$2°\sim10°$　(C)$10°\sim15°$　(D)$15°\sim30°$

143. 深孔加工的关键技术是深孔钻的(　　)问题。
(A)几何形状和冷却排屑　(B)几何角度
(C)冷却排屑　(D)钻杆刚性和排屑

144. 喷吸钻的排屑方式为(　　)。
(A)外排屑　(B)内排屑　(C)前排屑　(D)后排屑

145. 在车床上自制 60°前顶尖，最大圆锥直径为 30 mm，则圆锥长度为(　　)mm。
(A)26　(B)8.66　(C)17　(D)30

146. 两顶尖装夹车长 400 mm 的外圆，车至 300 mm 时，测得尾座端直径小 0.03 mm，若不考虑刀具磨损因素，当尾座向(　　)mm 时，能够消除锥度。
(A)靠近操作者方向偏移 0.02　(B)远离操作者方向偏移 0.015
(C)远离操作者方向偏移 0.02　(D)远离操作者方向偏移 0.04

147. CA6140 型卧式车床滑板箱中的离合器是(　　)离合器。
(A)摩擦片式　(B)超越式　(C)安全式　(D)牙嵌式

148. CA6140 型卧式车床主轴前支承处装有一个双列推力向心球轴承，主要用于承受(　　)。
(A)径向作用力　(B)右向轴向力　(C)左向轴向力　(D)左右轴向力

149. CA6140 型车床主轴径向间隙大，可以通过使轴承内环(　　)而消除。
(A)径向移动　(B)轴向移动
(C)轴向移动，径向缩小　(D)轴向移动，径向胀大

150. 多片式摩擦离合器的内外摩擦片在松开状态时的间隙太大，则易产生(　　)现象。
(A)停不住车　(B)开车手柄提不到位
(C)掉车　(D)闷车

151. 传动比准确的离合器是(　　)离合器。
(A)摩擦片式　(B)超越式　(C)安全式　(D)牙嵌式

152. CA6140 型卧式车床钢带式制动器的作用是(　　)。
(A)起保险作用　(B)防止车床过载　(C)提高生产效率　(D)刹车

153. 变速机构可在主动轴转速(　　)时，使从动轴获得不同的转速。
(A)由小变大　(B)改变　(C)不改变　(D)由大变小

154. (　　)机构用来改变机床运动部件的运动方向
(A)变速　(B)变向　(C)进给　(D)操纵

155. (　　)属于操纵机构。
(A)开车手柄　(B)大滑板　(C)开合螺母　(D)尾座

156. 车床的开合螺母机构主要是用来(　　)的。

(A)防止过载　　(B)自动断开走刀运动

(C)接通或断开车螺纹运动　　(D)自锁

157. 机床工作时，为防止丝杠传动和机动进给同时接通而损坏机床，在滑板箱中设有(　　)。

(A)互锁机构　　(B)安全离合器　　(C)脱落蜗杆机构　　(D)开合螺母

158. 安全离合器的作用是(　　)。

(A)互锁　　(B)避免纵、横进给同时接通

(C)过载保护　　(D)防止"闷车"

159. 调整中滑板丝杆与螺母之间的间隙，实际上是通过增大两螺母之间的(　　)距离而实现的。

(A)径向　　(B)上下　　(C)轴向　　(D)切向

160. 与C620车床相比，CA6140型车床具有(　　)的特点。

(A)滑板箱操纵手柄多　　(B)尾座有快速夹紧机构

(C)进给箱变速杆强度差　　(D)主轴孔小

161. 立式车床适于加工(　　)零件。

(A)大型轴类　　(B)形状复杂的　　(C)大型盘类　　(D)小型规则的

162. 从主轴至丝杠之间的传动链传动误差超差，会使工件(　　)超差。

(A)螺纹中径　　(B)圆度　　(C)螺距精度　　(D)牙型角

163. 在车间生产中，应严格贯彻工艺规程，执行技术标准，严格坚持"三按"，即(　　)组织生产，不合格产品不出车间。

(A)按人员、按设备、按图纸　　(B)按人员、按资金、按物质

(C)按图纸、按工艺、按技术标准　　(D)按车间、按班组、按个人

164. 提高劳动生产率的目的是(　　)。

(A)减轻工人劳动强度　　(B)降低生产成本

(C)提高产量　　(D)减少机动时间

165. 劳动生产率是指单位时间内所生产的(　　)。

(A)合格品　　(B)产品　　(C)合格品＋废品　　(D)合格品－废品

166. 提高劳动生产率的措施，必须以保证产品(　　)为前提，以提高经济效益为中心。

(A)数量　　(B)质量　　(C)经济效益　　(D)美观

167. 实现工艺过程中(　　)所消耗的时间属于辅助时间。

(A)测量和检验工件　　(B)休息

(C)准备刀具　　(D)切削

168. 减少加工余量，可缩短(　　)时间。

(A)基本　　(B)辅助　　(C)准备　　(D)结束

169. 减少(　　)时间是缩短辅助时间的主要措施之一。

(A)机床变速　　(B)测量工件　　(C)润滑机床　　(D)清除切屑

170. 车床上的照明灯电压应不超过(　　)V。

(A)12　　(B)24　　(C)36　　(D)42

171. 磨削时,工作者应站在砂轮的( )。
(A)侧面 (B)对面 (C)前面 (D)后面

172. 属于甲类火灾危险品的是( )。
(A)氢气、煤油、红磷 (B)乙炔、酒精、红磷
(C)天然气、柴油、闪光粉 (D)甲烷、汽油、硫磺

173. 手提式泡沫灭火器适于扑救( )引起的火灾。
(A)油脂类、石油产品 (B)木、棉、毛等物质
(C)电路设备 (D)可燃气体

174. 文明生产应该( )。
(A)磨刀时站在砂轮侧面 (B)短切屑可用手清除
(C)量具放在顺手的位置 (D)千分尺当卡规使用

175. 文明生产应该( )。
(A)量具放在顺手的位置 (B)开车前先检查车床状况
(C)磨刀时站在砂轮正面 (D)磨刀时光线不好可不戴眼镜

176. 磨削区域温度高达( )℃,所以必须充分使用切削液降温。
(A)800～1 000 (B)500～600 (C)300 (D)1 200

177. 磨削加工表面粗糙度值 R_a 在( )μm 之间。
(A)6.4～12.5 (B)1.6～3.2 (C)0.8～0.2 (D)0～0.025

178. 在外圆磨床上磨削工件,一般用( )装夹。
(A)一夹一顶 (B)两顶尖 (C)三爪卡盘 (D)电磁吸盘装夹。

179. 在平面磨削中,一般来说,端面磨削比圆周磨削( )。
(A)效率高 (B)加工质量好 (C)磨削热大 (D)磨削力大

180. 用细粒度的磨具对工件施加很小的压力,并作往复振动和慢速纵向进给运动,以实现微磨削的加工方法称( )。
(A)超精加工 (B)珩磨 (C)研磨 (D)抛光

181. 光整加工包括( )。
(A)精加工、珩磨、研磨、抛光 (B)超精加工、珩磨、精镗、抛光
(C)超精加工、珩磨、研磨、抛光 (D)超精加工、精磨、研磨、抛光

182. 镗削加工适宜于加工( )零件。
(A)轴类 (B)套类 (C)箱体类 (D)机座类

183. 在镗削加工中( )是主运动。
(A)镗刀旋转 (B)镗刀移动 (C)工件移动 (D)镗刀进给

184. 在生产准备中所进行的工艺选优,编制和修改工艺文件,设计、补充、制造工艺装备等属于( )。
(A)工艺技术准备 (B)人力的准备 (C)物料、能源准备 (D)设备完好准备

185. 生产准备是指生产的( )准备工作。
(A)技术 (B)物质 (C)物质、技术 (D)人员

186. ( )是企业生产管理的依据。
(A)生产计划 (B)生产作业计划 (C)班组管理 (D)生产组织

187. 质量体系中纲领性的文件是(　　)。

(A)技术文件　　(B)工艺文件　　(C)质量计划　　(D)质量手册

二、判断题(正确的画√,不正确的画×)

1. 图样上的锥度应根据给定尺寸作出,作图时首先要在圆锥轴线上根据锥度比作出直角三角形。(　　)

2. 物体三视图的投影规律是显实性、积聚性、收缩性。(　　)

3. 假想用剖切平面将机件的某处切断,仅画出断面的图形称为剖视图。(　　)

4. 单个圆柱齿轮的画法是在垂直于齿轮轴线方向的视图上不必剖开,而将齿顶圆、齿根和分度圆分别用粗实线、细点画线和细实线绘制。(　　)

5. 在零件图中,同一方向的尺寸必须全部从同一主要基准标注。(　　)

6. 当零件的大部分表面粗糙度相同时,将相同的代(符)号统一标注在图样的右上角即可,无须另外加注内容。(　　)

7. 为使零件图能够正确、完整、清晰地表达零件内、外结构,要尽量用较多的视图。(　　)

8. 采用定程法进行加工时,由于影响加工精度的因素较多,因此应经常抽验工件并及时进行调整,防止成批报废工件。(　　)

9. 由于本身尺寸增大导致封闭环尺寸增大的组成环为减环。(　　)

10. 尺寸链封闭环的尺寸是它的各个组成环尺寸的代数和。(　　)

11. 定位基准是在加工中用作定位的基准。(　　)

12. 工序分散的优点是可采用普通机床并安排数量较多的人就业,故目前一般倾向于采用工序分散。(　　)

13. 工序余量是指某一表面在一个工步中所切除的金属层深度。(　　)

14. 工艺系统几何误差是产生加工误差的原因之一。(　　)

15. 退火工序一般安排在粗加工之后。(　　)

16. 相邻两牙在中径线上的距离叫螺距。(　　)

17. 已知米制梯形螺纹的公称直径为 40 mm,螺距 $P=8$ mm,牙顶间隙 $a_c=0.5$ mm,则外螺纹牙高为 4 mm。(　　)

18. 用较厚的螺纹样板测具有纵向前角的车刀的刀尖角时,样板应平行于车刀切削刃放置。(　　)

19. 低速车三角螺纹的方法有直进法、车直槽法和斜进法。(　　)

20. 测量内、外螺纹中径最精确的方法是三针测量法。(　　)

21. 车削右螺纹时,车刀右侧的工作后角减小。(　　)

22. 螺纹车刀纵向前角对螺纹牙型角没有影响。(　　)

23. 一般蜗杆根据其齿形可分为法向直廓蜗杆和延长渐开线蜗杆。(　　)

24. 车削外径为 100 mm、模数为 8 mm 的公制蜗杆,其轴向齿厚为 4 mm。(　　)

25. 精车米制蜗杆,图样上注明是轴向直廓蜗杆,装夹车刀时,应将车刀左右切削刃组成的平面垂直于工件齿面。(　　)

26. 用齿轮卡尺测量蜗杆的法向齿厚时,应把齿高卡尺的读数调整到全齿高尺寸。(　　)

27. 沿两条或两条以上在轴向等距分布的螺旋线所形成的螺纹称为多线螺纹。(　　)

28. Tr30× 6(P3)的螺纹升角计算公式为 $\tan\psi = 6/(\Pi D_2)$。( )

29. 用轴向分线法分线时,应按导程分线。( )

30. 车多线螺纹时,应将一条螺旋槽车好后,再车另一条螺旋槽。( )

31. 车多线蜗杆,用三针测量时,其中两针应放在相邻两槽中。( )

32. 在CA6140型卧式车床上车削Tr36×24(P6)的螺纹,不会产生乱牙。( )

33. 多线螺纹在计算交换齿轮时,应以线数进行计算。( )

34. 在CA6140型卧式车床上车削1牙/in的英制螺纹时,利用车床的扩大螺距系统,将原车削16牙/in的传动比增大16倍即可。( )

35. 刀具耐热性是指金属切削过程中产生剧烈摩擦的性能。( )

36. 硬质合金是一种耐磨性好、耐热性高、抗弯强度和冲击韧性都较高的刀具材料。( )

37. 车刀主切削刃与副切削刃的连接部分称为过渡刃。( )

38. 安装在刀架上的外圆车刀高于工件中心时,易使切削时的前角增大,后角减小。( )

39. 成形车刀应取较大的前角。( )

40. 为防止摩擦,切断刀的副后角应取得大一些。( )

41. 加大主偏角后,散热条件变好,切削温度降低。( )

42. 刃倾角 $\lambda_s = 0°$ 时,可保护刀尖。( )

43. 切削厚度 a_c 是在平行于工件加工表面测量的切削层尺寸。( )

44. 切削铸铁等脆性材料时,切削层首先产生塑性变形,然后产生崩裂的不规则粒状切屑,称崩碎切屑。( )

45. 积屑瘤好像一个刃口圆弧半径较大的楔块,不能代替切削刃进行切削。( )

46. 加工硬化能提高已加工表面的硬度、强度和耐磨性,在某些零件中可改善使用性能。( )

47. 切深抗力是纵向进给方向的力,又称轴向力。( )

48. 切削脆性金属时,切削速度改变则切削力也随着变化。( )

49. F_x, F_y, F_z 三力之间的关系是 $F_z = (F_y^2 + F_x^2)1/2$。( )

50. 在不同的切削情况下,大部分切削热传入周围空气。( )

51. 刀具磨损形式基本上有初期磨损、正常磨损和急剧磨损三种。( )

52. 用硬质合金车刀车削45#钢,当切屑颜色由蓝变紫时,说明车刀需要重新刃磨了。( )

53. 刀具寿命是指一把刀具从开始用起,到完全报废为止的切削时间。( )

54. 影响刀具寿命的因素有切削用量、刀具几何角度、加工材料、刀具材料等。( )

55. 粗车时,选大的切削深度、较小的切削速度,这样可提高刀具寿命。( )

56. 磨刀时对刀面的基本要求是刀刃平直,表面粗糙度小。( )

57. 磨前刀面时,可同时磨出前角和刃倾角。( )

58. 粗车选择切削用量时,首先尽量选大的切削速度。( )

59. 影响已加工表面粗糙度的因素是残留面积、积屑瘤、鳞刺和振动波纹。( )

60. 刀具的 K_r, K'_r 较小时,工件表面粗糙度小。( )

61. 已加工表面质量也可称为表面完整性,它包括表面粗糙度和表层材质变化两方面内容。( )

62. 可转位车刀不如焊接式车刀寿命长。( )

63. 使用硬质合金可转位刀具，要得到理想的切屑形状，必须选择合适的切削用量。（　）

64. 普通麻花钻横刃长，定心好，轴向力大。（　）

65. 麻花钻的修磨方法有修磨横刃、修磨前刀面、双重刃磨等。（　）

66. 磨削工件时采用切削液的作用是将磨屑和脱落的磨粒冲走。（　）

67. 车床上的三、四爪卡盘属于专用夹具。（　）

68. 使用夹具，可保证有关表面的相互位置精度。（　）

69. 用划针或百分表对工件进行找正，也是对工件进行定位。（　）

70. 只要工件被夹紧不动，即表明其六个自由度都被限制了。（　）

71. 为了保证加工精度，所有的工件加工时必须消除其全部自由度，即进行完全定位。（　）

72. 部分定位不如完全定位好。（　）

73. 如工件定位时所消除的自由度总数超过六个，称重复定位。（　）

74. 所限制自由度数目不足六个的就是欠定位。（　）

75. V 型铁可用于平面的定位。（　）

76. 使用心轴、定位套和 V 型铁定位时，由于工件定位基准面和定位元件的制造误差以及轴与孔之间的间隙存在，因而使工件产生定位误差。（　）

77. 对夹紧装置的基本要求中“正”是指夹紧后，应保证工件在加工过程中的位置不发生变化。（　）

78. 夹紧力的作用点应尽量靠近加工表面，以防止工件产生振动。（　）

79. 组合夹具一次性投资大，一般只用于大量生产。（　）

80. 被加工表面回转轴线与基准面互相垂直、外形规则的工件可装夹在花盘上加工。（　）

81. 在花盘角铁上加工工件，采用低速车削，可不配平衡块。（　）

82. 外圆与外圆偏心的零件叫做偏心套。（　）

83. 车偏心工件，开始进刀时，车刀刀尖应从偏心的最外一点逐步切入工件。（　）

84. 在三爪卡盘上车削偏心工件，垫片厚度的近似计算公式是 $X=1.5e$。（　）

85. 当两曲柄臂间距不大时，可用螺栓支承来提高曲轴加工刚度。（　）

86. 车薄壁工件时，不能把工件夹紧，否则工件容易变形。（　）

87. 当工件长度与直径之比大于 5 时，称为细长轴。（　）

88. 车削细长轴工件时，为了使车削稳定，不易产生振动，应采用三爪跟刀架。（　）

89. 工件材料相同，车削时温升基本相等时，其热变形伸长量主要取决于刀具磨损程度。（　）

90. 使用切削液可减小细长轴热变形伸长量。（　）

91. 车细长轴时，为了减少径向力，在不影响刀具强度的情况下，主偏角应尽量增大。（　）

92. 深孔加工的关键技术是深孔钻的几何形状和刀杆刚性问题。（　）

93. 高压内排屑钻的优点是切削液通过“喷”和“吸”两个作用将切屑排出。（　）

94. 有一外圆锥，已知 $D_1=65$ mm，$D_2=35$ mm，$L=100$ mm，则用近似公式求得圆锥半角为 $8°36'$。（　）

95. 机床的主参数用主轴直径表示，位于组、系代号之后。（　）

96. CA6140 型卧式车床反转时的转速低于正转时的转速。（　）

97. 车扩大螺距螺纹时，必须提高主轴转速，降低丝杠转速。（　）

98. 多片式摩擦离合器是利用摩擦片在相互压紧时接触面之间所产生的摩擦力传递运动和扭矩的。（　）

99. 制动的目的是为了缩短车工操作的辅助时间。（　）

100. 变速机构可在主动轴转速不改变时，使从动轴获得不同的转速。（　）

101. 主轴的正转、反转是由变向机构控制的。（　）

102. 开合螺母的功用是接通或断开光杆传来的运动。（　）

103. 互锁机构的作用是防止纵、横进给同时接通。（　）

104. CA6140 型卧式车床过载保护机构在进给箱中。（　）

105. 中滑板丝杆螺母之间的间隙调整后，要求中滑板丝杆手柄转动灵活，正反转时的空行程在 1/2 转以内。（　）

106. CA6140 型卧式车床刀架利用快速电动机作快速移动的目的，是为了获得较大的进给量。（　）

107. 车床主轴轴向窜动量超差，车削时会产生锥度。（　）

108. 数控车床特别适用于单品种、大批量生产。（　）

109. 切削用量的大小主要影响生产率的高低。（　）

110. 使用机械可转位车刀，可减少辅助时间。（　）

111. 生产场地应有足够的照明，每台机床应有适宜的局部照明。（　）

112. 吊运重物不得从任何人头顶通过，吊臂下严禁站人。（　）

113. 磨刀时，操作者要戴防护镜，应站在砂轮正面以防砂轮碎裂飞出伤人。（　）

114. 磨削时，因砂轮转速快，温度高，必须使用切削液。（　）

115. 与磨削外圆相比，磨内圆时，同等条件下磨削质量和生产率都较好。（　）

116. 平面磨削时，与圆周磨削相比，端面磨削的质量好，生产率高。（　）

117. 光整加工是在半精加工基础上进行的。（　）

118. 精加工时，多用顺铣。（　）

119. 插床的主要工作是加工孔内键槽、多边形孔、花键孔等。（　）

120. 镗床特别适宜加工孔距精度和相对位置精度要求很高的孔系。（　）

121. 生产过程组织是解决产品生产过程各阶段、各环节、各工序在时间和空间上的协调衔接关系。（　）

122. 生产计划是生产作业计划的具体执行计划，是企业组织日常生产活动的依据。（　）

123. 全面质量管理的基本特点就在于全员性和预防性。（　）

124. 应遵守工艺纪律，执行技术标准，坚持按图纸、按工艺、按技术标准组织生产。（　）

答　案

选择题：

1. B　2. A　3. C　4. C　5. C　6. C　7. B　8. A　9. A　10. C　11. C　12. A　13. B　14. A　15. B　16. B　17. A　18. C　19. B　20. C　21. B　22. A　23. C　24. A　25. C　26. B　27. C　28. C　29. B　30. C　31. C　32. A　33. B　34. A

35. C 36. D 37. A 38. C 39. A 40. B 41. A 42. C 43. C 44. C 45. B
46. B 47. D 48. A 49. C 50. C 51. C 52. A 53. B 54. B 55. B 56. A
57. B 58. B 59. C 60. A 61. B 62. B 63. C 64. A 65. A 66. A 67. B
68. A 69. B 70. A 71. A 72. A 73. B 74. A 75. B 76. B 77. C 78. C
79. C 80. C 81. B 82. A 83. B 84. C 85. D 86. A 87. C 88. D 89. A
90. C 91. C 92. D 93. A 94. A 95. C 96. C 97. A 98. C 99. A 100. D
101. B 102. A 103. C 104. C 105. A 106. D 107. B 109. B 110. B 111. C
112. A 113. D 114. A 115. C 116. B 117. B 118. B 119. B 120. B 121. C
122. D 123. D 124. B 125. B 126. B 127. D 128. A 129. D 130. D 131. A
132. A 133. C 134. A 135. D 136. D 137. C 138. B 139. A 140. B 141. A
142. D 143. A 144. B 145. A 146. C 147. B 148. D 149. D 150. D 151. D
152. D 153. C 154. B 155. A 156. C 157. A 158. C 159. C 160. B 161. C
162. C 163. C 164. B 165. A 166. B 167. A 168. A 169. B 170. C 171. A
172. B 173. A 174. A 175. B 176. A 177. C 178. B 179. A 180. A 181. C
182. C 183. A 184. A 185. C 186. A 187. D

判断题：

1. × 2. × 3. × 4. × 5. × 6. × 7. × 8. √ 9. × 10. √ 11. √
12. × 13. × 14. √ 15. × 16. × 17. × 18. × 19. × 20. × 21. ×
22. × 23. × 24. × 25. × 26. × 27. √ 28. √ 29. × 30. × 31. ×
32. × 33. × 34. √ 35. × 36. × 37. × 38. √ 39. × 40. × 41. ×
42. × 43. × 44. × 45. × 46. √ 47. × 48. × 49. × 50. × 51. ×
52. √ 53. × 54. √ 55. √ 56. × 57. √ 58. × 59. √ 60. √ 61. √
62. × 63. √ 64. × 65. √ 66. × 67. × 68. √ 69. √ 70. × 71. ×
72. × 73. √ 74. × 75. × 76. √ 77. √ 78. × 79. √ 80. × 81. √
82. × 83. × 84. √ 85. × 86. √ 87. × 88. × 89. √ 90. × 91. √
92. √ 93. × 94. √ 95. × 96. × 97. × 98. √ 99. √ 100. √ 101. ×
102. × 103. √ 104. × 105. × 106. × 107. √ 108. × 109. × 110. √
111. √ 112. √ 113. × 114. √ 115. × 116. × 117. × 118. √ 119. √
120. √ 121. √ 122. √ 123. × 124. √

第4章 职业提高篇

实训1 车削细长轴

一、实训目的

(1)了解细长轴工件的加工特点。

(2)熟练掌握细长轴工件的安装和夹紧。

(3)选择合理的刀具角度。

(4)合理地控制切削用量。

(5)掌握细长轴工件加工的注意事项。

二、相关工艺知识

当工件长度与直径之比大于25时,称为细长轴。因为工件长度与直径之比过大,所以刚性差(比值愈大,刚性愈差),这类零件一般在车床上加工。在车削过程中,由于其刚性差,在切削力和切削热的作用下,细长轴很容易产生弯曲变形,这样一方面破坏了刀具和零件相对运动的准确性,就使加工出来的细长轴产生中间粗、两头细的形状,严重影响零件的加工精度;另一方面细长轴产生弯曲变形后,还会引起工艺系统振动,影响零件的表面粗糙度。

在车削过程中有以下几种特点:

1.细长轴的加工特点

(1)在工件的切削加工中会因为切削力的作用产生弯曲、变形,从而引起振动,影响工件的加工精度和表面粗糙度。

(2)在工件的切削加工中会因为切削力与摩擦变形而产生切削热,工件受热伸长而产生变形,严重的甚至会挤压卡死顶尖以至于无法加工。

因此细长轴的加工难度较大。车削细长轴加工的关键技术是提高工件的刚性,在加工过程中采用辅助支撑(跟刀架、中心架)以减小工件的弯曲变形;合理选择刀具角度降低切削力;合理地控制切削用量减小切削变形。

2.细长轴工件的安装和夹紧

在车床上车削细长轴采用的两种传统装夹方式:

(1)采用双顶尖装夹。双顶尖装夹,工件定位准确,容易保证同轴度。但用该方法装夹细长轴,其刚性较差,细长轴弯曲变形较大,而且容易产生振动。因此只适宜安装长径比不大、加工余量较小、同轴度要求较高的工件。

(2)一夹一顶的装夹。加工细长轴通常采用一夹一顶的装夹方式,但是在该装夹方式中,如果顶尖顶得太紧,除了可能将细长轴顶弯外,还会阻碍车削时细长轴的受热伸长,导致细长轴受到轴向挤压而产生弯曲变形。另外卡爪夹紧面与顶尖孔可能不同轴，装夹后会产生过定位，也能导致细长轴产生弯曲变形。因此采用一夹一顶装夹方式时，顶尖应采用弹性活顶尖，使细长轴受热后可以自由伸长，减少其受热弯曲变形；同时可在卡爪与细长轴之间垫入一个开口钢丝圈（如图 4.1.1 所示），以减少卡爪与细长轴的轴向接触长度，消除安装时的过定位，减少弯曲变形。

3. *采用跟刀架和中心架*

车削细长轴，为了减少径向切削力对细长轴弯曲变形的影响，传统上采用跟刀架和中心架，相当于在细长轴上增加了一个支撑，增加了细长轴的刚度，可有效地减少径向切削力对细长轴的影响。

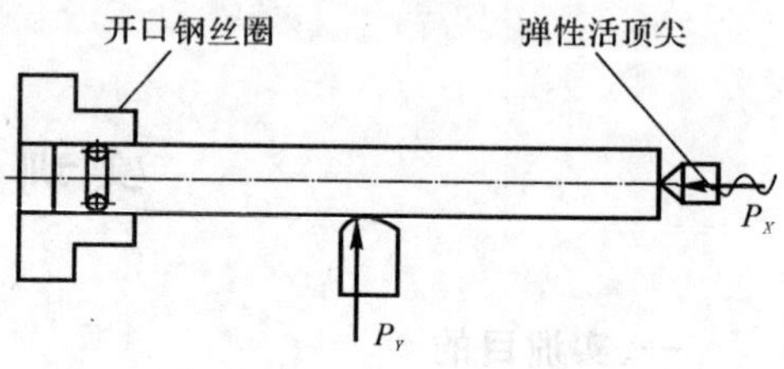

图 4.1.1　一夹一顶装夹方式的改进

(1) 用中心架支撑装夹工件。在车削细长轴时可使用中心架来增加工件刚性。一般车削细长轴使用中心架的方法如下：

1）中心架支撑在工件中心。当工件分段车削时，中心架支撑在工件中间，如图 4.1.2 所示。这样支撑，L/D 值减小一半，车削细长轴时的刚性可以增加好几倍。在工件上装夹中心架之前，必须在毛坯中部车削出一段支撑中心架支撑爪的沟槽，沟槽表面粗糙度及圆柱度误差要小，否则会影响工件的加工精度。

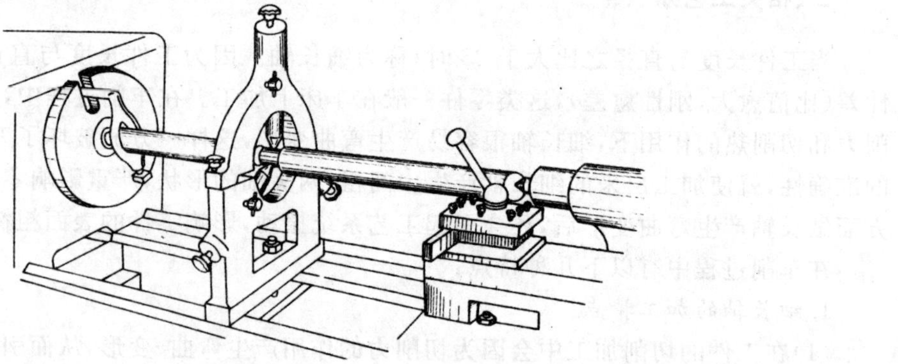

图 4.1.2　中心架支撑工件

2）用过渡套筒支撑车削细长轴。当车削中心架支撑爪的沟槽比较困难时为了解决这个问题，可以加过渡套筒，使支撑爪与过渡套筒的外表面接触。过渡套筒的两端各安装四个螺钉，用这些螺钉均匀夹持毛坯工件，如图 4.1.3 所示。在切削时调整过渡套筒外圆的轴线与主轴旋转轴心线重合，即可车削。

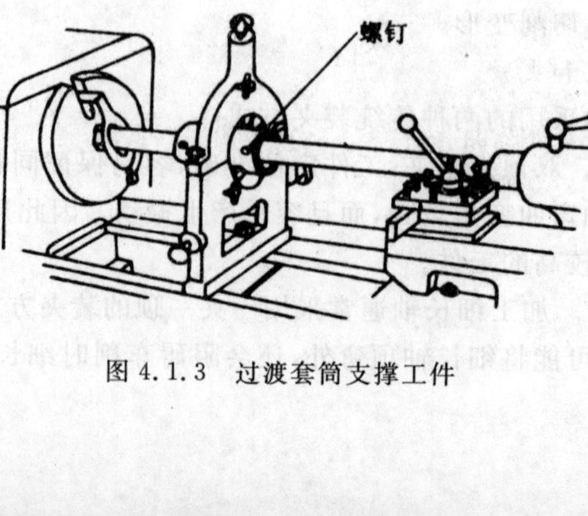

图 4.1.3　过渡套筒支撑工件

(2) 用跟刀架支撑装夹。工件跟刀架固定在床鞍上，一般有两个支撑爪或三个支撑爪，跟刀架可以跟随车刀移动，抵消切削时因切削力和工件自身重力而产生的弯曲变形，可以增加工件的刚度，减少变形，从而提高细长轴的形状精度和减小其表面粗糙度。从跟刀架的设计原理来看，只需两只支撑爪就可以了，因车刀给工件的切削抗力 F_r'，使工件贴在跟刀架的两个支撑爪上。但是实际使用时，工件本身有一个向下重力，以及工件不可避免的弯曲，因此，当车削时，工件往往因离心力瞬时离开支撑爪、接触支撑爪而产生振动。如果采用三只支承爪的跟刀架支承工件，一面由车刀抵住，使工件上下、左右都不能移动，车削时稳定，不易产生振动。因此车超细长轴时一个非常关键的问题是要应用三爪跟刀架，其结构如图 4.1.4 所示。

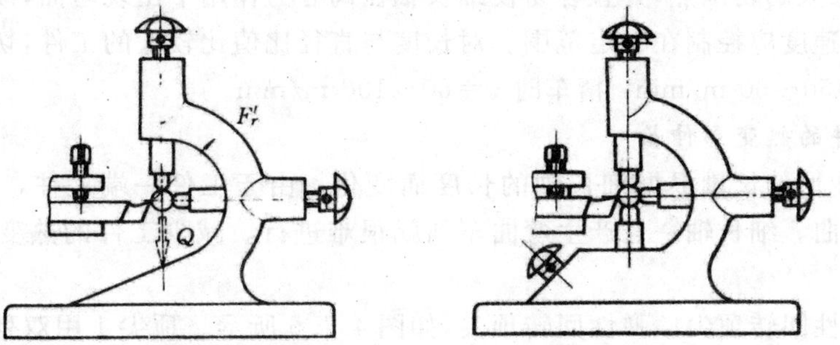

图 4.1.4　三爪跟刀架

为使跟刀架保持良好的刚性，配备有三只支撑块(材料为 QT60—2)，使其与工件研磨后紧密贴合。如跟刀架支撑块与工件表面接触不良，留有间隙，易造成工件中心偏离旋转中心，从而产生多边形。还应合理选用跟刀架结构，正确修磨支撑块弧面，使其与工件有良好接触。切削运行时呈滑动配合，使工件保持在切削旋转轴线上。

4. 选择合理的刀具角度

为了减小车削细长轴产生的弯曲变形，要求车削时产生的切削力越小越好，而在刀具的几何角度中，前角、主偏角和刃倾角对切削力的影响最大。

(1)前角(γ)。前角的大小直接影响切削力、切削温度和切削功率。增大前角，可以使被切削金属层的塑性变形程度减小，切削力明显减小。增大前角可以降低切削力，所以在细长轴的车削中，在保证车刀有足够强度的前提下，尽量使刀具的前角增大，前角一般取 $\gamma=15°$。

(2)主偏角(k_r)。主偏角的大小影响着 3 个切削分力的大小和比例关系。随着主偏角的增大，径向切削力明显减小，切向切削力在 60°～90°时却有所增大。在 60°～75°范围内，3 个切削分力的比例关系比较合理。在车削细长轴时，一般采用大于 60°的主偏角。

(3)刃倾角(λ_s)。刃倾角的大小影响着车削过程中切屑的流向、刀尖的强度及 3 个切削分力的比例关系。随着刃倾角的增大，径向切削力明显减小，但轴向切削力和切向切削力却有所增大。刃倾角在－10°～＋10°范围内，3 个切削分力的比例关系比较合理。在车削细长轴时，常采用正刃倾角＋3°～＋10°，以使切屑流向待加工表面。

5. 合理地控制切削用量

切削用量选择得是否合理，对切削过程中产生的切削力的大小、切削热的多少是不同的。因此对车削细长轴时引起的变形也是不同的。

(1)背吃刀量的选择。在工艺系统刚度确定的前提下，随着切削深度的增大，车削时产生的切削力、切削热随之增大，引起细长轴的受力、受热变形也增大。因此在车削细长轴时，应尽量减少切削深度。粗车时 $a_p=1.5\sim2$ mm，精车时 $a_p=0.5\sim1$ mm。

(2)进给量的选择。进给量增大会使切削厚度增加，切削力增大。但切削力不是按正比增大，因此细长轴的受力变形系数有所下降。如果从提高切削效率的角度来看，增大进给量比增大切削深度有利。粗车时 $f=0.3\sim0.4$ mm，精车时 $f=0.08\sim0.12$ mm。

(3)切削速度的选择。提高切削速度有利于降低切削力。这是因为，随着切削速度的增大，切削温度提高，刀具与工件之间的摩擦力减小，细长轴的受力变形减小。但切削速度过高在切削中产生较大的切削热，并且容易使细长轴在离心力作用下出现弯曲，破坏切削过程的平稳性，所以切削速度应控制在一定范围。对长度与直径比值比较大的工件，切削速度要适当降低。粗车时 $v=50\sim60$ m/min，精车时 $v=60\sim100$ m/min。

6. *减少工件的热变形伸长*

工件的热变形伸长量根据细长轴的长度而变化。由于工件一端夹住，一端顶住，无法伸长，因此产生弯曲。细长轴一旦产生弯曲车削就很难进行。减少工件的热变形主要可采取以下措施：

(1)使用弹性回转顶尖。弹性回转顶尖，如图 4.1.5 所示。顶尖 1 用双列调心短圆柱滚子轴承 2、滚针轴承 5 支撑径向推力，推力轴承 4 承受轴向推力。在双列调心短圆柱滚子轴承和推力轴承之间放置两片碟形弹簧 3。当工件变形伸长时，工件推动顶尖通过滚子轴承，使碟形弹簧压缩变形。在细长轴加工中使用弹性回转顶尖可有效地补偿工件的热变形伸长，工件不易弯曲，车削可顺利进行。

(2)加注充分的切削液。车削细长轴时加注充分的切削液，这样不仅可以减少工件因温升而引起的热变形，还可以防止跟刀架支撑爪拉毛工件，从而提高刀具的使用寿命和工件的加工质量。

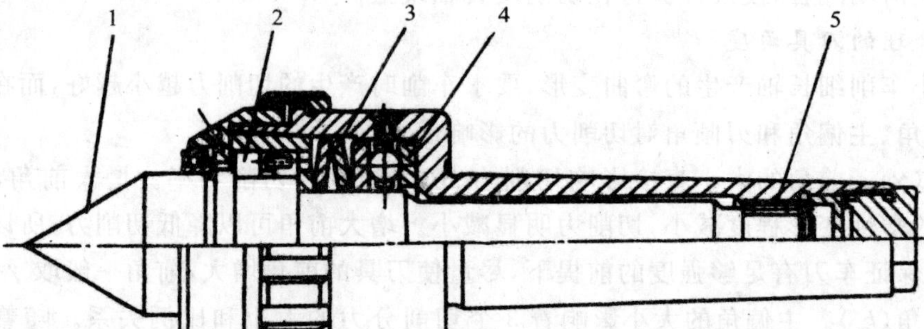

图 4.1.5　弹性回转顶尖

1—顶尖；　2—滚轴承　3—碟形弹簧；　4—推力轴承；　5—滚针轴承

7. *其他加工方法*

(1)采用反向切削法车削细长轴。反向切削法是指在细长轴的车削过程中，车刀由主轴卡盘开始向尾架方向进给，如图 4.1.6 所示。这样在加工过程中产生的轴向切削力使细长轴受拉，消除了轴向切削力引起的弯曲变形。同时，采用弹性的尾架顶尖，可以有效地补偿刀具至尾架一段的工件的受压变形和热伸长量，避免工件的压弯变形。

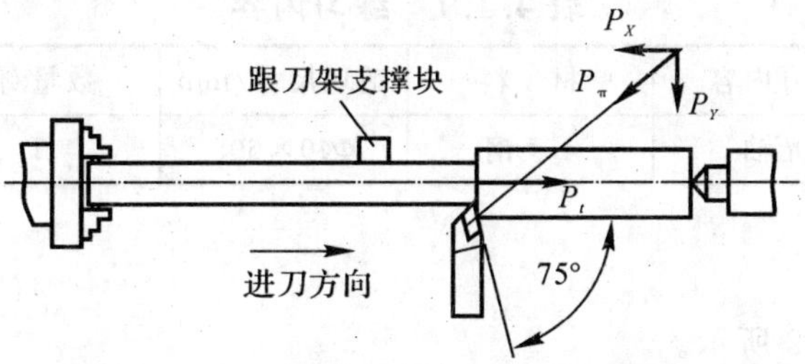

图 4.1.6　反向切削法加工及力学模型

(2)采用双刀车削细长轴。采用双刀车削细长轴改装车床中拖板，增加后刀架，采用前后两把车刀同时进行车削，如图 4.1.7 所示。两把车刀径向相对，前车刀正装，后车刀反装。两把车刀车削时产生的径向切削力相互抵消。工件受力变形和振动小，加工精度高，适用于批量生产。

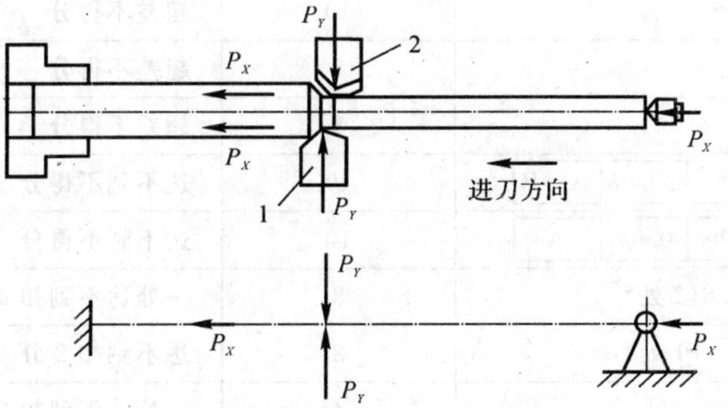

图 4.1.7　双刀加工及力学模型

三、实训实例

1. 工、量具

游标卡尺、外径千分尺、钢直尺、外圆车刀、弹性顶尖、钻夹头、中心钻、跟刀架。

2. 练习加工

练习内容如图 4.1.8 和表 4.1.1 所示。

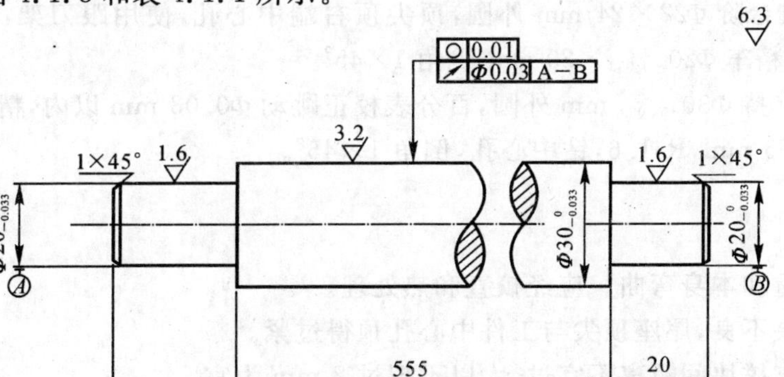

图 4.1.8　光轴

表 4.1.1 练习内容

名 称	练习内容	材 料	毛坯尺寸/mm	数量/件	时间/min
细长轴车削	光轴	45# 钢	$\Phi40\times605$	1	360

3. 评分标准

评分标准如表 4.1.2 所示。

表 4.1.2 评分标准

序 号	检测项目	配 分	评分标准	得 分
1	$\Phi30_{-0.033}^{0}$	10	超差不得分	
2	$\Phi20_{-0.033}^{0}$	10	超差不得分	
3	$\Phi20_{-0.033}^{0}$	10	超差不得分	
4	600	10	超差不得分	
5	555	8	超差不得分	
6	20	8	超差不得分	
7	◎ | Φ0.03 | A—B	10	达不到不得分	
8	↗ | 0.04 | A	10	达不到不得分	
9	$R_a1.6$(2 处)	8	一处达不到扣 4 分	
10	$R_a3.2$(1 处)	2	达不到扣 2 分	
11	$1\times45°$	4	一处达不到扣 2 分	
12	安全文明操作	10	违章一次扣 2 分	
合 计		100		

4. 加工步骤

(1)夹持毛坯外圆,车平右端面。粗车 $\Phi20_{-0.033}^{0}$ mm 台阶为 $\Phi22\times19$ mm,钻中心孔。

(2)调头,夹持毛坯外圆,车工件总长为 600 mm,粗车左端台阶 $\Phi22\times24$ mm。

(3)夹持左端台阶 $\Phi22\times24$ mm 外圆,顶尖顶右端中心孔,使用跟刀架,粗、精车 $\Phi30_{-0.033}^{0}$ mm,保证 $R_a1.6$,精车 $\Phi20_{-0.033}^{0}\times20$ mm,倒角 $1\times45°$。

(4)垫铜皮夹持 $\Phi30_{-0.033}^{0}$ mm 外圆,百分表校正跳动 $\Phi0.03$ mm 以内,精车 $\Phi20_{-0.033}^{0}$ mm,控制长度尺寸 555 mm,Ra1.6,钻中心孔,倒角 $1\times45°$。

(5)检查。

5. 注意事项

(1)坯料自重和本身弯曲。应经校直和热处理。

(2)工件装夹不良,尾座顶尖与工件中心孔顶得过紧。

(3)刀尖与支撑块间距离不宜过,大以不超过 2 mm 为宜。

(4)在使用三爪跟刀架时,支撑爪与工件表面的接触支撑应先侧面,再下面,最后接触上面。

(5)在使用三爪跟刀架时,支撑爪与工件表面应保持良好的接触,接触压力不宜过大,否则易产生“竹节形”。

(6)车削时为了使支撑爪与工件保持良好的接触,也可以在支撑爪与工件之间加研磨剂,进行研磨使工件与支撑爪抱合。

(7)为了减少摩擦,支撑爪与工件表面接触处应加注润滑油。

(8)当车削中出现轻度竹节形时,可调节上支撑块的压紧力,也可调节中拖扳手柄,改变切削深度或减少车床大拖板和中拖板间的间隙。

(9)跟刀架外侧支撑块调整过紧,易在工件中段出现周期性直径变化,应调整压紧,使支撑块与工件保持良好接触。

四、思考题

(1)细长轴车削容易出现哪些质量问题,相应的预防措施有哪些?

(2)跟刀架使用时要注意哪些方面?

(3)用跟刀架车削细长轴、外圆表面产生“竹节”形,如何解决?

实训2 薄壁工件加工

一、实训目的

(1)熟悉薄壁工件的装夹、校正和车削方法。

(2)正确安排薄壁工件车削的工艺步骤。

(3)合理选择薄壁工件车削的切削用量与刀具的几何参数。

(4)能分析及解决加工中产生的变形、振动等疑难问题。

二、相关工艺知识

薄壁工件的内外直径相差小,刚度低,受夹紧力、切削力、切削热、内应力等因素的影响容易产生变形,工件尺寸不易掌握,加工难度比较大。

1.薄壁工件的装夹方法

(1)用一次装夹车削薄壁工件。在车长度较短、直径较小的薄壁工件时,毛坯预留卡盘装夹长度,粗精车外圆、内孔、端面至要求后切下。

(2)用卡盘、心轴车削薄壁工件。薄壁工件粗车后,先用卡盘装夹精车内孔、端面达到要求,然后用胀力心轴装夹工件精车外圆、端面至要求。

(3)用花盘车削薄壁工件。直径大、要求高的盘类薄壁工件在粗车后,磨两端面达到要求的尺寸,然后将工件装夹在花盘上精车内孔、外圆达到要求,装夹方法如图4.2.1所示。

(4)用专用夹具车削薄壁工件。在专用夹具上车削薄壁工件,如图4.2.2所示。

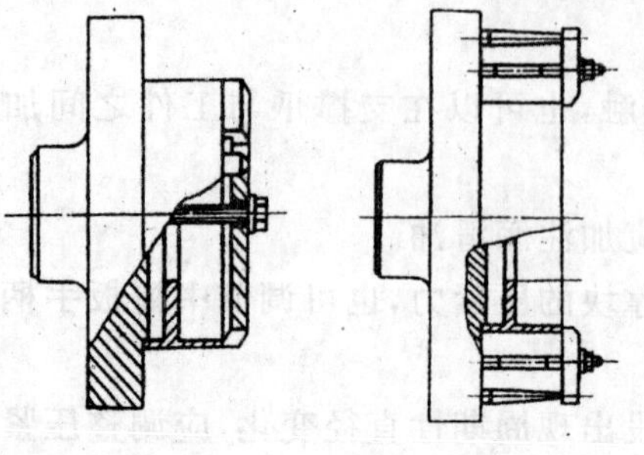

图 4.2.1　用花盘装夹车削薄壁工件

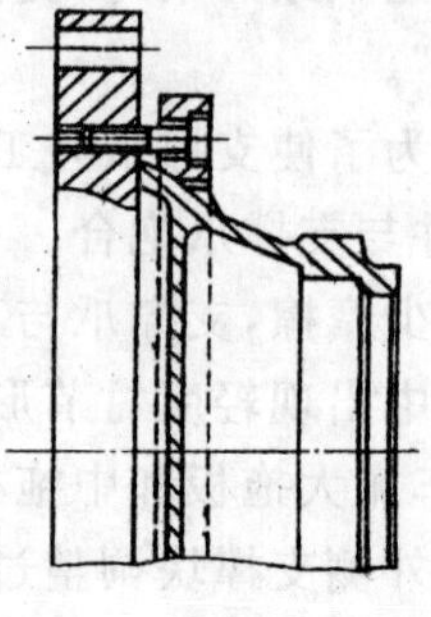

图 4.2.2　用专用夹具车削薄壁工件

2. 防止和减少薄壁工件变形的方法

(1)合理确定夹紧力的大小、方向和作用点。对刚度不是很低,尺寸精度和形位精度要求不高的薄壁工件,可用通用夹具装夹,粗车时夹紧力大些夹得牢固,精车时夹紧力小些,以减小工件的夹紧变形;选择正确的夹紧力作用点,使夹紧力作用于夹具支撑点的对应部位或刚度较高的部位;薄壁工件的轴向承载能力比径向大,改变夹紧力的作用方向,变径向夹紧为轴向夹紧。

(2)增大装夹接触面。采用扇形软爪、开缝套筒等,可增大装夹接触面积,使夹紧力均匀分布在工件上,工件不易产生变形,如图 4.2.3 所示。

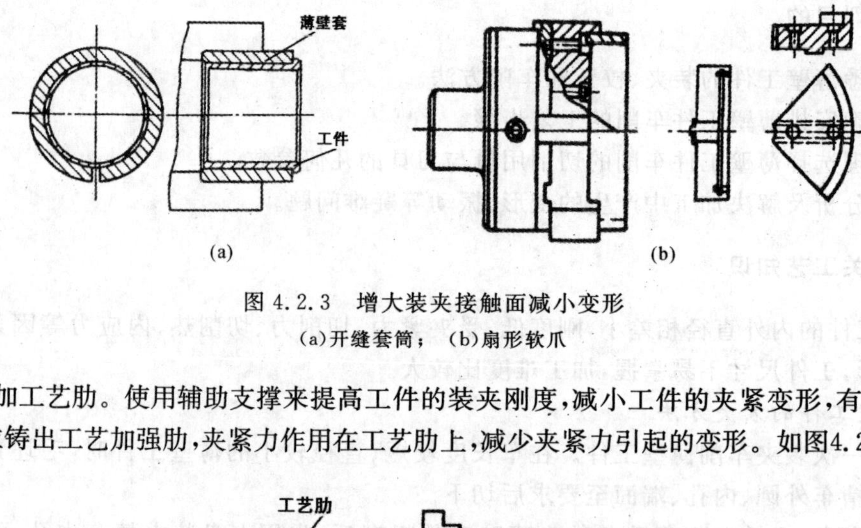

图 4.2.3　增大装夹接触面减小变形

(a)开缝套筒;　(b)扇形软爪

(3)增加工艺肋。使用辅助支撑来提高工件的装夹刚度,减小工件的夹紧变形,有些薄壁套可在装夹部位铸出工艺加强肋,夹紧力作用在工艺肋上,减少夹紧力引起的变形。如图4.2.4所示。

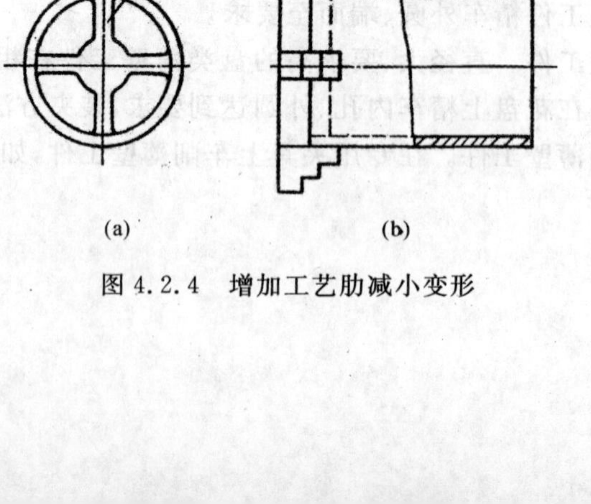

图 4.2.4　增加工艺肋减小变形

(4)采用轴向夹紧夹具。车薄壁工件，一般不宜使用径向夹紧的方法，应采用轴向夹紧的方法，使夹紧力沿刚性较好的轴线方向分布，防止夹紧引起的变形。

(5)合理选用刀具几何参数。适当增大前角、主偏角、刃倾角，减小刀尖圆弧半径，使刀具保持锐利状态，降低切削力和切削热，减小工件变形。

(6)增加热处理工序，消除残余应力。在粗加工前、后进行适当的热处理，以消除内应力，减小工件变形。

(7)增加坯料工艺长度。对于单件或小批工件可增加坯料的工艺长度(加长部分的刚度应较高，作为装夹部分)，使工件在一次装夹中加工完，然后将其切下，这样可减小夹紧引起的变形。

此外，在车削时，还应加注切削液，防止工件热变形。

3.减少薄壁工件车削振动的措施

由于薄壁工件刚度太差，车削时产生振动是难以避免的，因此直径越大、壁厚越薄的工件振动越严重。车削振动会引起工件变形，产生噪声，使工件表面质量变差，还会增加车刀的磨损。因此，必须采取措施尽量减少工件的振动。可采取以下具体措施：

(1)调整机床。机床主轴、溜板、刀架等部位的间隙过大，易产生振动，因此，必须进行调整，适当减小间隙，使各转动和滑动部位处于最佳运转状态。

(2)使用吸振材料，如软橡胶片、软橡胶管、泡沫塑料等包裹工件，车削时有减小振动和消除噪声的作用。

(3)合理选择车刀的几何参数。选择适当的主偏角，主偏角过小切削面积增大，主偏角过大切削不稳定，易产生振动；选择较小的刀尖圆弧半径和较短的修光刃，可减小过渡刃和修光刃参加切削的长度，从而减小振动；选择较小的后角，可以起到阻尼减振作用。

(4)合理选择切削用量。车削薄壁工件时，为了减小振动，一般应选择较低的切削速度、较小的背吃刀量和较大的进给量。

三、实训实例

1.工、量具

游标卡尺、外径千分尺、钢直尺、内径百分表。

2.练习加工

练习内容如图 4.2.5 和表 4.2.1 所示。

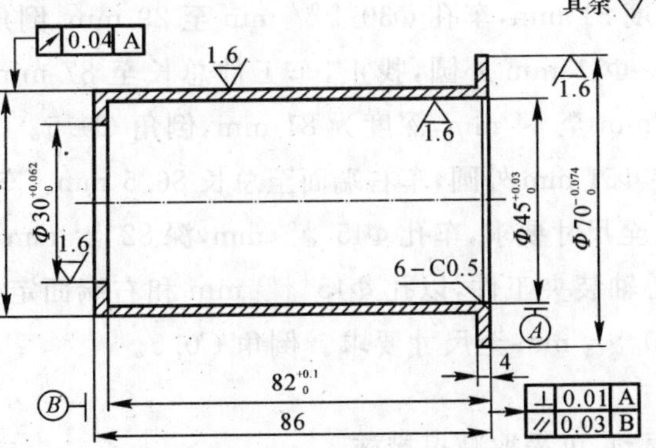

图 4.2.5　薄壁套

表 4.2.1 练习内容

课题名称	练习内容	材 料	毛坯尺寸/mm	数量/件	时间/min
薄壁工件加工	薄壁套	锻件	$\Phi75\times100$	1	360

3. 评分标准

评分标准如表 4.2.2 所示。

表 4.2.2 评分标准

序 号	检测内容	配 分	扣分标准	得 分
1	$\Phi70_{-0.074}^{\ 0}$	8	超差不得分	
2	$\Phi45_{\ 0}^{+0.03}$	13	超差不得分	
3	$\Phi50_{-0.03}^{\ 0}$	11	超差不得分	
4	$\Phi30_{\ 0}^{+0.062}$	9	超差不得分	
5	$82_{\ 0}^{+0.1}$	7	超差不得分	
6	86	2	超差不得分	
7	4	3	超差不得分	
8	↗ | 0.04 | A	10	超差不得分	
9	⊥ | 0.01 | A	12	超差不得分	
10	// | 0.03 | B	10	超差不得分	
11	C0.5(6 处)	3	倒角每处 0.5 分	
12	R_a1.6(4 处)	8	R_a1.6 每处 2 分	
13	Ra3.2(4 处)	4	Ra3.2 每处 1 分	
合 计		100		

4. 加工步骤

(1)三爪自定心卡盘夹持 $\Phi70_{-0.074}^{\ 0}$ mm 外圆，找正，车平左端面，光平即止。车外圆 $\Phi50_{-0.03}^{\ 0}$ mm 至 $\Phi51$，长度 81 mm，车孔 $\Phi30_{\ 0}^{+0.062}$ mm 至 29 mm，倒角 C0.5。

(2)三爪自定心盘夹 $\Phi51$ mm 外圆，找正，车工件总长至 87 mm，车外圆 $\Phi70_{-0.074}^{\ 0}$ mm 至 $\Phi71$ mm，车孔 $\Phi45_{\ 0}^{+0.03}$ mm 至 44 mm，深度为 81 mm，倒角 C0.5。

(3)用扇形软爪轻夹 $\Phi51$ mm 外圆，车右端面至总长 86.5 mm。车 $\Phi70_{-0.074}^{\ 0}$ mm 外圆至尺寸要求，车孔 $\Phi30_{\ 0}^{+0.062}$ mm 至尺寸要求，车孔 $\Phi45_{\ 0}^{+0.03}$ mm，深 $82_{\ 0}^{+0.1}$ mm 至尺寸要求，倒角 C0.5。

(4)使用弹性涨力心轴装夹工件，以孔 $\Phi45_{\ 0}^{+0.03}$ mm 和右端面定位，夹紧，车总长为 86 mm 至尺寸要求，车外圆 $\Phi50_{-0.03}^{\ 0}$ mm 至尺寸要求。倒角 C0.5。

5. 注意事项

(1)车削时易产生振动，可采取减振措施。

(2)工件壁薄易产生让刀现象，精车时多测量以控制尺寸精度。

(3)夹紧力及背吃刀量应小一些，以减小工件变形。
(4)防止工件自重变形。

四、思考题

(1)薄壁工件变形的具体表现有哪些？有哪些预防措施？
(2)车削薄壁工件的刀具参数如何选择？
(3)确定夹紧力的方向和作用点时应考虑哪些方面？

实训 3　深孔加工

一、实训目的

(1)了解深孔钻头、钻孔技术。
(2)掌握深孔车刀的应用和切削用量的选择。
(3)掌握深孔加工与测量的方法。
(4)可以分析深孔车削时产生废品的原因及预防方法。

二、相关工艺知识

加工零件的孔的深度与直径之比 $L/D \geqslant 5$ 时，称为深孔零件。加工深孔时，由于刀具细长，刚性差；冷却困难，切屑不易排出；刀具磨损和损坏无法观察，因此，加工深孔是一种难度较大的加工工艺。深孔加工需要使用特殊刀具和特殊附件。

1. 扁钻

扁钻结构简单，钻削时切削液由钻杆内部注入孔中，适用于精度和表面粗糙度要求不高的较短的深孔。如图 4.3.1 所示。

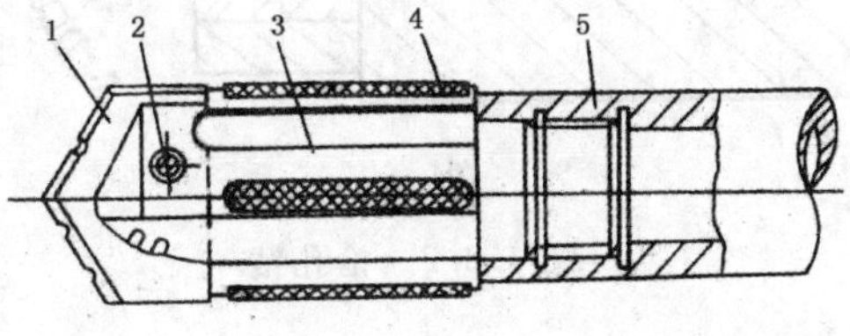

图 4.3.1　扁钻
1—钻头；2—紧固螺钉；3—钻体；4—导向块；5—连接钻杆

2. 外排屑单刃深孔钻

外排屑单刃深孔钻一般用于加工 20 mm 以下的深孔，也称枪孔钻，如图 4.3.2 所示。枪孔钻用高速钢或硬质合金刀头和无缝钢管焊接而成。高压切削液经刀杆的腰形孔进入切削区，切屑从刀柄上 V 形槽排出。主切削刃和副切削刃与垂直于轴线的平面分别相交 30°，20°，刀尖偏于 $D/4$ 处。

钻削加工时，钻头圆柱部分的两条刃带支承的孔壁，起引导作用，孔能保持良好的直线性，并且没有横刃，后角较大，中心切削情况有所改善，加工过程稳定。但刀头刚进入工件时，刀柄会产生扭动，必须使用导向套。

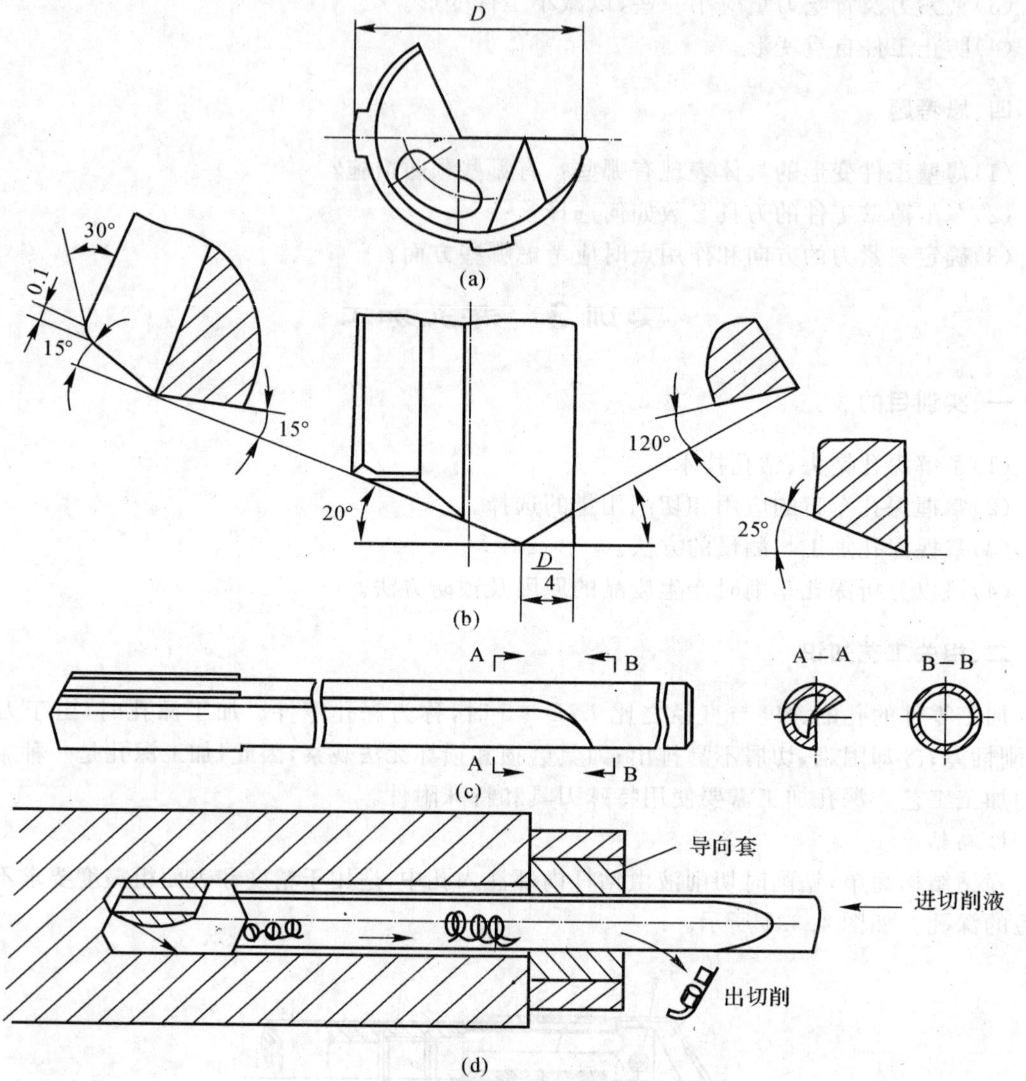

图 4.3.2　枪孔钻

3. 内排屑深孔钻

内排屑深孔钻在钻体上镶焊有两条硬质合金的导向块，可在较高强度的工件上钻削，切削刃上磨有断屑槽，使切屑分开并折断，在切削刃上有直通钻杆的排屑孔，切屑被切削液压向排屑孔，通入空心刀杆孔向外排出，切削平稳，如图 4.3.3 所示。

4. 喷吸钻

喷吸钻的刀片在刀具中心两侧交错排列，起分屑作用，也可使两侧受力比较平衡，前刀面磨有断屑槽，使切屑形成小块 C 形切屑，容易向外排出。切屑从两个喇叭形孔通入空心刀杆向外排出。刀片和导向部分都采用硬质合金，接近钻心

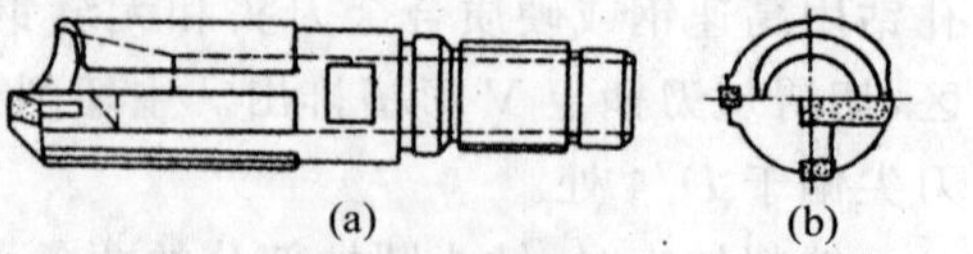

图 4.3.3　内排屑深孔钻

处选用韧性较好的硬质合金刀片，外圆处采用耐磨性较好的硬质合金刀片。如图 4.3.4 所示。

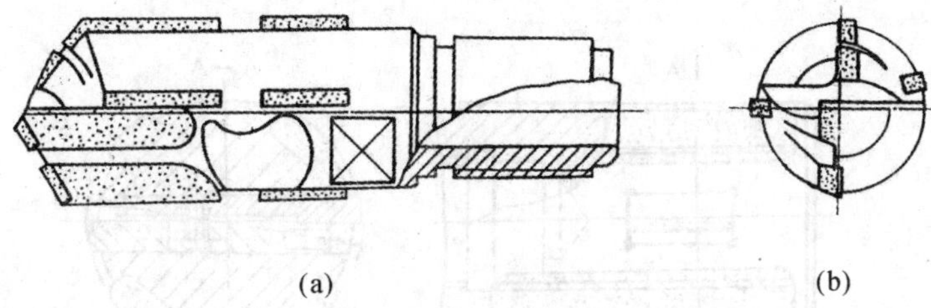

图 4.3.4　喷吸钻

喷吸钻头部用螺纹连接在外套管 3 上，外套管 3 用弹簧夹头 4 装在刀柄 5 上，内套管 2 的尾部开有几个向后倾斜 30°的月牙形喷嘴 6，切削液从进口 A 进入后，大部分切削液由喷吸钻头部小孔 7 进入切削区，少部分切削液通过月牙形喷嘴 6 向后调整喷射，内套管前后形成很大的压力差，使切屑顺利地从内套管排出。喷吸钻工作原理如图 4.3.5 所示。

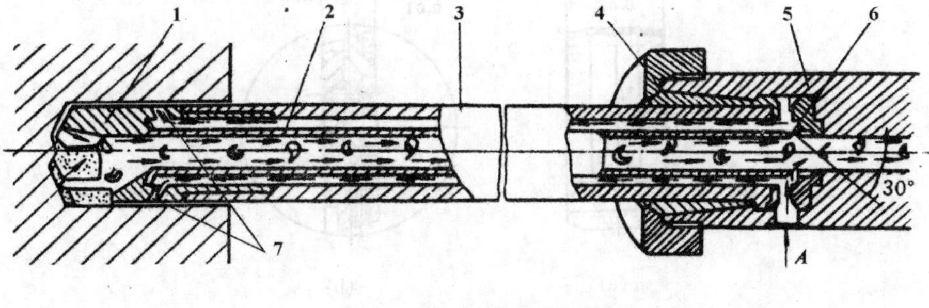

图 4.3.5　喷吸钻工作原理

1—钻头头部；　2—内套管；　3—外套管；　4—夹头；　5—钻柄；　6—喷嘴；　7—小孔

5. 深孔车刀

深孔车刀头如图 4.3.6 所示，用矩形螺纹连接在刀杆上。为避免更换和调整，刀杆可以使用钻削时的钻杆。深孔车刀可以完成粗度要求不高的孔加工。

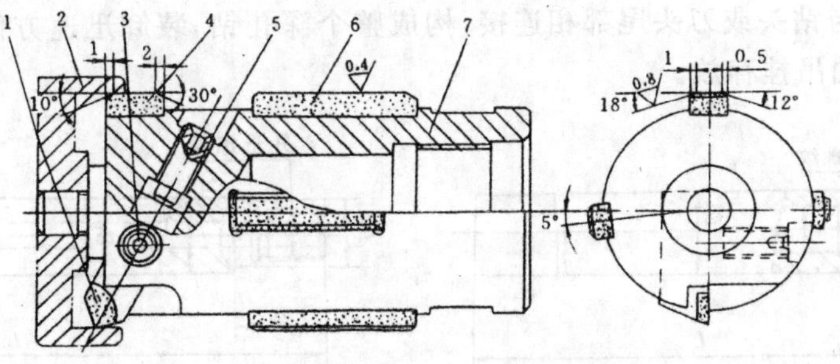

图 4.3.6　深孔车刀

1—刀头；　2—刀规；　3—调节螺钉；　4—前导角尖；　5—紧固螺钉；　6—后导角尖；　7—刀套

6. 深孔浮动铰刀

深孔浮动铰刀，如图 4.3.7 所示。浮动铰刀块装在长方形孔中保持 H7/h6 间隙配合，铰刀尺寸用调节螺钉调节，紧固螺钉紧固，如图 4.3.8 所示。导向条前端一段导向尺寸 α 比铰孔后的尺寸小 0.05～0.08 mm，后端一段导向尺寸 b 比铰刀尺寸小 0.03～0.5 mm。

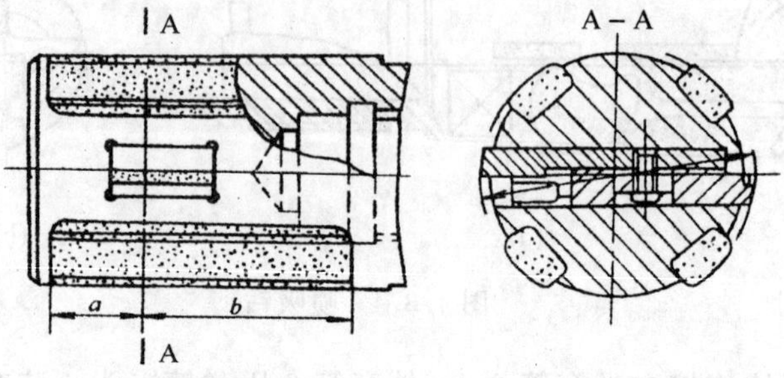

图 4.3.7　深孔浮动铰刀

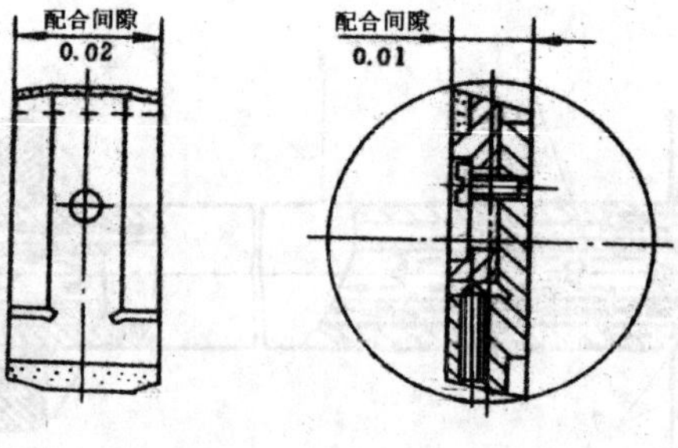

图 4.3.8　浮动铰刀块

7. 车床上加工深孔的辅助工具

在成批生产中，多采用专用深孔钻床加工深孔，而在单件或小批生产中，则可在一般车床上附加一些辅助刀具来加工深孔。在车床上加工深孔时使用的主要辅助工具如下：

(1) 刀杆。刀杆如图 4.3.9 所示，其外径比零件内孔直径小 4～8 mm，前端的矩形内螺纹和导向圆柱孔 d 与钻头或刀头尾部相连接，构成整个深孔钻，装卸迅速方便。为了防止弯曲，使用后应涂防锈油吊挂存放。

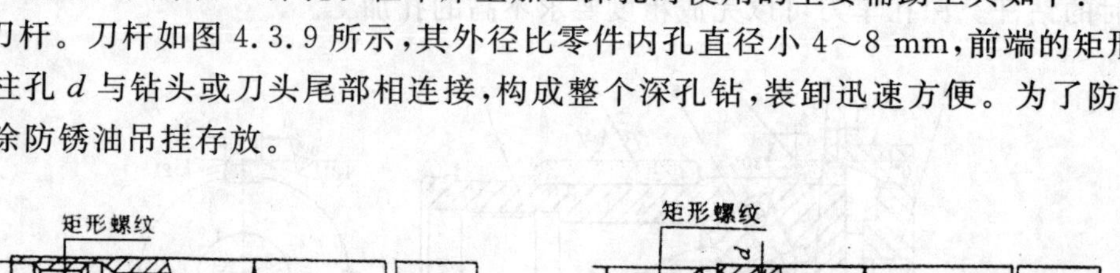

图 4.3.9　刀杆

(2) 刀杆夹持架。其结构如图 4.3.10 所示。在使用时，将夹持架安装在车床刀架上，拧动夹持架上的坚固螺钉来夹紧刀杆，必须使开口衬套的轴线对准机床上主轴轴线，允许误差在

0.02 mm 以内。

加工较大孔径时，钻杆夹持架比较沉重，这时可将方刀架拆掉，将夹持架直接安装在中滑板上，以增加其刚度。如图 4.3.11 所示。

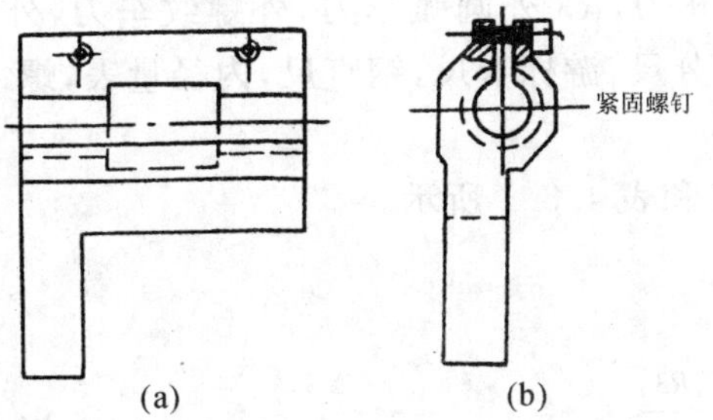

图 4.3.10　安装在刀架上的弹性刀杆夹持架

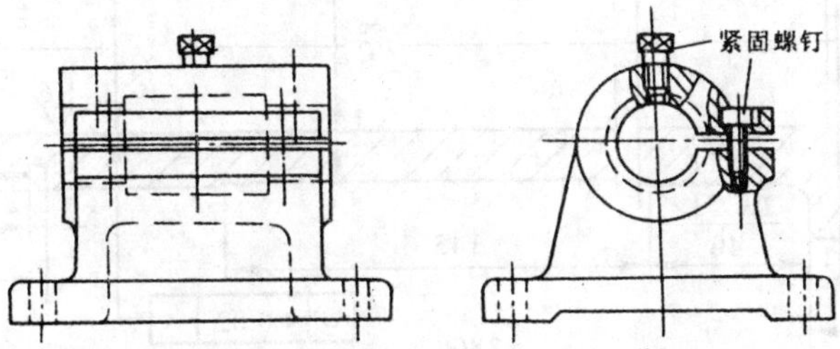

图 4.3.11　安装在中滑板上的弹性钻杆夹持架

(3)导向套。为了防止钻头刚进入工件时产生扭动，在工件前端应安装导向套。

除以上辅助工具外，还应配备中心架、切削液系统(包括冷却泵等)。

8.深孔加工的方法与措施

在深孔钻削前，准备好钻杆、钻杆夹持架、冷却系统、中心架等夹具和辅助工具。安装时应注意夹持架内孔轴线必须与车床主轴轴线重合。如果使用导向套，也应使导向套轴线对准车床主轴轴线。中心架夹持工件或导向套时，注意三支撑爪松紧适当，施力均匀。加工时注意观察冷却系统的工作情况，一旦发生异常故障，应先停止车削再停车，然后设法排除故障。

深孔加工的关键技术是刀具的几何角度的选择和冷却排屑问题，在加工时可采取以下措施来保证加工质量：

(1)粗、精加工分阶段进行。对加工精度、表面粗糙度要求较高的深孔零件，应划分阶段进行加工。如钻孔—扩孔(钻)—粗铰—精铰；钻孔—扩孔(镗)—粗镗—精细镗。

(2)合理选择刀具。深孔加工多采用钻头、铰刀等切削工具，特别是粗加工时要排除大量切屑。需要刀具在结构上应具有足够的刚度和强度；能够顺利排屑；切削液能及时注入到切削区域。

(3)应有导向和辅助支承。为了保证加工质量，克服由于刀杆细长所造成的困难，加工深孔时刀杆应具备导向部分，同时必须采用合理的辅助支承，防止振动和“让刀”现象。

(4)设置切削液输入系统。在加工时，为了及时将切削液输入到切削区域，需要有专用切削液输入设备，将切削液用高压打入，并把切屑及时排出。

三、实训实例

1. 工、量具

45°外圆车刀，90°外圆车刀，$R3$ 外圆弧车刀，外螺纹车刀，外圆车槽刀，$\Phi24$ 钻头，深孔镗刀，Φ 25 深孔铰刀，外径千分尺，游标卡尺，钢直尺，内径量表，螺纹千分尺，百分表，磁性表架。

2. 练习加工

练习内容如图 4.3.12 和表 4.3.1 所示。

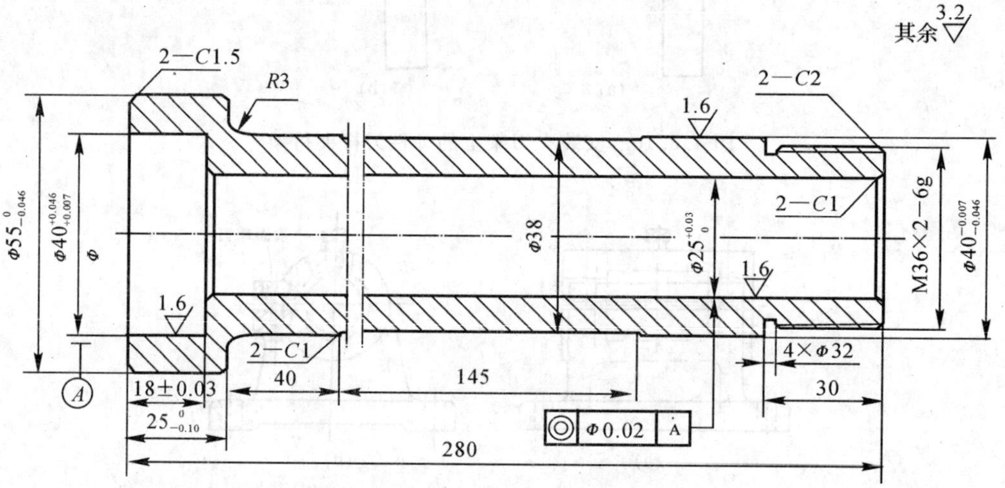

图 4.3.12 练习工件

表 4.3.1 练习内容

课题名称	练习内容	材 料	毛坯尺寸/mm	数量/件	时间/min
深孔加工	车削轴套	45# 钢	$\Phi60\times285$	1	240

3. 评分标准

评分标准如表 4.3.2 所示。

表 4.3.2 评分标准

序 号	检测内容	配 分	扣分标准	得 分
1	$\Phi55_{-0.046}^{0}$	5	超差不得分	
2	$\Phi40_{-0.046}^{-0.007}$	10	超差不得分	
3	$\Phi40_{+0.007}^{+0.046}$	8	超差不得分	
4	$\Phi25_{0}^{+0.03}$	20	每超差 0.01 扣 1 分	
5	$\Phi38$	3	超差不得分	
6	M36×2－6 g	10	超差不得分	
7	18±0.03	5	超差不得分	

续表

序　号	检测内容	配　分	扣分标准	得　分
8	$25_{-0.10}^{0}$	5	不合格不得分	
9	280	3	超差不得分	
10	145	1	超差不得分	
11	40	1	超差不得分	
12	30	2	超差不得分	
13	4×Φ32	3	超差不得分	
14	R3	2	超差不得分	
15	◎ | Φ0.02 | A	10	超差不得分	
16	R_a1.6(3 处)	6	一处不合格扣 2 分	
17	R_a3.2	3	一处不合格扣 1 分	
18	2－C1(2 处)	0.5×4	不合格不得分	
19	2－C1.5	0.5×2	不合格不得分	
20	2－C2	0.5×2	不合格不得分	
合　计		100		

4. 加工步骤

(1)夹持毛坯外圆，找正，车平右端面，钻中心孔。

(2)一夹一顶装夹，夹持长度为 15 mm，车削 $\Phi40_{-0.046}^{-0.007}$ mm 外圆为 Φ42×255 mm，倒角。

(3)调头夹持 Φ42 mm 外圆，找正，中心架辅助装夹，车左端面，保持总长为 282 mm，钻、扩、镗、铰内孔 $\Phi25_{0}^{+0.03}$ mm，精车平面，保留工件总长为 281 mm，车内孔 $\Phi40_{+0.007}^{+0.046}$×18±0.03 mm，车外圆 $\Phi55_{-0.045}^{0}$ mm，R_a1.6，倒角。

(4)调头垫铜皮夹持 $\Phi55_{-0.046}^{0}$ mm 外圆，找正，中心架辅助装夹，车对总长为 280 mm，倒内锥角 1.5×60°，拆去中心架，顶上工件，车外圆 $\Phi40_{-0.046}^{-0.007}$ mm，保证长度为 25 mm，R3，车螺纹外径 Φ36 mm，车退刀槽 4×2，倒角，车螺纹 M36×2－6g。

(5)检查尺寸。

5. 注意事项

(1)钻孔要及时退出钻头观察冷却、润滑情况，清除切屑。

(2)内孔加工时充分浇注切削液。

(3)内孔容易出现大小端的内锥孔，提高镗孔的精度，铰孔余量在 0.03～0.08 mm 为宜。

(4)Φ40 mm 与 Φ25 mm 应一次装夹完成，以保证同轴度要求。

四、思考题

(1)常用的深孔加工方法和排屑方式有哪几种?

(2)车削深孔时,怎样防止刀杆振动?

(3)铰孔时,孔口产生喇叭形是什么原因?

实训4 曲轴加工

一、实训目的

(1)熟悉曲轴结构和技术要求。

(2)掌握曲轴的划线方法及找正技术。

(3)分析和解决加工中的工艺难点。

(4)掌握双拐曲轴的装夹及车削方法。

二、相关工艺知识

曲轴与一般偏心工件相比形状复杂,刚度低,偏心距较大,精度要求高,加工难度大,分单拐、双拐、四拐等。

1.曲轴的结构

曲轴由法兰盘、主轴颈、曲柄颈、曲柄臂和轴肩等构成,如图4.4.1所示。主轴颈和曲柄颈之间的垂直距离称为曲柄偏心距R。曲柄颈之间的夹角α在圆周上成等角度分布,根据用途不同分别互成90°,120°,180°等。

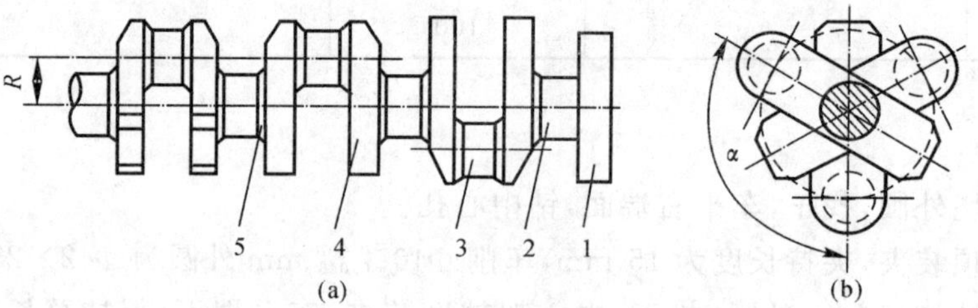

图4.4.1 曲柄的结构

1—法兰盘; 2—主轴颈; 3—曲柄颈; 4—曲柄臂; 5—轴肩

2.曲轴的装夹方法

(1)用夹顶或两顶尖装夹曲轴。当曲轴的直径较大而曲柄颈的偏心距较小时,有条件在两端面上钻主轴颈中心孔与曲柄颈中心孔的工件,可以采用一夹一顶或两顶尖直接装夹进行车削加工。

(2)用偏心夹板装夹曲轴。两端无法钻中心孔的曲轴,可在经过加工的曲轴两端主轴轴颈上装上一对偏心夹板,偏心夹板上有分度精确的中心孔,将曲轴装夹在两顶尖中间车削主轴轴颈,安装偏心夹板后必须进行找正。对于圆形夹板,先将工件放在平板上的V形架中,两端套上偏心夹板,用高度游标卡尺根据偏心夹板上的偏心中心找正各曲柄颈中心,坚固偏心夹板。如图4.4.2所示。

为使偏心夹板安装位置正确,可设计偏心夹板的辅助基准面,在曲柄颈下垫千斤顶,用高度游标尺根据偏心夹板上的偏心中心找正各曲柄颈中心;粗加工过的曲轴,也可用计算好的量块组垫在曲柄颈下面,找正曲柄颈中心。如图4.4.3所示。

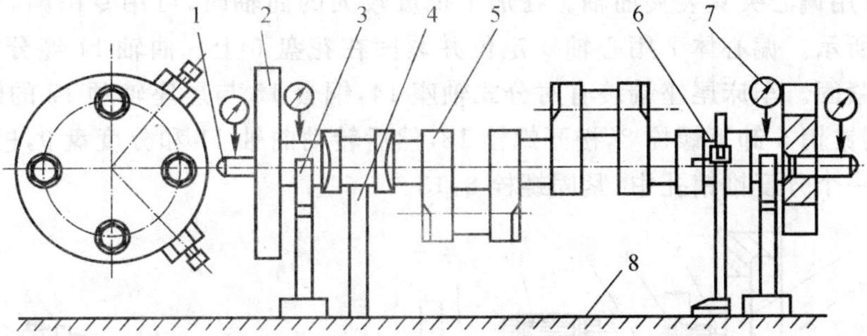

图 4.4.2　圆形偏心夹板装夹曲轴

1—校正棒；2—偏心夹板；3—V 形架；4—量块规

5—工件；6—高度游标卡尺；7—百分表；8—平台

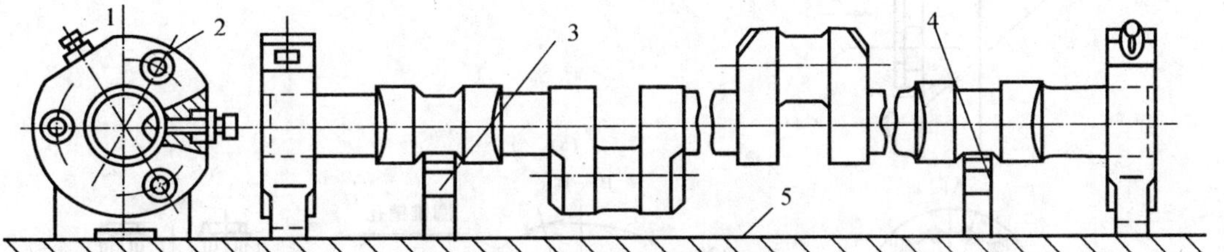

图 4.4.3　有辅助基准的偏心夹板

1—锁紧螺钉；2—偏心中心孔；3,4—量块组；5—平台

(3)用偏心卡盘装夹曲轴。用偏心卡盘装夹曲轴时，偏心卡盘主要由花盘和偏心卡盘体组成。花盘 1 可用螺钉固定在车床主轴的连接盘上，偏心卡盘体 4 与花盘的燕尾槽相配合。偏心卡盘上有一个对开式半圆套 3，曲轴的主轴颈就定位和夹紧在半圆套中。曲轴的偏心距用丝杠 2 来调整，并可在测量头 7 和 8 之间测量。偏心距调好后，用 4 个 T 形螺钉 5 紧固。在车床尾座套筒上应装上对应的偏心体，保持曲轴两端同轴，并将尾座套筒改装，使偏心卡盘随工件一起转动。如图 4.4.4 所示。

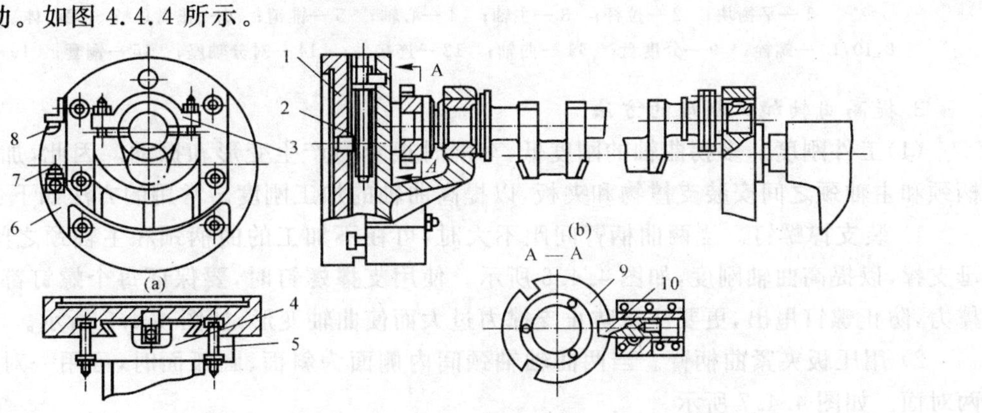

图 4.4.4　偏心卡盘装夹曲轴

1—花盘；2—丝杆；3—盖板；4—偏心卡盘；5—螺栓；6—平衡块；

7,8—偏心测量头；9—分度板；10—定位销

(4)用专用偏心夹具装夹曲轴。在加工批量较大的曲轴时,可用专用偏心夹具装夹曲轴,如图 4.4.5 所示。偏心体 7 用心轴 4 定位并紧固在花盘 6 上。曲轴 11 经分度盘 9 用螺栓 8 与偏心体 7 紧固。车床尾座端装有对分式轴座 14,铜套 15 与尾座轴颈 17 的间隙较小。分度时,先拔出圆锥销 5 卸下螺栓 8,松开螺栓 13,然后转动曲轴 11 和分度盘 9,进行分度,将圆锥销 5 插入下一个分度锥销孔中,紧固螺栓 8,13。

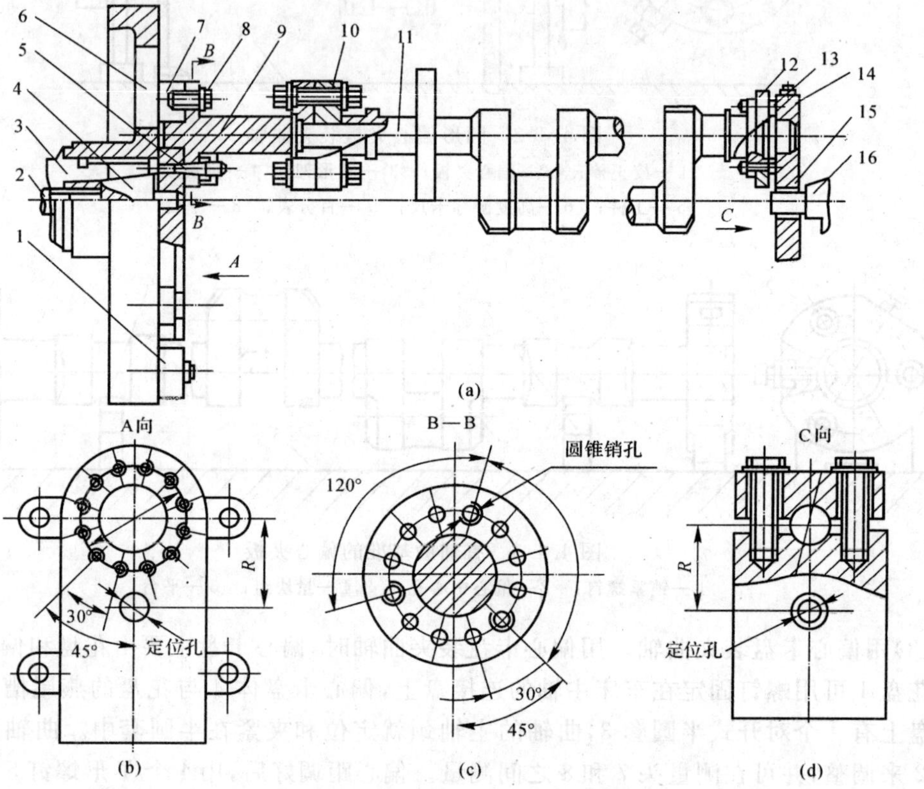

图 4.4.5 专用偏心夹具装夹曲轴

1—平衡块; 2—拉杆; 3—主轴; 4—心轴; 5—锥销; 6—花盘; 7—偏心体
8,10,13—螺栓; 9—分度盘; 11—曲轴; 12—连接件; 14—对分轴座; 15—铜套; 16—尾座

3.提高曲轴加工刚度的方法

(1)工件刚度。多拐曲轴的刚度低,车削时很容易产生变形和振动。因此,加工时常在曲柄颈和主轴颈之间安装支撑物和夹板,以提高曲轴的加工刚度。常用的方法如下:

1)装支撑螺钉。当两曲柄臂间距不大时,可在不加工的曲柄颈和主轴颈之间用螺钉、螺母支撑,以提高曲轴刚度,如图 4.4.6 所示。使用支撑螺钉时,要保证每个螺钉都有足够的支撑力,防止螺钉甩出,更要注意防止支撑力过大而使曲轴变形,如图 4.4.7 所示。

2)用压板夹紧曲柄臂。当两曲轴轴颈间内侧面为斜面、圆弧面时,可用一对压板来夹紧两对面。如图 4.4.7 所示。

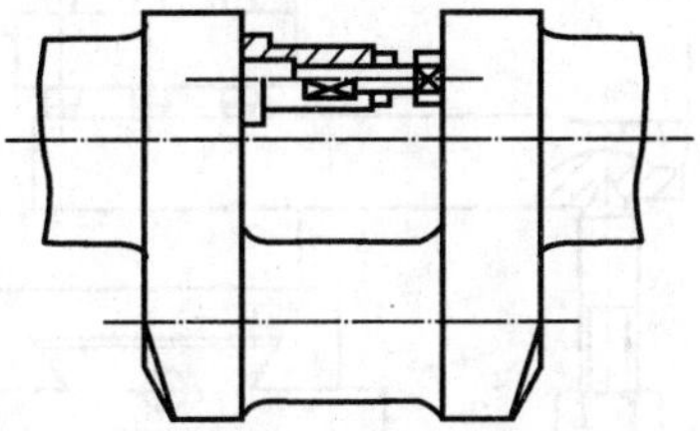

图 4.4.6　支撑螺钉

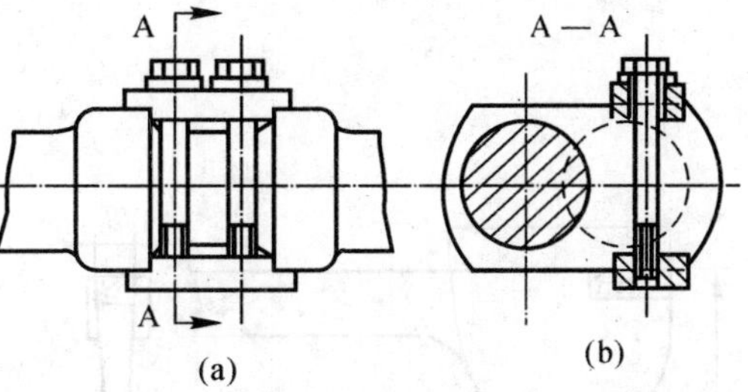

图 4.4.7　曲柄臂压板

3）使用中心架。车削主轴颈时，在不加工的主轴颈上可搭中心架，以提高曲轴刚度。但要防止轴颈表面被中心架支撑爪擦伤。在车削曲柄颈及扇板开口处时，可使用中心架偏心套。中心架偏心套装在主轴颈上，并用盖板 1、螺栓 2 夹紧，外缘用大型中心架 3 支撑，如图 4.4.8 所示。

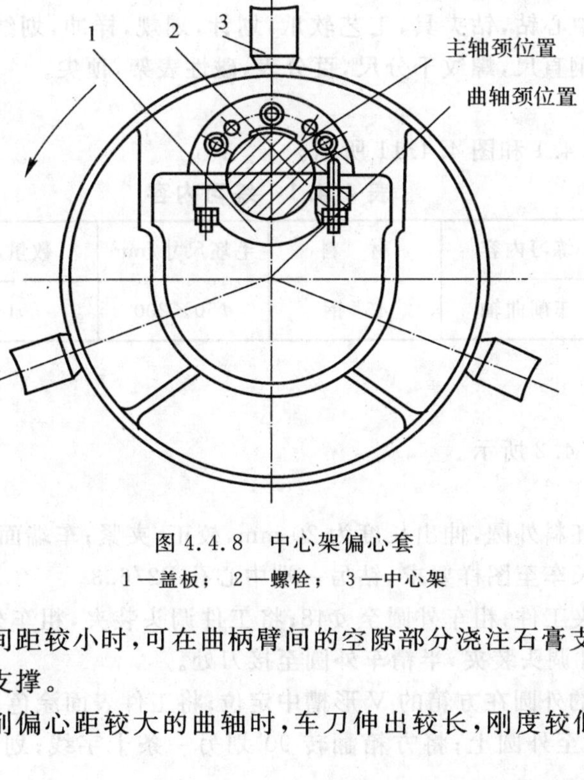

图 4.4.8　中心架偏心套

1—盖板；2—螺栓；3—中心架

此外，当两曲柄臂间距较小时，可在曲柄臂间的空隙部分浇注石膏支撑。当曲柄臂之间的距离太大时，可用硬木支撑。

(2)车刀刚度。车削偏心距较大的曲轴时，车刀伸出较长，刚度较低，车削时很容易产生振动。

1)鱼肚形加强肋车刀。鱼肚形加强肋车刀既能保证曲轴旋转时不与刀架相碰，又提高了车刀伸出部分的刚度，但刃磨困难，易影响刀架的转动，如图 4.4.9 所示。

2)辅助支撑车刀。辅助支撑车刀是在普通车刀的底部安装支撑，可大幅提高车刀的刚度，如图 4.4.10 所示。

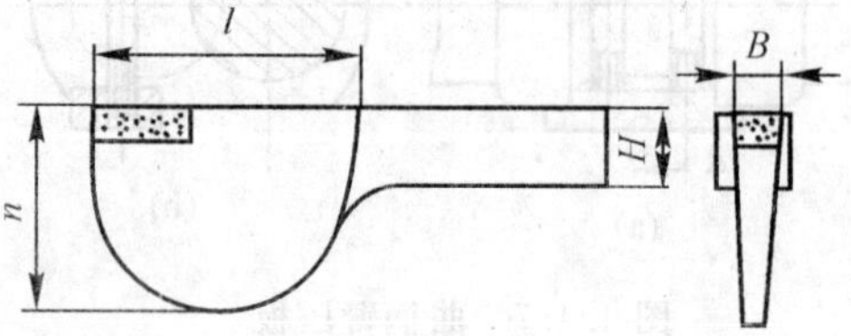

图 4.4.9　鱼肚形加强肋车刀

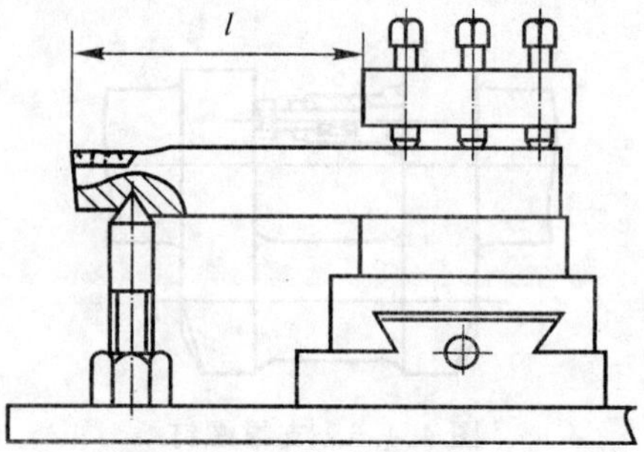

图 4.4.10　辅助支撑车刀

三、实训实例

1. 工、量具

45°外圆车刀，90°外圆车刀，30°外圆车刀，$R2$ 圆弧车刀，高速钢外圆窄刃精车刀，外圆车槽刀，外螺纹车刀，B2 中心钻，钻夹具，工艺软爪，划针，划规，样冲，划线盘，游标高度尺，游标卡尺，深度尺，千分尺，钢直尺，螺纹千分尺，百分表，磁性表架，顶尖。

2. 练习加工

练习内容如表 4.4.1 和图 4.4.11 所示。

表 4.4.1　练习内容

课题名称	练习内容	材　料	毛坯尺寸/mm	数量/件	时间/min
曲轴加工	车削曲轴	45# 钢	$\Phi50\times200$	1	360

3. 评分标准

评分标准如表 4.4.2 所示。

4. 操作步骤

(1)用卡盘夹住坯料外圆，伸出长度为 20 mm，校正，夹紧；车端面，钻一端中心孔 B2/6.3；将工件调头装夹，总长车至图样要求，钻另一端中心孔 B2/6.3。

(2)用两顶尖装夹工件；粗车外圆至 $\Phi48$；将工件调头装夹，粗车外圆对接刀处；半精车外圆至 $\Phi47$ mm；将工件调头装夹，半精车外圆至接刀处。

(3)以 $\Phi47$ mm 的外圆在方箱的 V 形槽中定位；将工件表面涂色，在小平板上用游标高度尺划十字中心线并引至外圆上；将方箱翻转 90°划另一条十字线；划两端曲柄颈中心孔线(4 处)及其找正圆线。

(4)用四爪单动卡盘装夹工件外圆，伸出长度约为 20 mm，找正曲柄颈中心孔线；钻曲柄颈中心孔 B2/6.3；将工件翻转 180°，找正另一曲柄颈中心孔线，钻另一个曲柄颈中心孔 B2/6.3；将工件调头，重复前一个操作动作，钻另一端面的两个曲柄颈中心孔 B2/6.3。

(5)用两顶尖支撑曲柄颈中心孔(夹头安装在螺纹一端)；将图样上 $\Phi2_{-0.021}^{\ 0}\times20_{\ 0}^{+0.1}$ mm 的曲柄颈粗车至 $\Phi22\times18$ mm。

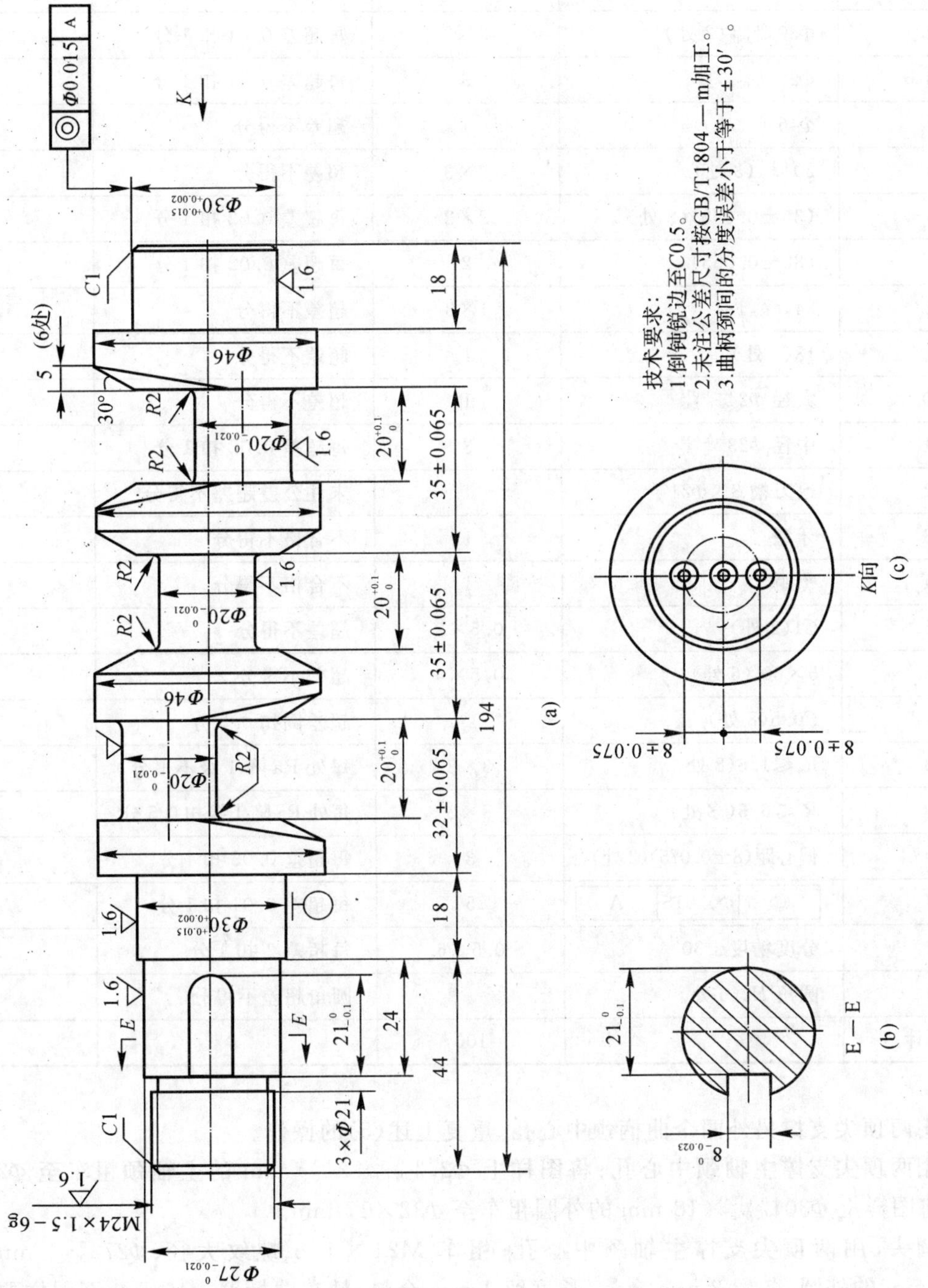

Φ0.015 A
K
C1
1.6
18
5 (6处)
Φ46
30°
R2
Φ20
20
35±0.065
32±0.065
194
24
44
Φ30
E
E－E
21
3×Φ21
8±0.075
K向
M24×1.5－6g
Φ27
(a)
(b)
(c)
技术要求：
1.倒钝锐边至C0.5。
2.未注公差尺寸按GB/T1804—m加工。
3.曲柄颈间的分度误差小于等于±30′。

图 4.4.11

表 4.4.2 评分标准

序号	检测内容	配分	扣分标准	得分
1	$\Phi 20_{-0.021}^{0}$(3 处)	4×3	每超差 0.01 扣 1 分	
2	$\Phi 30_{+0.002}^{+0.015}$(2 处)	3×2	每超差 0.01 扣 1 分	
3	$\Phi 27_{-0.021}^{0}$	3	每超差 0.01 扣 1 分	
4	$\Phi 46$	1	超差不得分	
5	$20_{0}^{+0.1}$(3 处)	2×3	超差不得分	
6	(35±0.065)(2 处)	2×2	每超差 0.02 扣 1 分	
7	(32±0.065)	2	每超差 0.02 扣 1 分	
8	24,44,194	1×3	超差不得分	
9	18(2 处)	1	超差不得分	
10	大径 $\Phi 24_{-0.268}^{-0.032}$	1	超差不得分	
11	中径 $\Phi 23_{-0.182}^{-0.032}$	3	每超差 0.02 扣 1 分	
12	退刀槽 3×Φ21	1	未注公差超差不得分	
13	牙型	1	不合格不得分	
14	螺距	1	不合格不得分	
15	C1(2 外)	0.5×2	超差不得分	
16	5×30°(6 处)	0.5×6	超差不得分	
17	C0.5(8 处)		超差倒扣 0.5 分	
18	$R_a \leqslant 1.6$(8 处)	3×8	每处 Ra 降 1 级不得分	
19	$R_a \leqslant 6.3$(多处)	8×2	每处 Ra 降 1 级扣 0.5 分	
20	偏心距(8±0.075)(2 处)	3	每超差 0.02 扣 1 分	
21	◎ | Φ0.015 | A	5	每超差 0.01 扣 1 分	
22	分度精度±30′	0.5×6	每超差 2′扣 1 分	
23	圆角 R2(6 处)		圆角超差不得分	
合计		100		

(6)用两顶尖支撑另外两个曲柄颈中心孔,重复上述(5)的操作。

(7)用两顶尖支撑主轴颈中心孔;将图样上 $\Phi 2_{-0.021}^{0} \times 2_{0}^{+0.1}$ mm 的主轴颈粗车至 $\Phi 22 \times 18$ mm;将图样上 $\Phi 30_{+0.002}^{+0.015} \times 18$ mm 的外圆粗车至 $\Phi 32 \times 17$ mm。

(8)调头,用两顶尖支撑主轴颈中心孔;粗车 M24×1.5 螺纹大径、$\Phi 27_{-0.021}^{0}$ mm 及 $\Phi 30_{+0.002}^{+0.015}$ mm 的外圆,各留 2 mm 余量,长度留 1 mm 余量;精车曲柄臂 $\Phi 46$ mm 至图样要求;半精车及精车 $\Phi 27_{-0.021}^{0}$ mm,$\Phi 30_{+0.002}^{+0.015}$ mm 的外圆及其长度至图样要求,倒钝锐边至 C0.5;半精车及精车主轴颈 $\Phi 2_{-0.021}^{0} \times 20_{0}^{+0.1}$ mm(注意其轴和位置);车圆角 R2、倒角 5×30°至图样要求,倒钝锐边至 C0.5。

(9)调头，用两顶尖支撑主轴颈中心孔；半精车及精车主轴颈 $\Phi30^{+0.015}_{+0.002}$ mm 及其长度达到图样要求；倒角 $C1$，倒钝锐边达到 $C0.5$。

(10)用两顶尖支撑曲柄颈中心孔(夹头安装在左端)；半精车及精车曲柄颈 $\Phi2_{-0.021}^{\ 0}\times2^{+0.1}_{\ 0}$ mm 达到图样要求；车圆角 $R2$、倒角 $5\times30^\circ$ 达到图样要求，倒钝锐边。

(11)用两顶尖支撑另一曲柄颈中心孔；半精车及精车另一曲柄颈 $\Phi2_{-0.021}^{\ 0}\times2^{+0.1}_{\ 0}$ mm 达到图样要求；车圆角 $R2$、倒角 $5\times30^\circ$ 达到图样要求，倒钝锐边。

(12)调头，用两顶尖支撑主轴颈中心孔；车螺纹大径达到图样要求；切退刀槽，倒角 $C1$，车螺纹 M24×1.5－6 g 达到图样要求。

5. 注意事项

(1)划线时将工件、平台、游标高度尺底面擦拭干净，以减少划线误差。

(2)划线线条应清晰，找正钻中心孔要准确。

(3)粗车各轴颈时，$R2$ 的圆角要留有余量。

(4)两顶尖装夹车削工件时，防止鸡心夹头旋转时勾住衣服。

四、思考题

(1)车削曲轴时须注意哪些安全事故？

(2)车削曲轴时，有哪几种提高曲轴刚性的方法？

(3)怎样测量曲轴的偏心距？

实训 5　车蜗杆和多线螺纹

一、实训目的

(1)掌握蜗杆与多线螺纹的技术要求。

(2)掌握蜗杆与多线螺纹的车削方法。

(3)掌握蜗杆与多线螺纹的测量方法。

二、相关工艺知识

1. 蜗杆车削的一般技术要求

蜗轮、蜗杆传动常用于减速运动的传动机构。由于蜗杆在传动中与蜗轮啮合，蜗杆各部分尺寸是按照蜗轮的齿来计算的，如图 4.5.1 所示。

蜗杆的齿形角(在通过蜗杆轴线的平面内，轴线垂直面与齿侧之间的夹角)与螺纹很相似。常用的蜗杆有公制蜗杆(模数)，齿型角为 20°(牙形角 40°)；英制蜗杆(径节)，齿形角为 14.5°(牙形角 29°)两种。我国一般采用米制蜗杆。按其齿形又分轴向直廓蜗杆(阿基米德蜗杆)和法向直廓蜗杆(延长渐开线蜗杆)，如图 4.5.2 所示。

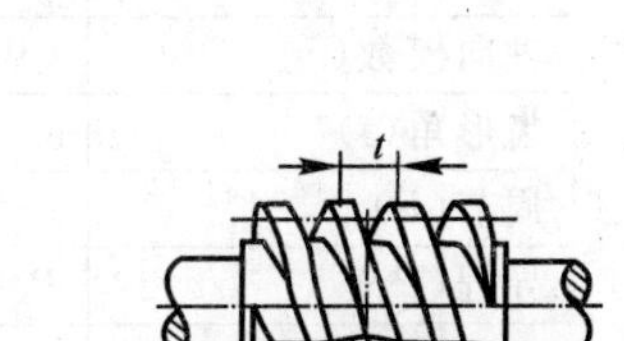

图 4.5.1　蜗轮和蜗杆的传动

通常轴向直廓蜗杆应用较多。车削轴向直廓蜗杆在装刀时，车刀两刀刃组成的平面应跟工件中心线重合。而法向直廓蜗杆在车削中，车刀两刀刃组成的平面应垂直于齿面，如图4.5.2所示。

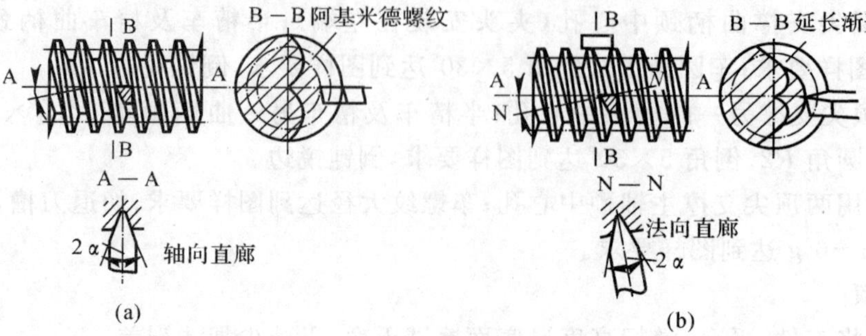

图 4.5.2　蜗杆的齿型

由于蜗杆的齿型较深，切削面积大，因此车削时比一般梯形螺纹更困难些。

蜗杆的一般技术要求如下：

(1)蜗杆的周节必须等于蜗轮周节。

(2)蜗杆分度圆上的法向齿厚公差或轴向齿厚公差要符合标准要求。

(3)蜗杆分度圆径向跳动量不得大于允许范围。

2. 蜗杆车削时的有关尺寸计算

蜗杆车削时有关尺寸的计算如表 4.5.1 所示；蜗杆尺寸结构如图 4.5.3 所示。

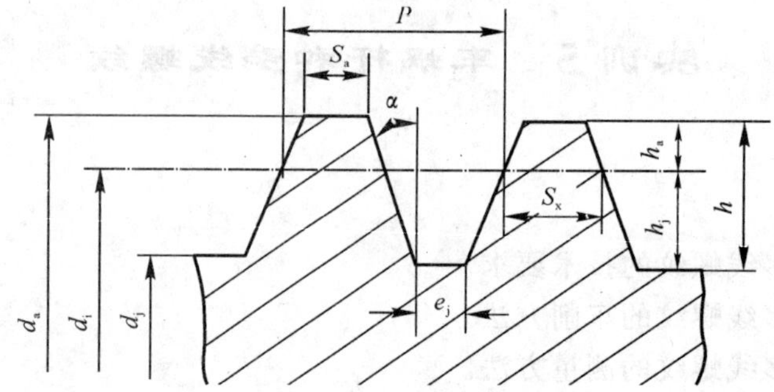

图 4.5.3　蜗杆尺寸结构

表 4.5.1　蜗杆车削尺寸

名　称	计算公式	名　称	计算公式
轴向模数(m_x)	(基本参数)	齿根圆直径(d_f)	$d_f=d_1-2.4m_x$
齿形角(α)	$\alpha=20°=$压力角	齿顶宽(S_a)	$S_a=0.843m_x$
周节(P)	$P=\Pi m_x$	齿根槽宽(e_f)	$e_f=0.697m_x$
导程(P_z)	$P_z=\Pi m_x Z$	轴向齿厚(S_x)	$S_x=P/2$
全齿高(h)	$h=2.2m_x$	导程角(γ)	$\gamma=P_Z/\pi d_1$
齿顶高(h_a)	$h_a=m_x$	法向齿厚(S_n)	$S_n=P/2\cos\gamma$
齿根高(h_f)	$h_f=1.2m_x$		
分度圆直径(d_1)	$d_1=d_a-2m_x$		
齿顶圆直径(d_a)	$d_a=d_1+2m_x$		

例　车削外径为 28 mm、齿形角 20°，轴向模数 $m_x=2$ 的单线蜗杆，求车削时所需的尺寸。

解　(1)周节　$P=\pi m_x=3.1416\times2=6.283$ mm

(2)全齿高　$h=2.2m_x=2.2\times2=4.4$ mm

(3)分度圆直径　$d_1=d_a-2m_x=28-2\times2=24$ mm

(4)齿根圆直径　$d_f=d_1-2.4m_x=24-2.4\times2=19.2$ mm

(5)齿顶宽　$S_a=0.843m_x=0.843\times2=1.686$ mm

(6)齿根槽宽　$e_f=0.697m_x=0.697\times2=1.394$ mm

(7)导程角 γ

$$\tan\gamma=P_Z/\pi d_1=\frac{6.283}{3.14\times24}=\frac{6.283}{75.36}=0.083,\quad \gamma=4°46'$$

(8)法向齿厚　$S_n=P/2\cos\gamma=\frac{6.283}{2}\cos4°46'=\times0.9965=3.13$ mm

3.蜗杆车刀的选用

一般选用高速钢材车刀。在刃磨时，其顺走刀方向一面的后角必须相应加上导程角 γ。由于蜗杆的导程角较大，车削时使前角、后角发生很大的变化，切削很不顺利。为了克服上述现象可采用可调节的刀杆，如图 4.5.4 所示。在车削中使刀头可相对于刀杆转一个螺旋升角以增加刀具强度使排屑顺利，进行粗加工就可克服上述现象。精车时为了保持精度，刀头要水平安装。

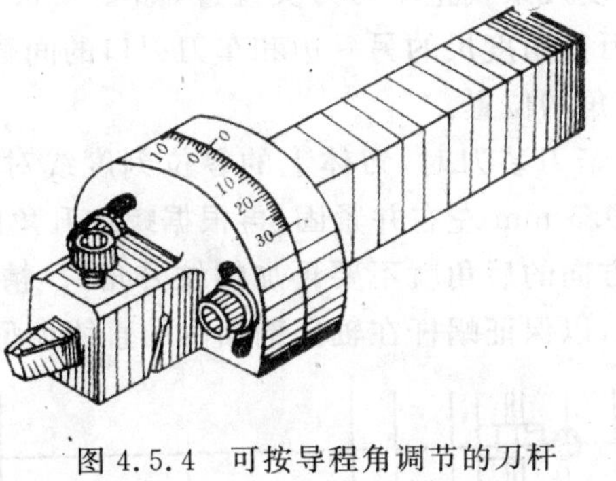

图 4.5.4　可按导程角调节的刀杆

(1)蜗杆粗车刀(见图 4.5.5)。①车刀左、右刀刃之间的夹角要小于两倍齿型角。②刀头宽度应小于齿根槽宽。③切削钢料时，应磨有 10°～15°的纵向前角。④径向后角为 6°～8°。⑤左刃后角(3°～5°)＋γ，右刃后角(3°～5°)－γ。⑥刀尖适当倒圆。

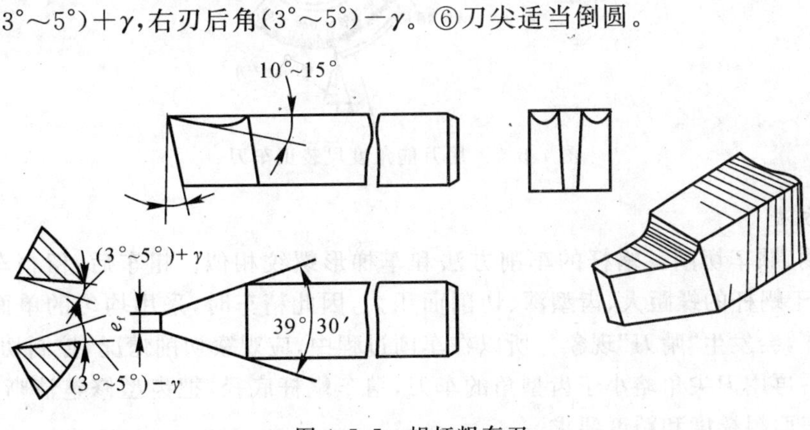

图 4.5.5　蜗杆粗车刀

(2)蜗杆精车刀(见图 4.5.6)。①车刀左、右刀刃之间夹角等于两倍齿型角。②为了保证齿型角一般前角磨成 0°,两侧刀刃刃磨 15°～20°卷屑槽。这种车刀切削,排屑顺利,可获得较细的表面粗糙度和较高的齿型精度,但车刀前端刀刃不能进行切削,只能精车两侧齿面。

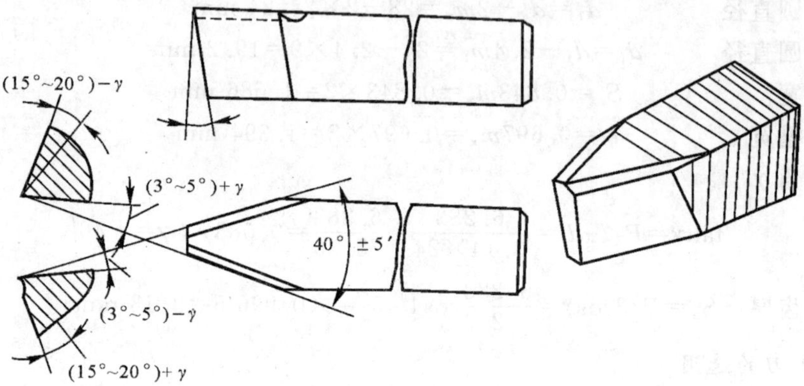

图 4.5.6　蜗杆精车刀

4. 车刀的装夹

在装夹车刀时,如果使用一般的角度样板来装正模数较大的蜗杆车刀,比较困难,容易把车刀装歪。通常采用万能角度尺来找正车刀刀尖位置,如图 4.5.7 所示。就是将万能角度尺的一边靠住工件外圆,观察万能角度尺的另一边和车刀刃口的间隙。如有偏差时,可转动刀架或重新装夹车刀来调整刀尖角的位置。

采用可调节螺纹升角的车刀装刀时,刀体上的零位刻度线对准基线,然后装正车刀刀尖角,使其高于车床主轴轴线 0.5 mm 左右并紧固;再根据螺纹升角的大小来确定车刀转过的角度(此时刃磨车刀时顺走刀方向的后角就不要再加螺纹升角)。精车轴向直廓蜗杆(阿基米德蜗杆)时,刀头仍要水平装夹,以保证蜗杆在轴向剖面内的直线齿型。

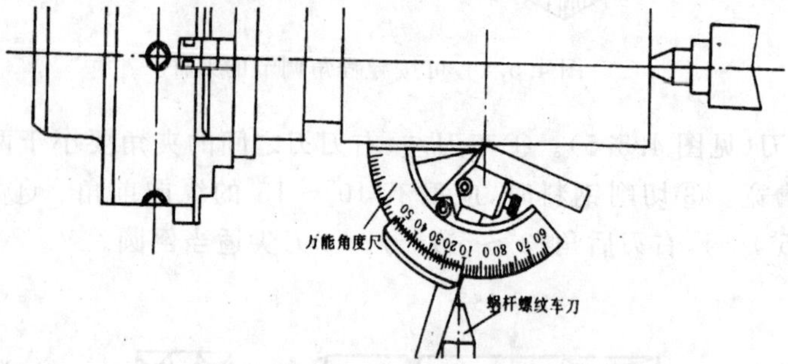

图 4.5.7　用万能角度尺装正车刀

5. 车削方法

采用开倒、顺车切削。蜗杆的车削方法和车梯形螺纹相似。粗车后,留精车余量 0.2～0.4 mm。由于蜗杆的螺距大、齿型深、切削面积大,因此精车时,采用均匀的单面车削。如果切削深度过深,会发生"啃刀"现象。所以在车削过程中,应观察切削情况,控制切削用量,防止"扎刀"。最后再用刀尖角略小于齿型角的车刀,精车蜗杆底径,把齿型修整清晰,以便保证蜗杆齿型面的表面粗糙度和精度要求。

6. 蜗杆的测量方法

(1)用三针和单针测量,方法与测量梯形螺纹相同。

(2)齿厚测量法(公法线测量)是用齿轮游标卡尺测量蜗杆分度圆直径法向齿厚,如图4.5.8所示。此法适用于精度要求不高的蜗杆。齿轮游标卡尺由互相垂直的齿高卡尺与齿厚卡尺组成。测量时将齿高卡尺读数调整到等于尺顶高(蜗杆尺顶高等于模数 m_x),法向卡入齿廊,亦使齿轮卡尺和蜗杆轴线大致相交成一个导程角的角度。作少量转动,此时的最小读数,即是蜗杆分度圆直径处的法向齿厚 S_n。但图样上一般注明的是轴向齿厚,所以必须进行换算。

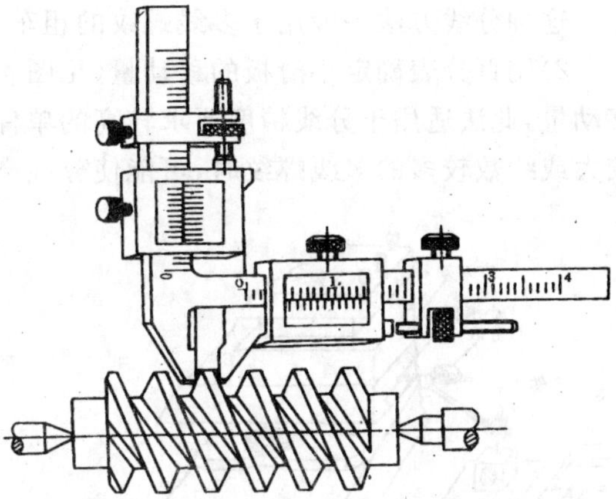

图 4.5.8　用齿轮游标卡尺测量齿厚

7. 蜗杆车削中容易产生的问题和注意事项

(1)车单线蜗杆时,应先验证周节(螺距)。

(2)由于蜗杆的螺纹升角较大,车刀的两侧副后角应适当增减。精车刀的刃磨要求是,两侧刀刃平直、表面粗糙度小。

(3)对分夹头应夹紧工件,否则车螺纹时容易移位,损坏工件。

(4)粗车时应调整床鞍同床身导轨之间的配合间隙,使其紧一些,以增大移动时的摩擦力,减少床鞍窜动的可能性。但这个间隙也不能调得太紧,以用手能平稳摇动床鞍为宜。

(5)加工模数较大的蜗杆,粗车时为了提高工件的装夹刚度,使它能够承受粗车时较大的切削力,应尽量缩短工件的长度。最好把工件的一端夹在单动卡盘内,另一端用顶尖支顶。精车时,应注意工件的同轴度,工件要以两顶尖孔定位装夹,以保证加工精度。

(6)精车时,保证蜗杆的精度和较小表面粗糙度的主要措施是:大前角、薄切削、低速、刀刃平直、表面粗糙度小以及充分加注切削液。为了减少切屑瘤的影响,有时可能采用“晃车”切削,即开车一瞬间就停车,利用主轴转动惯性,但不停住,然后再反复开车、停车。

8. 多线螺纹的形成

螺纹和蜗杆有单线和多线之分,沿一条螺旋线所形成的称为单线螺纹(蜗杆),沿两条或两条以上、在轴向等距分布的螺旋线形成的称为多线螺纹(蜗杆)。

(1)多线螺纹的技术条件。①多线螺纹的螺距必须相等。②多线螺纹每条螺纹的牙型角、中径处螺距要相等。

车削多线螺纹时,主要解决螺纹分线方法和车削步骤的协调问题。多线螺纹的导程与螺距关系为 $L=nP$(mm)。

9. 多线螺纹的分线方法

(1)轴向分线法。

1)用小滑板刻度确定移动量。在车好一条螺旋槽后,利用小滑板刻度使车刀移动一个螺距的距离,再车相邻的一条螺旋槽,从而达到分线的目的。

例　车削导程为 4 mm 的双线螺纹,用小滑板刻度来分线,如果小滑板刻度每格为

0.05 mm，求分线时小滑板应转过的格数。

解　　　　$P=L/n=4/2=2$ mm

分线时小滑板应转过的格数为　　$2/0.05=40$ 格

这种分线方法一般用于多线螺纹的粗车，适用于单件、小批量生产。

2)用百分表确定小滑板的移动量(见图 4.5.9)。根据百分表上的读数值来确定小滑板的移动量，此法适用于分线精度要求较高的单件生产。但由于百分表的移动距离较小，加工螺距较大或线数较多的多线螺纹时，可能使分线产生困难。

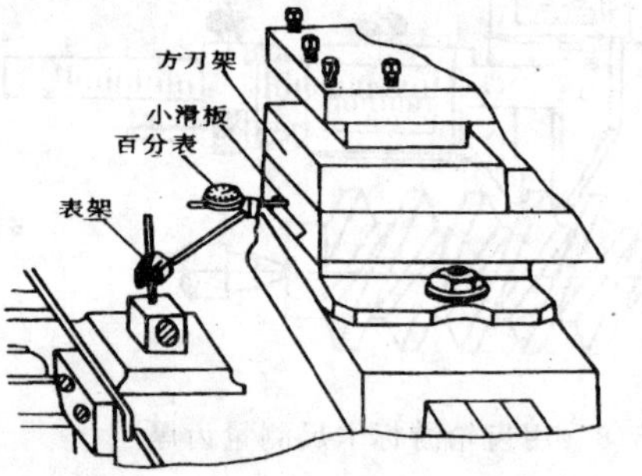

图 4.5.9　利用百分表进行分线

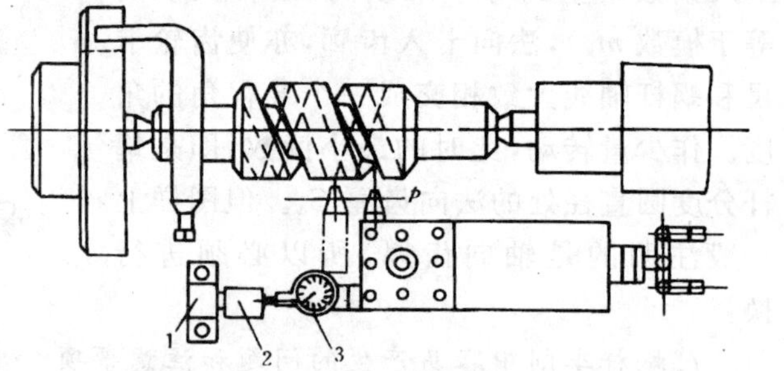

图 4.5.10　用百分表、量块进行分线

3)用百分表和量块确定小滑板的移动量(见图 4.5.10)。用这种方法分线的精度较高，也适宜加工导程较大的多线螺纹，在车削过程中应经常找正百分表的零位。

4)用移动小滑板分头时的注意事项：①先检查小滑板行程量是否满足分线要求。②小滑板移动方向必须和机床床身导轨平行，否则会造成分线误差。找正的方法是利用已车好的螺纹大径(其锥度应在 0.02 mm/100 mm 以内)，找正小滑板导轨的有效行程对床身导轨平行度误差。如图 4.5.11 所示，百分表表架安放在刀架上，百分表触头在水平方向与工件外径接触，手摇小滑板误差不超过 0.02 mm/100 mm。若有偏差，松开转盘前后螺钉，进行微调直至符合要求。③在每次分线时，小滑扳手柄转动方向要相同，否则会由于丝杆与螺母之间的间隙而产生误差。在采用左、右切削法时，必须先车牙型的各个左侧面，再车牙型的各个右侧面(外螺纹)。④在采用直进法车削小螺距多线螺纹工件时，应注意调整小滑板的间隙，不能太松，以防止切削时移位，影响分线精度。

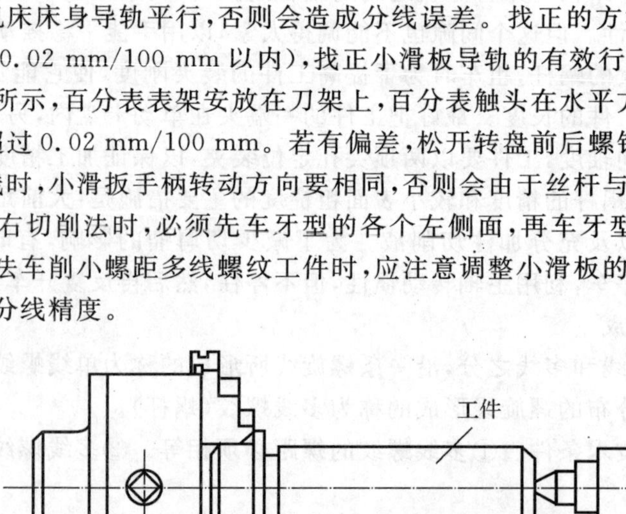

图 4.5.11　小滑板导轨校直方法

(2)圆周分线法。

1)利用三爪自定心、四爪单动卡盘分线。当工件采用两顶尖,并用三爪自定心或四爪单动卡盘代替拨盘时,可利用卡爪对二、三、四线的多线螺纹进行分线。车好一条螺旋槽后,只需松开顶尖,把工件连同鸡心夹头转过一个角度,由卡盘上的另一只卡爪拨动,再顶好后顶尖,就可车削另一条螺旋槽。这种分线方法比较简单且精度较差。

2)利用交换齿轮分线。当车床主轴交换齿轮(即 Z_1)齿数是螺纹线数的整数倍时,可以利用主轴交换齿轮进行分线(见图 4.5.12)。分线时,应注意开合螺母不能提起,齿轮必须向一个方向转动。

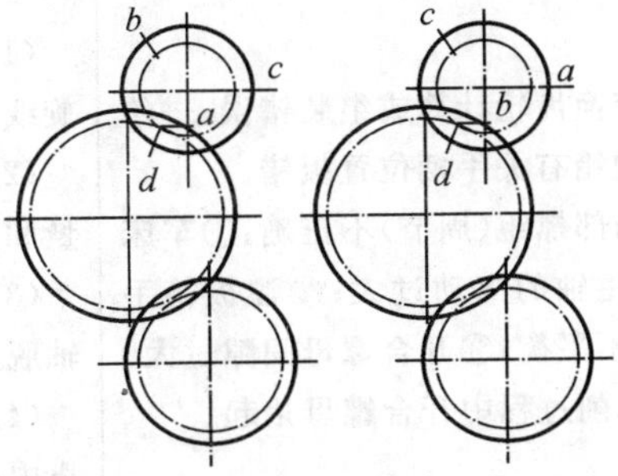

图 4.5.12　利用主轴交换齿轮分线

10. 车削多线螺纹的方法

采用直进法或左、右切削法。车削多线螺纹时,决不可将一条螺旋槽车好后,再车另一条螺旋槽。加工时应按下列步骤进行:

(1)粗车第一条螺旋槽,记住中、小滑板的刻度值。

(2)进行分线,粗车第二条、第三条螺旋槽。如用轴向分线法,中滑板刻度值应与车第一条螺旋槽时相同。

(3)采用左、右切削法加工多线螺纹时,为了保证多线螺纹的螺距精度,车削每一条螺旋槽时的车刀轴向移动量(借刀量)必须相等。

(4)按上述方法精车各条螺旋槽。

例　写出车削 Tr36×12(P6)双线梯形螺纹的分线加工顺序,如图 4.5.13 所示。

解　(1)小滑板刻度线处于“0”位对齐,车第一个头侧面。根据粗加工要求定出中滑板进刀深度作记号。在小滑板上确定从“0”位开始的赶刀量,并作出记号。

(2)从“0”位开始计算,将小滑板向前移动一个螺距(百分表读数 6 mm),车第二个头侧面。进刀深度及赶刀量与车第一个头侧面相同。

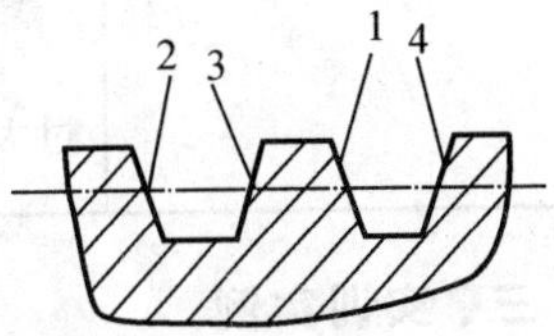

图 4.5.13　双线梯形螺纹车削顺序

(3)为了消除回程间隙将小滑板向前摇半转,再向后摇至第二次的记号,车第二个头侧面。进刀深度记号与车侧面 1 和侧面 2 两次记号相同,赶刀后要重新作记号。

(4)将小滑板向后摇一个螺距,车第一个头侧面。进刀深度记号与前几次记号相同,赶刀后记号与第二个头侧面相同。

11. 车多线螺纹时产生废品的原因及预防方法

车多线螺纹时产生废品的原因及预防方法如表 4.5.2 所示。

表 4.5.2 车多线螺纹时产生废品的原因及预防方法

废品种类	产生原因	预防方法
中径(分度圆直径)不正确	(1)以顶径(齿顶圆直径)为基准控制切削深度,忽略了顶径误差的影响。 (2)刻度盘使用不当	(1)应考虑顶径(齿顶圆直径)的误差大小,调整切削深度。 (2)正确使用刻度盘
螺距(周节)不正确	(1)交换齿轮计算或组装错误;进给箱、主轴箱有关手柄位置扳错。 (2)局部螺距(周节)不正确:①车床丝杠和主轴的窜动过大;②溜板箱手轮转动不平衡;③开合螺母间隙过大。 (3)车削过程中开合螺母抬起	(1)在工件上先车出一条很浅的螺旋线,测量螺距(周节)是否正确。 (2)调整好主轴和丝杆的轴向窜动量和开合螺母间隙。 (3)将溜板箱手轮拉出,使之与传动轴脱开或加装平衡块使之平衡。 (4)用重物挂在开合螺母手柄上防止中途抬起
牙型(齿轮)不正确	(1)车刀刃磨不正确。 (2)车刀装夹不正确。 (3)车刀磨损	(1)正确刃磨和测量车刀角度。 (2)装刀时用样板对刀。 (3)合理选用切削量并及时修磨车刀
表面粗糙值大	(1)产生积屑瘤。 (2)刀杆刚性不够,切削时产生振动。 (3)车刀纵向前角太大,中滑板丝杆与螺母间隙过大产生扎刀。 (4)高速切削螺纹时,切削厚度太小或切屑向倾斜方向排出,拉毛螺纹牙侧。 (5)工件刚性差,而切削用量选用过大	(1)用高速钢车刀切削时,应降低切削速度,并加切削液。 (2)增加刀杆截面积,并减小伸出长度。 (3)减小车刀纵向前角,调整中滑板丝杆螺母间隙。 (4)高速切削螺纹时,最后一刀的切削厚度,一般要大于 0.1 mm,并使切屑垂直轴线方向排出。 (5)选择合理的切削用量

三、实训实例

1. 工、量具

游标卡尺、外径千分尺、钢直尺、齿轮卡齿、活动扳手、切槽刀外圆车刀、蜗杆车刀、钻夹头、中心钻。

2. 练习加工

练习内容如图 4.5.14 和表 4.5.3 所示。

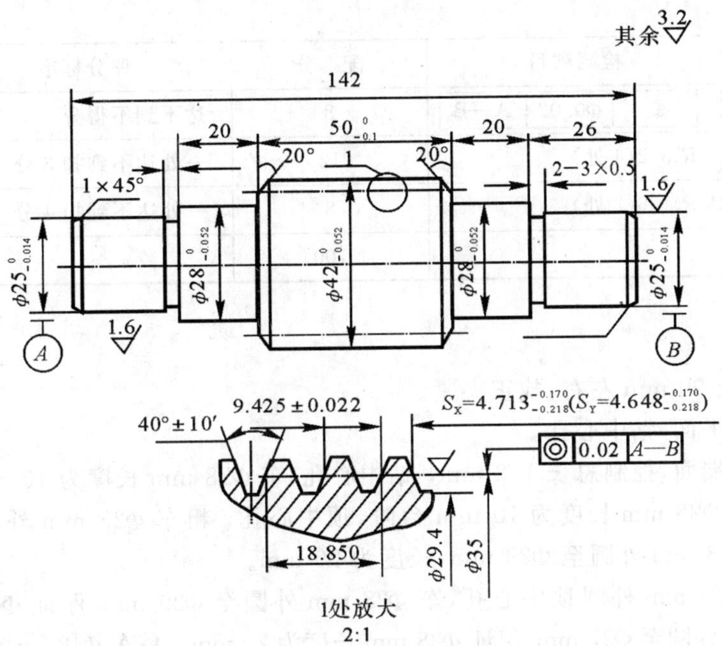

图 4.5.14　车削双头蜗杆轴

表 4.5.3　练习内容

课题名称	练习内容	材　料	毛坯尺寸/mm	数量/件	时间/min
车双头蜗杆	车削双头蜗杆轴	45# 钢	Φ45×145	1	240

3. 评分标准

评分标准如表 4.5.4 所示。

表 4.5.4　评分标准

序　号	检测项目	配　分	评分标准	得　分
1	$\Phi 42_{-0.062}^{\ 0}$ 蜗杆	20	超差不得分	
2	$\Phi 28_{-0.052}^{\ 0}$(2 处)	12	超差一处扣 6 分	
3	$\Phi 25_{-0.016}^{\ 0}$(2 处)	12	超差一处扣 6 分	
4	$50_{-0.1}^{\ 0}$	4	超差不得分	
5	20(2 处)	8	超差一处扣 4 分	
6	26	4	不合格不得分	
7	3×0.5(2 处)	8	一处达不到扣 4 分	
8	142	4	超差不得分	

续表

序号	检测项目	配分	评分标准	得分
9	◎ | $\Phi0.02$ | A—B	8	达不到不得分	
10	$R_a3.2$(4处)	12	一处达不到扣3分	
11	$R_a1.6$(2处)	8	一处达不到扣4分	
合计		100		

4.加工步骤

(1)工件伸出90 mm左右,找正夹紧。

(2)粗、精车平面,钻中心孔。

(3)调头,平端面,控制总长142 mm,钻中心孔,车$\Phi28$ mm长度为10 mm台阶。

(4)调头,夹$\Phi28$ mm长度为10 mm台阶,顶中心孔。粗车$\Phi25$ mm外圆至$\Phi27$ mm,长26 mm。粗车$\Phi28$ mm外圆至$\Phi29$ mm,长度为20 mm。

(5)调头夹$\Phi27$ mm外圆顶中心孔,车$\Phi28$ mm外圆至$\Phi29$ mm,保证$\Phi42$ mm长度为50 mm。车$\Phi25$ mm外圆至$\Phi27$ mm,保证$\Phi28$ mm长度为20 mm。精车$\Phi42^{0}_{-0.062}$ mm外圆,倒角20°,粗车双头蜗杆。

(6)两顶尖装夹,精车双头蜗杆至尺寸。精车两端外圆$\Phi25^{0}_{-0.016}$ mm,$\Phi28^{0}_{-0.052}$ mm外圆,切槽3×0.5 mm,倒角1×45°。

(7)检查。

5.注意事项

(1)多线螺纹导程大,走刀速度快,车削时要注意车刀、刀架、滑板碰撞卡盘和尾座。

(2)由于多线螺纹的螺纹升角较大,车刀的两侧后角要相应增减。

(3)用百分表读数分线时,百分表的测量杆应平行于工件轴线,否则也会产生误差。加工中如有冲击和碰撞现象,都会影响分线精度。

(4)精车时要多次循环分线,第二次或第三次循环分线时,不能用小滑板赶刀(借刀),只能在牙型面上单面车削,以矫正赶刀或粗车时所产生的误差。经过循环车削,既能消除分线或赶刀所产生的误差,又能提高螺纹的精度和减小表面粗糙度。

(5)多线螺纹分线不正确的原因:①小滑板移动距离不正确。②车刀修磨后,未检查对准原来的轴向位置,或随便赶刀,使轴向位置移动。③工件未夹紧,切削力过大而造成工件微量移动,也会使分线不正确。

四、思考题

(1)用齿轮卡尺测量蜗杆的法向齿厚时,齿高卡尺应调整到什么尺寸?法向齿厚应如何计算?在测量时应注意些什么?

(2)什么叫多线螺纹?多线螺纹的导程与螺距有什么关系?

(3)多线螺纹的分线方法有哪两类?每一类又有哪些具体方法?

(4)为什么必须重视多线螺纹和多线蜗杆的分线精度?

(5)成批生产多线螺纹时,用哪种分线方法最理想?

参考文献

[1] 胡农. 车工技师手册. 北京:机械工业出版社,2002.
[2] 韩树英. 高级车工技能训练. 北京:中国劳动社会保障出版社,2006.
[3] 范军. 金工实习. 北京:中国劳动社会保障出版社,2006.
[4] 兰建设. 机械制造工艺与夹具. 北京:机械工业出版社,2002.
[5] 徐洪义. 车工. 北京:中国劳动社会保障出版社,2007.
[6] 张磊. 车工. 东营:石油大学出版社,2002.
[7] 余能真. 车工. 北京:中国劳动出版社,1996.
[8] 魏峥. 金工实习教程. 北京:清华大学出版社,2004.